復刻版 初学者のための

合同変換群の話

幾何学の形での群論演習

岩堀長慶 著

現代数学社

まえがき

本書は，雑誌「現代数学」に13回にわたって連載した拙稿に多少手を加えたものである．その内容は，ユークリッド空間（3次元）の合同変換からなる有限群，いわゆる有限合同変換群を，すべて決定し，分類することを目標としているが，それに付随して登場する種々の話，例えば合同変換とは何かとか，有限群に関する基礎事項や，その使い方を，少々くどい位に詳しく解説してある．読者としては，大学の教養課程の学生を暗に想定して書いている．本書を読むための予備知識としては，線型代数学の初歩（行列の演算・行列式・クラーメルの定理・行列の階数など）と，群論の初歩（群の定義・群の位数・元の位数・coset 分解・シローの定理など）とを一応は仮定しているが，これらの知識に習熟していることは期待しない．むしろ，上記のような諸概念が，上述の目標――有限合同変換群の分類――を達成する過程でどのように導入され，利用されて行くのかという状況を，その“現場”に立った形の説明によって，読者に自然に消化して頂きたいというのが，本書の真の狙いである．

3 次元の有限合同変換群の分類は，その方法も種々知られていて，今日では全く古典的な結果であり，これを今更紹介する書物を新しく書く必要はあまり認められない．それ故，「現代数学」編集部からこの連載を単行本化する話があった時，少々ためらった．それを結局出版することに決めたのは，上にも述べたように，連載中に意図したことが，“分類結果”に関する知識を読者に告げることにあったのではなくて，“分類”という目標を追究する過程で，線型代数や群論の初歩に出て来る諸事実，つまりそのようなことを書いたテキストに基本事項として必らず登場している諸事実が，極めて自然に顔を出し，興味ある役割を演ずる様子を，初心の読者にも楽しめるように詳しく（時には少々くど過ぎても），そしてはっきり“見えるように”述べようとしたことに，連載の真の意図があったのを想い出したからである．本書の副題――幾何学の形での群論演習――の意味もその辺にある．要するに，本書は，より高級な数学書を読むための準備の本ではない．数学の一つの理論を学ぶということの面白さを，教養課程程度の学生という初心者に紹介しようと試みたものである．読者の御叱正を得て，このような試みの成果をよりよいものにしたいと念願するものである．

著者

目　次

第1章　ユークリッド空間とは

1. はじめに

以下何回かにわたって合同変換群や鏡映群の解説を初心者向きに試みる．しかし話の都合上，関連する事項（例えばユークリッド空間の幾何学の基本的な事項など）の解説も出て来ることになろう．何れにせよ，専門家（？）あるいは，準専門家の為に書く気はない．予備知識そのものについては，読者がいろいろ知っていることを期待せずに書く心算ではあるが，理解力ないし消化力については，若干の期待を持って書いてゆきたいと思っている．話の内容は，一口にいえば，ユークリッド空間 E（次元は始めのうちは n で話を進めるが，後では3次元の場合が主になる）の合同変換からなる有限群 G の分類(つまり，有限合同変換群をすべて決定すること）やら，その主要性質やら，その意義や応用やらについて述べてみたい．特に鏡映（折り返しともいう）から生成される場合，すなわち鏡映群の場合にも触れてみたい．

——さてここまで読まれた読者は，すでにいくつかの見なれぬ用語の登場に気づかれた筈である：

——**ユークリッド空間**とは何か？

——その**次元**というのは？

——**合同変換**とは？

——**群**とは？

——**鏡映**とは？

——**生成する**とかしないとかいうのは何か？

これらの言葉の意味が正確にわかれば，本書の内容が何に関してであるかということだけはわかる筈である．話の順序として，上記のいくつかの？印の説明からとりかからねばならない．

2. 記号の説明と，予備知識に関する約束

実数全体のなす集合を $\boldsymbol{R}$ と書く．実数の何たるかはやかましくいえば，実は相当面倒な

ことになるのだけれども，読者の持っている実数の知識（教養課程の微積分程度）で以下は読める筈である．例えば，実数列 $\{a_1, a_2, a_3, \cdots\}$ が有界ならば，収束部分列 $\{a_{i_1}, a_{i_2}, a_{i_3}, \cdots\}$ が存在する――――という定理などは既知とするわけである．(実は以下では実数の代数的側面だけが用いられるが．)

それから，集合とか写像についてもごく初歩的なことは既知事項とする．念のため思い出せば，集合 X から集合 Y の中への写像 f とは，X 上で定義され，Y 中に値をもつような一価関数のことである．ひねくれたいい方をすることも出来る．いま直積集合 $Z=X\times Y$ を考える．すなわち，Z は X の元 x と Y の元 y との 対 (pair) (x, y) の全体において，相等関係を

$$(x, y)=(x', y') \iff x=x' \text{ かつ } y=y'$$

で定義した集合である．

さて，Z の部分集合

$$\Gamma_f=\{(x, f(x));\quad x\in X\}$$

を，写像 f のグラフという．グラフ Γ_f は次の性質 (*) および (**) をもつ：

(*)　$(x, y)\in\Gamma_f,\ (x, y')\in\Gamma_f \Rightarrow y=y'$

(**)　X のどの元 x に対しても，$(x, y)\in\Gamma_f$ を満たすような $y\in Y$ が存在する．

((*) は f が一価の関数であることを意味し，(**) は，f が X の一部分ではなくて，X の全体の上で定義されていることを意味するから，(*)，(**) が成り立つのである．)

逆に，$Z=X\times Y$ の部分集合 Γ が与えられていて，性質 (*)，(**) を満たしたとしよう．そうすれば，Γ をグラフにもつような写像

$$f: X \longrightarrow Y$$

が存在する．しかもそのような f は唯一つしかない．何故なら，各 $x\in X$ に対して，$(x, y)\in\Gamma$ となるような $y\in Y$ が存在し（∵ (**))，しかもそのような y は唯一つである（∵ (*))．よって，そのとき

$$y=f(x)$$

とおいて，f を定義すれば，f は確かに X から Y 中への写像であって，$\Gamma=\Gamma_f$ となる．しかも，$\Gamma=\Gamma_g$ を満たす写像 g がもし他にあれば，各 $x\in X$ に対して，

$$(x, f(x))\in\Gamma,\qquad (x, g(x))\in\Gamma$$

となるから，(*) により

$$f(x)=g(x)\quad (\forall x\in X)$$

($\forall x\in X$ は，for all $x\in X$ の“速記法”である．) となる．これは2つの写像 f と g とが等しいということに他ならない：$f=g$．(写像の相等：$f=g$ の定義を忘れた人は，ノートを見て思い出して頂きたい．)

というわけで，X から Y 中への写像と，$Z=X\times Y$ の部分集合で (*)，(**) を満たすものとの間に写像のグラフを考えることにより，1：1 の対応が成り立っている．だから，**$\boldsymbol{X}$ から $\boldsymbol{Y}$ への写像とは，(*)，(**) を満たすような部分集合である**——と言い切っても，別段不都合は起らない．関数を考える代りに，そのグラフを意中におくことは我々が微積分で年中やっていることである．

閑話休題（それはさておき——と読むそうな），ユークリッド空間とは何かという話から始めることにする．解析屋と幾何学屋とでは，その扱い方や定義の仕方などに見掛け上大分違いがあるけれど，本稿では解析屋のやり方で行く，それが一番述べるのに手間がかからないからであるが，幾何の人からは文句が出るかも知れない．

n を自然数（＝正の整数）とし，$\boldsymbol{R}$ の n 個の直積集合

$$\underbrace{\boldsymbol{R}\times\boldsymbol{R}\times\cdots\times\boldsymbol{R}}_{n\text{個}}$$

を，$\boldsymbol{R}^n$ と書き，これを **$\boldsymbol{n}$ 次元ユークリッド空間**という．

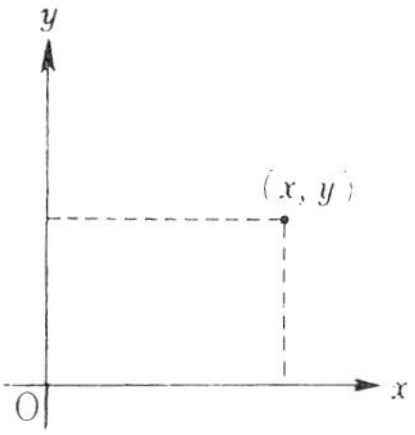

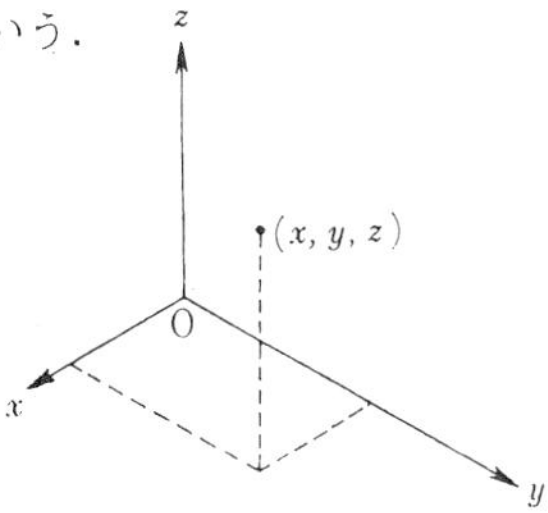

$n=1$ なら，それは $\boldsymbol{R}$ 自身に他ならない．

$n=2$ なら，実数の対 (x, y) の全体が $\boldsymbol{R}^2$ である．これは，平面に直交軸を設定して，平面上の点をその x-座標と y-座標で表示していることになる．

$n=3$ なら空間に直交軸を設定して，空間中の点をその x-座標，y-座標，z-座標で表示しているわけである．

$n=4$ なら，もう画はかけぬ．奇怪な妄想にふけるのは自由だが，直観はここでは（少くとも H.S.M. Coxeter 教授の如き生れながらの幾何学者達を例外として）無力であり，屡々間違える．

$E=\boldsymbol{R}^n$ の元（＝要素）を，n 次元ユークリッド空間の点という．点 $p=(x_1, \cdots, x_n)$ に対して，x_i を点 p の第 i 座標という．

3. 線分，距離

n 次元ユークリッド空間 $E=\boldsymbol{R}^n$ の2点

$$p=(x_1, \cdots, x_n),\qquad q=(y_1, \cdots, y_n)$$

の間の距離 $\overline{pq}$ を，

$$\overline{pq}=\sqrt{(x_1-y_1)^2+(x_2-y_2)^2+\cdots+(x_n-y_n)^2}$$

で定義する．これは $n=1,\ 2,\ 3$ のときに，もう一度書き下して見れば，何処かで見た式で，まことに尤もな気分になる：

$$n=1 \qquad \overline{pq}=|x_1-y_1|,$$
$$n=2 \qquad \overline{pq}=\sqrt{(x_1-y_1)^2+(x_2-y_2)^2},$$
$$n=3 \qquad \overline{pq}=\sqrt{(x_1-y_1)^2+(x_2-y_2)^2+(x_3-y_3)^2}$$

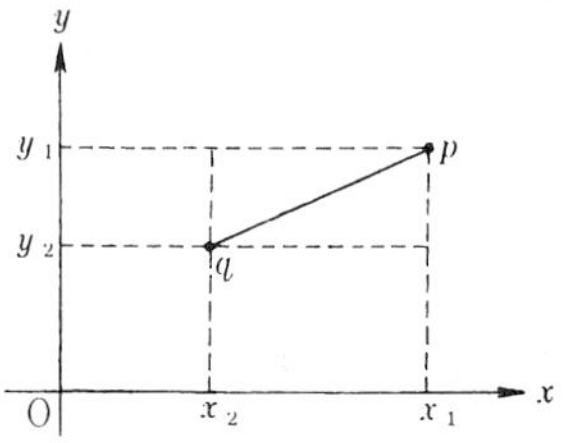

距離の基本的な性質を述べよう．

(1°)　$\overline{pq}\geqq 0$；　等号成立は $p=q$ のときに限る．

これは，

$$\sum_{i=1}^{n}(x_i-y_i)^2\geqq 0$$

ということと，

$$\sum_{i=1}^{n}(x_i-y_i)^2=0 \quad \Longleftrightarrow \quad x_i=y_i \quad (\forall_i)$$

ということとに他ならぬ．

(2°)　$\overline{pq}=\overline{qp}$

これも，$\sum_{i=1}^{n}(x_i-y_i)^2=\sum_{i=1}^{n}(y_i-x_i)^2$ ということに他ならない．

(3°)（3角不等式）　E の任意の3点 $p,\ q,\ r$ に対して

$$\overline{pq}+\overline{qr}\geqq\overline{pr}$$

これは，上の (1°)，(2°) のような自明な性質ではない．平面や空間では，“3角形の2辺の和は第3辺より大なりといって切り抜けることが出来そうだが，それではその3角形の2辺の和は云々というのはどうやって証明したか憶えていますか？――それをやり出すとユークリッドの幾何学原論の厳密化という大事業にぶつかり，とても1頁や2頁でラチがあかない．それでは折角 $E=\boldsymbol{R}^n$ という明快な立場を採用した意味がない．ここは一番有名な Schwarz の不等式の御世話になる所である．いま

$$p=(x_1,\ \cdots,\ x_n),\ q=(y_1,\ \cdots,\ y_n),\ r=(z_1,\ \cdots,\ z_n)$$

とおくと，いいたいことは

$$\sqrt{\sum_{i=1}^{n}(x_i-y_i)^2}+\sqrt{\sum_{i=1}^{n}(y_1-z_i)^2}\geqq\sqrt{\sum_{i=1}^{n}(x_i-z_i)^2}$$

という不等式の証明である．まず

$$x_i-y_i=a_i\qquad(i=1,\ \cdots,\ n)$$
$$y_i-z_i=b_i\qquad(i=1,\ \cdots,\ n)$$

とおけば，

$$x_i-z_i=a_i+b_i\qquad(i=1,\ \cdots,\ n)$$

となるから，

$$\sqrt{\sum_{i=1}^{n}a_i^2}+\sqrt{\sum_{i=1}^{n}b_i^2}\ \geqq\sqrt{\sum_{i=1}^{n}(a_i+b_i)^2}$$

をいえばよい．　所がこの不等式の両辺は $\geqq 0$ であるから，両辺の平方をとった不等式

$$\sum_{i=1}^{n}a_i^2+\sum_{i=1}^{n}b_i^2+2\sqrt{\left(\sum_{i=1}^{n}a_i^2\right)\left(\sum_{i=1}^{n}b_i^2\right)}\geqq\sum_{i=1}^{n}(a_i+b_i)^2$$

をいえばよい．右辺は

$$\sum_{i=1}^{n}a_i^2+\sum_{i=1}^{n}b_i^2+2\sum_{i=1}^{n}a_ib_i$$

に等しいから，結局，

$$\text{(S)}\qquad\sqrt{\left(\sum_{i=1}^{n}a_i^2\right)\left(\sum_{i=1}^{n}b_i^2\right)}\geqq\sum_{i=1}^{n}a_ib_i$$

をいえばよい．左辺が $\geqq 0$ であるから，両辺を平方した不等式

$$\text{(S}'\text{)}\qquad\left(\sum_{i=1}^{n}a_i^2\right)\left(\sum_{i=1}^{n}b_i^2\right)\geqq\left(\sum_{i=1}^{n}a_ib_i\right)^2$$

をいえばよい．(S) は **Schwarz の不等式**と呼ばれていて，余りにも有名である．(S) と同値な (S′) も同じ名前で呼ばれることがあるが，時には Lagrange とかCauchy の名の下にも呼ばれるらしい．

さて，(S′) の証明はいろいろ知られている．elegant なのは，定符号２次式の判別式を用いる次のような方法である．まず，$a_1=\cdots=a_n=0$ なら (S′) の成立は明らかだから，$(a_1,\ \cdots,\ a_n)\neq(0,\ \cdots,\ 0)$ としてよい．従って，$A=a_1^2+\cdots+a_n^2$ は >0 である．いま，実変数 t の２次式

$$f(t)=\sum_{i=1}^{n}(a_it+b_i)^2$$

を考えると，明らかに $f(t)$ は決して負の値をとらない：

$$f(t)\geqq 0\quad(\forall t\in\boldsymbol{R})$$

さて，

$$f(t)=\sum_{i=1}^{n}a_i^2t^2+2\sum_{i=1}^{n}a_ib_it+\sum_{i=1}^{n}b_i^2$$

であるから，

$$B=\sum_{i=1}^{n}b_i^2,\qquad C=\sum_{i=1}^{n}a_ib_i$$

とおくと，

$$f(t)=At^2+2Ct+B\qquad(A>0)$$

となる．f が負の値をとらぬから，f の判別式は $\leqq 0$ である：

$$4(C^2-AB)\leqq 0$$

$$\therefore\quad AB\geqq C^2$$

これで（S′）が証明された．

さて3角不等式で等号が成り立つのはどういうときかを考えよう．平面の画で考えれば，それは p と r とを結ぶ“線分”上に点 q があるという場合らしい．

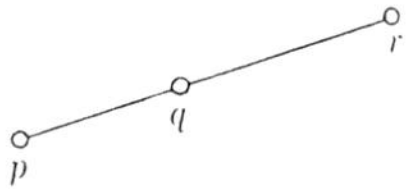

しかし，あくまで，この図を離れて（形式上は），等号成立の条件を調べよう．$A=0$ なら等号は成立するから，$A>0$ としてよい．上の計算を見直せば

$$\overline{pq}+\overline{qr}=\overline{pr}\ \Rightarrow\ AB=C^2$$

となるから，2次式 f の判別式は0である．よって，f は実根（等根！）をもつ．それを α とすると，

$$f(\alpha)=0$$

$$\therefore\quad \sum_{i=1}^{n}(a_i\alpha+b_i)^2=0$$

$$\therefore\quad a_i\alpha+b_i=0\qquad(i=1,\cdots,n)$$

$$\therefore\quad b_i=-\alpha a_i\qquad(i=1,\cdots,n)$$

さて，

$$\overline{pq}=\sqrt{\sum a_i^2},$$

$$\overline{qr}=\sqrt{\sum b_i^2}=\sqrt{\sum \alpha^2a_i^2}=|\alpha|\sqrt{\sum a_i^2},$$

$$\overline{pr}=\sqrt{\sum (a_i+b_i)^2}=\sqrt{\sum (1-\alpha)^2a_i^2}=|1-\alpha|\sqrt{\sum a_i^2}.$$

よって，$\overline{pq}+\overline{qr}=\overline{pr}$ から，

$$\sqrt{A}(1+|\alpha|)=\sqrt{A}|1-\alpha|$$
$$\therefore\quad 1+|\alpha|=|1-\alpha|$$

これが成り立つためには，$\alpha\leqq 0$ が必要かつ十分である．よって，次の定理が得られた．

定理 1　n 次元ユークリッド空間 $E=\boldsymbol{R}^n$ の3点

$$p=(x_1, \cdots, x_n),\ q=(y_1, \cdots, y_n),\ r=(z_1, \cdots, z_n)$$

に対して，

$$\overline{pq}+\overline{qr}=\overline{pr} \iff \begin{cases} p=q \quad \text{または} \quad p\neq q \text{ で，} \\ y_i-z_i=\beta(x_i-y_i) \quad (i=1, \cdots, n) \\ \text{を満たす } \beta\in\boldsymbol{R},\ \beta\geqq 0 \text{ が存在する．} \end{cases}$$

この定理1の右側にある判定条件は，あまり“綺麗”な形とはいいにくいから，少し手入れして，綺麗な形に直すことにする．$y_i-z_i=\beta(x_i-y_i)$ は

(1)　$$(1+\beta)y_i=\beta x_i+z_i$$

と書ける．$1+\beta>0$ だから，いま

(2)　$$\frac{\beta}{1+\beta}=\lambda, \qquad \frac{1}{1+\beta}=\mu$$

とおくと，

(3)　$$\lambda\geqq 0, \quad \mu>0, \quad \lambda+\mu=1$$

である．そして，

(4)　$$y_i=\lambda x_i+\mu z_i \qquad (i=1, \cdots, n)$$

となる．逆に (3), (4) が成り立てば，β を (2) で定めることが出来，(1) が成り立つ．そして，(4) において $\lambda=1,\ \mu=0$ のときは，$p=q$ となる．また，(4) において，$\lambda=0,\ \mu=1$ のときは $q=r$ となる．以上から，定理1を次のように変形してよいことがわかった．

定理 2　n 次元ユークリッド空間 $E=\boldsymbol{R}^n$ の3点

$$p=(x_1, \cdots, x_n),\ q=(y_1, \cdots, y_n),\ r=(z_1, \cdots, z_n)$$

に対して

$$\overline{pq}+\overline{qr}=\overline{pr} \iff \begin{cases} \text{実数 } \lambda,\ \mu\ (\lambda\geqq 0,\ \mu\geqq 0,\ \lambda+\mu=1) \\ \text{が存在して，} \\ y_i=\lambda x_i+\mu z_i \quad (i=1, \cdots, n). \end{cases}$$

定義．E の2点 $p,\ r$ に対して，

$$\overline{pq}+\overline{qr}=\overline{pr}$$

を満たすような点 $q\in E$ の全体のなす集合を $[p, r]$ と書き，これを，$p,\ r$ を端点とする**閉線分**という．また閉線分 $[p, r]$ から端点 p を除いた集合を $(p, r]$ と書き，これを**半開線分**という．$[p, r)$ の定義も同様である．さらに，閉線分 $[p, r]$ から，両端点 $p,\ r$を除いた集合を (p, r) と書き，これを**開線分**という．

注意. $p=r$ なら $[p, r]$ は点 p のみよりなる．また (p, r) は空集合である．(以下空集合を ϕ と書く.)

4. 直線

n 次元ユークリッド空間 E の相異なる2点

$$p=(a_1, \cdots, a_n), \quad q=(b_1, \cdots, b_n)$$

が与えられたとしよう．このとき，$i=1, \cdots, n$ に対して

$$c_i=\lambda a_i+\mu b_i \quad (\lambda\in \boldsymbol{R},\ \mu\in \boldsymbol{R},\ \lambda+\mu=1)$$

の形に書かれる点 $(c_1, \cdots, c_n)$ の全体のなす集合を，2点 p, q を通る**直線**といい，$L_{p,q}$ と書く．$\lambda\geqq 0$, $\mu\geqq 0$ の場合が閉線分 $[p, q]$ であるから，直線 $L_{p,q}$ は，閉線分 $[p, q]$ を含んでいるわけである:

$$L_{p,q}\supset[p, q].$$

さて，ここで，$\boldsymbol{R}^n$ の元の和やスカラー倍の記法を導入しておく．

$$p=(x_1, \cdots, x_n) \text{ と } q=(y_1, \cdots, y_n)$$

とに対して，

$$p+q=(x_1+y_1, \cdots, x_n+y_n) \qquad \text{(和)}$$

とおく．また実数 λ に対して，

$$\lambda p=(\lambda x_1, \cdots, \lambda x_n) \qquad \text{(スカラー倍)}$$

とおく．次のような公式はすぐ証明される（何れも $\boldsymbol{R}$ における類似公式に帰着されるからである).

$$(p+q)+r=p+(q+r) \qquad \text{(結合律)}$$

$$p+q=q+p \qquad \text{(可換律)}$$

$(0, 0, \cdots, 0)$ を 0 とかくと

$$0+p=p+0=p$$

$(-1)p$ を $-p$ とかくと

$$p+(-p)=(-p)+p=0$$

$$(\lambda+\mu)p=\lambda p+\mu p \qquad (\lambda,\ \mu\in \boldsymbol{R};\ p\in E)$$

$$\lambda(p+q)=\lambda p+\lambda q \qquad (\lambda\in \boldsymbol{R};\ p,\ q\in E)$$

$$(\lambda\mu)p=\lambda(\mu p) \qquad (\lambda,\ \mu\in \boldsymbol{R};\ p\in E)$$

$$1\cdot p=p$$

$p+(-q)$ を $p-q$ とかくことにする．

和とスカラー倍が定義され，これらの公式が成り立つことを，“$\boldsymbol{R}^n$ は実数体 $\boldsymbol{R}$ 上のベクトル空間をなす”という表現にまとめる約束になっている．以下 $E=\boldsymbol{R}^n$の点を**ベクトル**とも呼ぶ．特に $0=(0, \cdots, 0)$ をゼロ・ベクトルという．

この記法を用いると

$$[p,\ q]=\{\lambda q+\mu q\ ;\ \lambda\in\boldsymbol{R},\ \mu\in\boldsymbol{R},\ \lambda\geqq 0,\ \mu\geqq 0,\ \lambda+\mu=1\}$$

$$L_{p,q}=\{\lambda p+\mu q\ ;\ \lambda\in\boldsymbol{R},\ \mu\in\boldsymbol{R},\ \lambda+\mu=1\}$$

と簡潔に書けるわけである．

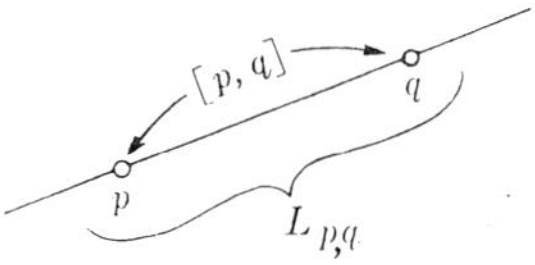

5. ベクトルのなす角

$p=(x_1,\ \cdots,\ x_n)\neq(0,\ \cdots,\ 0)$，$q=(y_1,\ \cdots,\ y_n)\neq(0,\ \cdots,0)$ とする．

$$\|p\|=\overline{p0}=\sqrt{x_1{}^2+\cdots+x_n{}^2}$$

$$\|q\|=\overline{q0}=\sqrt{y_1{}^2++y_n{}^2}$$

とおく．Schwarz の不等式により，

$$\|p\|\cdot\|q\|\geqq\sum_{i=1}^{n}x_iy_i$$

であるが，右辺の和 $\sum x_iy_i$ を，ベクトル p と q との**内積**といい，$(p|q)$ と書くことにする：

$$(p|q)=\sum_{i=1}^{n}x_iy_i$$

すると，Schwarz の不等式は

$$\|p\|\cdot\|q\|\geqq(p|q)$$

となる．$\|p\|>0$，$\|q\|>0$　だから，

$$\alpha=\frac{(p|q)}{\|p\|\cdot\|q\|}$$

が考えられるが，$\|p\|\cdot\|q\|\geqq|(p|q)|$ だから，$-1\leqq\alpha\leqq 1$ である．よって，

$$\cos\theta=\alpha,\quad 0\leqq\theta\leqq\pi$$

となる実数 θ が丁度1つある．この θ を p と q とのなす**角**といい，

$$\theta=\widehat{p,q}\quad(=\widehat{q,p})$$

と書く．従って，例えば

$$\theta=0\quad\Longleftrightarrow\quad(p|q)=\|p\|\cdot\|q\|,$$

$$\theta=\frac{\pi}{2}\quad\Longleftrightarrow\quad(p|q)=0,$$

$$\theta=\frac{\pi}{3} \iff 2(p|q)=\|p\|\cdot\|q\|,$$

$$\theta=\frac{\pi}{4} \iff \sqrt{2}\,(p|q)=\|p\|\cdot\|q\|,$$

$$\theta=\frac{\pi}{6} \iff \frac{2}{\sqrt{3}}(p|q)=\|p\|\cdot\|q\|,$$

$$\theta=\pi \iff (p|q)=-\|p\|\cdot\|q\|$$

となる．

6. 超平面，鏡映（折り返し）

n 次元ユークリッド空間 E の部分集合 H が E の**超平面**であるとは，E の元 $a\neq 0$ と，実数 α とが存在して

$$H=\{x\in E;\ (x|a)=\alpha\}$$

となることをいう．$a=(\alpha_1, \cdots, \alpha_n)$, $x=(x_1, \cdots, x_n)$ とおくと，$(x|a)=\alpha$ は

$$\alpha_1x_1+\cdots+\alpha_nx_n=\alpha$$

となる．これを H の**定義方程式**という．a を H の**法線ベクトル**という．他にベクトル $b=(\beta_1, \cdots, \beta_n)\neq 0$ と実数 β が

$$H=\{x\in E;\ (x|b)=\beta\}$$

を満せば，実は

$$\alpha_1:\alpha_2:\cdots:\alpha_n:\alpha=\beta_1:\beta_2:\cdots:\beta_n:\beta$$

となる．すなわち，0 でない実数 γ が存在して

$$\begin{cases}\beta_i=\gamma\alpha_i & (i=1, \cdots, n),\\ \beta=\gamma\alpha\end{cases}$$

となる．実際 $(\alpha_1, \cdots, \alpha_n)\neq(0, \cdots, 0)$ だから，例えば $\alpha_1\neq 0$ として，$\alpha_1x_1+\cdots+\alpha_nx_n=\alpha$ を x_1 について解けば，

$$x_1=\frac{1}{\alpha_1}(\alpha-\alpha_2x_2-\cdots-\alpha_nx_n)$$

となる．これを $(x|b)=\beta$ に代入して，$x_2, \cdots, x_n$ に関する恒等式

$$\frac{\beta_1}{\alpha_1}\left(\alpha-\sum_{i=2}^{n}\alpha_ix_i\right)+\sum_{i=2}^{n}\beta_ix_i=\beta$$

を得る．よって，係数を比べて，

$$\begin{cases}\beta_i-\dfrac{\beta_1}{\alpha_1}\alpha_i=0 & (i=2, \cdots, n)\\ \beta-\dfrac{\beta_1}{\alpha_1}\alpha=0\end{cases}$$

を得る．そこで

$$\frac{\beta_1}{\alpha_1}=\gamma$$

とおけば，$\beta_i=\gamma\alpha_i\ (i=1,\ \cdots,\ n)$，$\beta=\gamma\alpha$ が成り立つ．よって $b=\gamma a$ となる．よって，**超平面の法線ベクトルは，スカラー倍を除いて一意に定まる．**

超平面の例． $n=1$ なら，定義方程式は

$$ax=b \qquad (a,\ b\in \boldsymbol{R}\ ;\ a\neq 0)$$

となり，$\boldsymbol{R}=\boldsymbol{R}^1$ の超平面は点に他ならない．

$n=2$ なら，定義方程式は，

$$ax+by=c \qquad (a^2+b^2>0)$$

となり，これは直線となる．$n=3$ なら定義方程式は

$$ax+by+cz=d$$

となり，これは平面となる．

さて E の超平面 H が与えられたとき，E から E への写像 s_H が次のように定義される．まず H の点 c に対しては，$s_H(c)=c$ とおく，次に点 $c\notin H$ に対しては，$s_H(c)=d$ を次のように定義する：

(i) $[c,\ d]$ の中点 $m=\frac{1}{2}(c+d)$ は H 上にある．

(ii) $d-c$ は H の法線ベクトル a のスカラー倍である．

いま $H=\{x\in E\ ;\ (x|a)=\alpha\}$ として，d を求めてみよう．$d-c=\lambda a$ とおくと，$(m|a)=\alpha$ より，

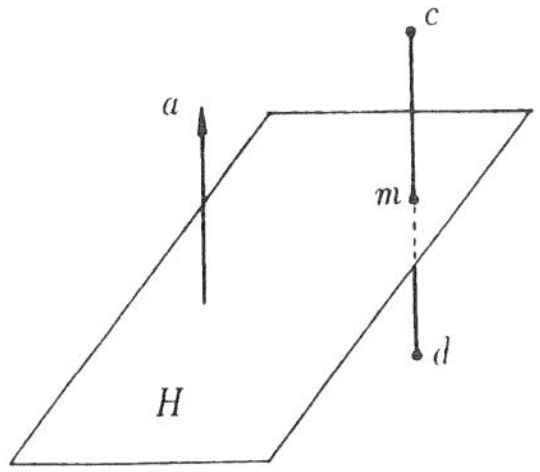

$$\left(\frac{1}{2}(c+c+\lambda a)\,|\,a\right)=\alpha$$

$$\therefore\quad \lambda(a|a)=2\alpha-2(c|a)$$

$$\therefore\quad d=c-\frac{2((c|a)-\alpha)}{(a|a)}a.$$

この式は，$c\in H$ のとき，$d=c$ を与えるから，E のあらゆる点 c について，$d=s_H(c)$ を与える公式となっている：

$$s_H(x)=x-\frac{2((x|a)-\alpha)}{(a|a)}a$$

定義から，s_H と s_H との合成写像 $s_H \circ s_H$（$=s_H{}^2$ と書く）は，E から E への恒等写像 id_E に一致する：$s_H{}^2=id_E$．しかし簡単のため，混乱する恐れがなければ，右辺を1と書く：$s_H{}^2=1$．

これは，上の $s_H(x)$ を与える公式を用いて，シャニムニ計算しても得られる筈である．ここではその計算は略すが，計算の好きな読者は試みられたい．

第2章　合同変換群とは

1. 鏡映の性質

前章に説明したように，n 次元ユークリッド空間 $E=\boldsymbol{R}^n$ と，E の超平面

$$H:\ (x|a)=\alpha \quad (a \text{ は } H \text{ の法線ベクトル})$$

とが与えられると，E から E への一つの写像

$$s_H:\ E \longrightarrow E$$

が定義されるのであった．その定義を解析的にいえば次のように書かれるのであった：

$$(1) \qquad s_H(x)=x-\frac{2((x|a)-\alpha)}{(a|a)}a$$

そして，$s_H \circ s_H=id_E$ が成り立つのであった．すなわち，E の各点 x に対して，$y=s_H(x)$とおくと

$$(2) \qquad x=s_H(y)$$

が成り立つ．これらからまず，写像 s_H：$E \to E$ は，単射的（一対一写像）(injective) であることがわかる．すなわち，E の点 x と y とが相異なれば

$$(3) \qquad s_H(x) \neq s_H(y)$$

となる．実際，もし $s_H(x)=s_H(y)$ なら $=z$ とおくと(2) から $x=s_H(z)$, $y=s_H(z)$ となる．従って $x=y$ となり，仮定 $x \neq y$ に反する．

次に，写像 s_H：$E \to E$ は E を E の上に写す，すなわち全射的 (surjective) である：$s_H(E)=E$. すなわち，E の各点 a に対して，$s_H(b)=a$ を満たすようなE の点 b が存在する．実際，b として，$b=s_H(a)$ をとれば, (2) より，$a=s_H(b)$ が成り立つからである．これで，**s_H：$E \to E$ は E から E 上への全単射的 (bijective) な写像である**．よって，s_H の逆写像

$$s_H{}^{-1}:\ E \longrightarrow E$$

が存在する．逆写像 $s_H{}^{-1}$ の定義を想起しておこう：そもそも， E の各点 x に対して，$s_H(y)=x$ を満たすような E の点 y が一意的に存在する． （∵ s_H＝単射的かつ 全射的）そこで

$$s_H{}^{-1}(x)=y$$

により，$s_H{}^{-1}$ を定義するのであるが，今の場合は，

$$s_H \circ s_H = id_E$$

だから， $s_H{}^{-1}(x)=y \Longleftrightarrow s_H(y)=x \Longleftrightarrow y=s_H(x)$ である． よって， E の各点 x に対して

$$s_H(x)=s_H{}^{-1}(x)$$

が成り立つ．すなわち，

$$s_H=s_H{}^{-1}$$

となり，**s_H の逆写像 $s_H{}^{-1}$ は， 実は s_H 自身と一致する**ことがわかった．

この写像 s_H を，超平面 H に関する**鏡映**，または**折り返し** （reflection with respect to H） という．

鏡映 s_H の他の重要な性質は，**2点間の距離を変えない**ということである．すなわち， E の任意の2点 p, q に対して

(4)　$$\overline{s_H(p),\, s_H(q)}=\overline{pq}$$

が成り立つ．

（証明） $s_H(p)=p'$， $s_H(q)=q'$ とおくと，(1) より

$$\begin{cases} p'=p-\dfrac{2((p|a)-\alpha)}{(a|a)}a \\[2ex] q'=q-\dfrac{2((q|a)-\alpha)}{(a|a)}a \end{cases}$$

であるから，

$$\begin{aligned} \overline{p'q'}^2 &=(p'-q' \mid p'-q')=\|p'-q'\|^2 \\ &=\|p-q+\beta a\|^2 \end{aligned}$$

となる．ただし β は，次の量である．

$$\beta=\frac{2((q|a)-(p|a))}{(a|a)}=-\frac{2(p-q \mid a)}{(a|a)}$$

そこで,

$$c = p - q$$

とおくと

$$\overline{p'q'}^2 = \left\| c - \frac{2(c|a)}{(a|a)} a \right\|^2$$
$$= \left(c - \frac{2(c|a)}{(a|a)} a \,\middle|\, c - \frac{2(c|a)}{(a|a)} a \right)$$
$$= (c|c) - 2\left(c \,\middle|\, \frac{2(c|a)}{(a|a)} a \right) + \frac{4(c|a)^2}{(a|a)^2}(a|a)$$
$$= (c|c) - \frac{4(c|a)^2}{(a|a)} + \frac{4(c|a)^2}{(a|a)} = (c|c)$$
$$= (p-q \mid p-q) = \|p-q\|^2$$
$$= \overline{pq}^2$$
$$\therefore \quad \overline{p'q'}^2 = \overline{pq}^2$$
$$\therefore \quad \overline{p'q'} = \overline{pq}$$

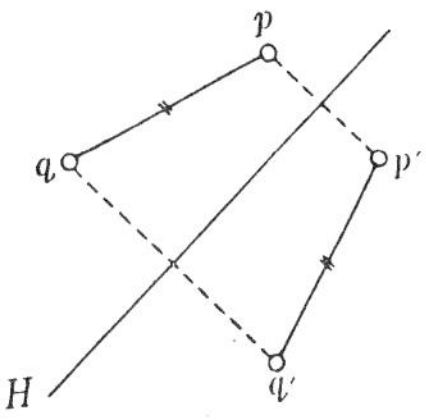

となり, (4) が証明された. ついでに, 下図から, (4) の内容が極めて自然なものであることを認識しておいて頂きたい. (4) は折り返しを行なっても2点間の距離が変らないということである.

2. 合同変換

n 次元ユークリッド空間 E から E への写像

$$f:\ E \longrightarrow E$$

が, 2点間の距離を変えないとき, すなわち, E の任意の2点 p, q に対して,

$$(5) \qquad \overline{f(p),\, f(q)} = \overline{pq}$$

が成り立つとき, f を E の**合同変換** (congruent transformation, または isometry) という.

先ず最初に述べたいのは, **合同変換 f: $E \to E$ は必ず全単射となる**ことである. f が単射的であることは(5)から容易にわかる. すなわち,

$$p \neq q \Rightarrow \overline{pq} > 0 \Rightarrow \overline{f(p),\, f(q)} = \overline{pq} > 0$$
$$\Rightarrow f(p) \neq f(q)$$

となるから. f が全射となること: $f(E) = E$ の証明は若干むつかしくなる. 以下その解

説にとりかかる．

$f(E)=E$ の証明には必要がないのだが，基本的な事項として，まず，合同変換 f により，直線の像は直線になることを示そう．$L=L_{p,q}$ を，2点 p, q ($p\neq q$) を通る直線とする．$f(p)=p'$, $f(q)=q'$ とおくと，$p\neq q$ だから，$p'\neq q'$ となる．よって p', q' を通る直線 $L'=L_{p',q'}$ が確定する．$f(L)=L'$ が証明したいのである．いま，$r\in L$ とすると，

$$r=\lambda p+\mu q,\quad (\lambda,\ \mu \text{ は実数で } \lambda+\mu=1)$$

となる．さて $\lambda\geqq 0$, $\mu\geqq 0$ ならば，

$$r\in[p,\ q]$$
$$\therefore\quad \overline{pr}+\overline{rq}=\overline{pq}$$

よって，$r'=f(r)$ とおくと，

$$\overline{p'r'}+\overline{r'q'}=\overline{p'q'}$$
$$\therefore\quad r'\in[p',\ q']\subset L_{p',q'}=L'$$

となる．次に λ, μ の少なくも一方，例えば λ が <0 であるとしよう．すると，$\lambda+\mu=1$ より，$\mu=1-\lambda>1$ である．さて $r=\lambda p+\mu q$ より

$$q=\frac{1}{\mu}r+\frac{-\lambda}{\mu}p$$

となり，しかも

$$\begin{cases} \dfrac{1}{\mu}+\dfrac{-\lambda}{\mu}=\dfrac{1-\lambda}{1-\lambda}=1 \\ \dfrac{1}{\mu}>0,\quad \dfrac{-\lambda}{\mu}>0 \end{cases}$$

であるから，$q\in[p, r]$ となる（そして，$r\neq p$, $r\neq q$）．

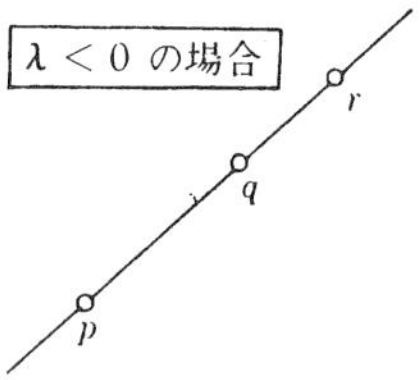

$$\therefore\quad \overline{pq}+\overline{qr}=\overline{pr}$$
$$\therefore\quad \overline{p'q'}+\overline{q'r'}=\overline{p'r'}$$
$$\therefore\quad q'\in[p',\ r']$$

よって，実数 λ', μ' が存在して，

$$q'=\lambda'p'+\mu'r'\quad (\lambda'\geqq 0,\ \mu'\geqq 0,\ \lambda'+\mu'=1)$$

と書ける．さて，$p\neq q$, $p\neq r$, $q\neq r$ より，

$$p'\neq q',\quad p'\neq r',\quad q'\neq r'$$
$$\therefore\quad \lambda'>0,\quad \mu'>0,\quad \lambda'+\mu'=1$$

となる．一方，

$$\frac{\overline{pq}}{\overline{pr}}=\frac{\|p-q\|}{\|p-r\|}=\frac{\|p-q\|}{\|p-(\lambda p+\mu q)\|}$$

$$=\frac{\|p-q\|}{\|(1-\lambda)p-\mu q\|}=\frac{\|p-q\|}{\|\mu(p-q)\|}$$

$$=\frac{\|p-q\|}{|\mu|\cdot\|p-q\|}=\frac{1}{\mu}\quad(\because\quad \mu>0)$$

および，同様な計算から出る等式

$$\frac{\overline{p'q'}}{\overline{p'r'}}=\frac{\mu'\|p'-r'\|}{\|p'-r'\|}=\mu'$$

と，$\overline{pq}:\overline{pr}=\overline{p'q'}:\overline{p'r'}$　とから

$$\frac{1}{\mu}=\mu'$$

を得る．従って，$\lambda'=1-\mu'=1-\dfrac{1}{\mu}=\dfrac{\mu-1}{\mu}$．

$$\therefore\quad q'=\frac{\mu-1}{\mu}p'+\frac{1}{\mu}r'$$

$$\therefore\quad r'=-(\mu-1)p'+\mu q'$$

$$=(1-\mu)p'+\mu q'$$

$$=\lambda p'+\mu q',\qquad \lambda+\mu=1$$

$$\therefore\quad r'\in L_{p',q'}=L'$$

となる．よって，何れの場合も結局

$$r\in L\ \Rightarrow\ r'=f(r)\in L'$$

となり，これでまず

$$f(L)\subset L'$$

がわかった．のみならず，上の証明から判るように，

$$(6)\qquad \left\{\begin{array}{l} r=\lambda p+\mu q \\ \Rightarrow\ r'=\lambda p'+\mu q' \end{array}\right.$$

である．（これは上では $\lambda<0$ の時に示したが，$\lambda=0$ なら，$r=q$　$\therefore\ r'=q'$ で成り立つ．$1>\lambda>0$ のときは，$\lambda<0$ の時と同様な計算で成り立つから，読者は練習問題として試みられたい．$\lambda=1$ のときは，$\mu=0$ となり，$r=p$　$\therefore\ r'=p'$ で成り立つ．最後に $\lambda>1$ のときは，$\mu<0$ となり，$\lambda<0$ の時と同様にしてわかる．）所が，

$$L'=\{tp'+(1-t)q'\,;\ \ -\infty<t<\infty\}$$

であるから，(6) より，$f(L)=L'$ が成り立つことがわかる．これで，**合同変換 f による直線の像は直線になる**ことがわかった．副産物 (6) も重要である．

さて次に，

$$\begin{aligned} 0&=(0,\ 0,\ \cdots\cdots,\ 0),\\ e_1&=(1,\ 0,\ \cdots\cdots,\ 0),\\ e_2&=(0,\ 1,\ 0,\ \cdots,\ 0),\\ &\cdots\cdots\cdots\cdots\\ e_n&=(0,\ 0,\ 0,\ \cdots,\ 1) \end{aligned}$$

とおく．また

$$0'=f(0)=(\alpha_1,\ \alpha_2,\ \cdots,\ \alpha_n)$$
$$e_i'=f(e_i)=(\beta_{i1},\ \beta_{i2},\ \cdots,\ \beta_{in})\qquad (i=1,\ \cdots,\ n)$$

とおく．そして，

$$e_i'-0'=f_i=(\gamma_{i1},\gamma_{i2},\cdots,\gamma_{in})\qquad (i=1,2,\cdots,n)$$

とおく．従って

$$\gamma_{ij}=\beta_{ij}-\alpha_j\qquad (j=1,\ \cdots,\ n)$$

である．さてピタゴラスの定理が成り立つ．すなわち，

定理． 3点 $p,\ q,\ r$ $(p\neq r,\ p\neq q)$ に対し

$$\overline{pq}^2+\overline{pr}^2=\overline{qr}^2$$

が成り立つための必要十分条件は，ベクトル $a=q-p$ とベクトル $b=r-p$ とのなす角 $\theta=\widehat{a,b}$ が $\dfrac{\pi}{2}$ となる

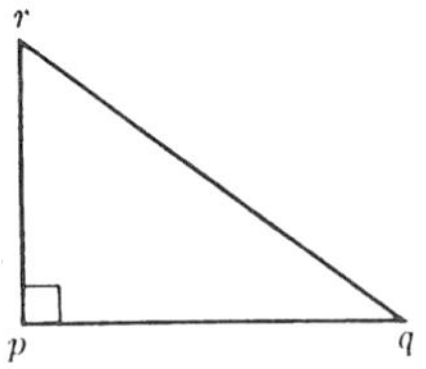

ことである．(これを $a\perp b$ と書き，a と b とは直交する，互いに垂直である，という)

(証明)　$\overline{qr}^2=\|q-r\|^2=\|(q-p)-(r-p)\|^2=\|a-b\|^2$

$$
\begin{aligned}
&=(a-b \mid a-b)=(a|a)-2(a|b)+(b|b)\\
&=(q-p \mid q-p)+(r-p \mid r-p)-2(a|b)\\
&=\|q-p\|^2+\|r-p\|^2-2(a|b)\\
&=\overline{pq}^2+\overline{pr}^2-2(a|b)\\
\therefore\ &\overline{qr}^2-(\overline{pq}^2+\overline{pr}^2)=-2(a|b)^{\text{註)}}
\end{aligned}
$$

註）$(a|b)=\overline{pq}\cdot\overline{pr}\cos\theta$ を代入すれば，この等式は有名な**余弦定理**に他ならない．

よって，

$$
\overline{qr}^2=\overline{pq}^2+\overline{pr}^2 \iff (a|b)=0 \iff \widehat{a,\ b}=\frac{\pi}{2}
$$

となる．（証明終）

さて，ピタゴラスの定理より，$i\neq j$ ならば

$$
\overline{e_ie_j}^2=\overline{0e_i}^2+\overline{0e_j}^2(=2) \qquad (\because\ e_i\perp e_j)
$$

となる．一方，f は合同変換だから

$$
\overline{e_i'e_j'}^2=\overline{0'e_i'}^2+\overline{0'e_j'}^2
$$

が成り立つ．よってもう一度ピタゴラスの定理を用いて（今度は逆の方を用いる！）

(7)　$f_i\perp f_j \qquad (i\neq j,\ \ 1\leqq i,j\leqq n)$

となる．また，

$$
\|f_i\|^2=\|e_i'-0'\|^2=\overline{e_i'0'}^2=\overline{e_i0}^2=1
$$

(8)　$\therefore\ \|f_i\|=1$

が成り立つ．(7), (8) を満たすベクトル系 $f_1, \cdots, f_n$ を E の**正規直交基底**という．(7), (8) は Kronecker の デルタ δ_{ij} を用いて，

(9)　$(f_i|f_j)=\delta_{ij}$

と書ける．ここで δ_{ij} は

$$
\delta_{ij}=\begin{cases} 1 & (i=j\ \text{のとき})\\ 0 & (i\neq j\ \text{のとき})\end{cases}
$$

により定義される量である．さて (9) は $f_i=(\gamma_{i1}, \cdots, \gamma_{in})$ を用いて書けば，

(10)　$\displaystyle\sum_{p=1}^{n}\gamma_{ip}\gamma_{jp}=\delta_{ij} \qquad (1\leqq i,j\leqq n)$

となる．いいかえると，n 次正方行列

(11)　$$C=\begin{pmatrix} \gamma_{11} & \gamma_{12} \cdots \gamma_{1n} \\ \gamma_{21} & \gamma_{22} \cdots \gamma_{2n} \\ \cdots & \cdots \\ \gamma_{n1} & \gamma_{n2} \cdots \gamma_{nn} \end{pmatrix}$$

と，C の転置行列 ${}^tC$ (${}^tC$ の (ij) 成分は C の (ji) 成分）とを用いて，(10) は行列等式

(12)　$C\cdot{}^tC=I$　($=n$ 次単位行列)

に書ける．(このような行列 C を**直交行列** (orthogonal matrix) という）従って，(12)の行列式を比べて

$$\det(C)^2=1 \qquad (\because \ \det({}^tC)=\det(C))$$
$$\therefore \quad \det(C)=\pm 1$$

となる．従って，$f_1, \cdots, f_n$ は一次独立である．すなわち，

$$\lambda_1 f_1+\cdots+\lambda_n f_n=0$$

を満たす実数は，

$$\lambda_1=\cdots=\lambda_n=0$$

しかない．実際，

$$\lambda_1 f_1+\cdots+\lambda_n f_n=0$$
$$\Longleftrightarrow \quad \sum_{i=1}^{n} \lambda_i \gamma_{ij}=0 \qquad (j=1, \cdots, n)$$
$$\Longleftrightarrow \quad \lambda_1=\cdots=\lambda_n=0$$

(最後の $\Longleftrightarrow$ のうち，$\Leftarrow$ は自明である．$\Rightarrow$には連立一次方程式に関するクラーメルの定理を用いればよい）或は次のようにしてもわかる．$\lambda_1 f_1+\cdots+\lambda_n f_n=0$ なら，

$$(f_i|f_j)=\delta_{ij}$$

により，どの λ_i に対しても

$$\lambda_i=(\lambda_1 f_1+\cdots+\lambda_i f_i+\cdots+\lambda_n f_n|f_i)$$
$$\therefore \quad \lambda_i=(0|f_i)=0 \qquad (i=1, \cdots, n).$$

さて次に，E の3点 p, q, r に対し $f(p)=p'$, $f(q)=q'$, $f(r)=r'$ とおき，また，$a=q-p$, $b=r-p$ とおく．そして，

$$a'=q'-p', \quad b'=r'-p'$$

とおく．すると，次の事実が成り立つ：

(13)　$(a|b)=(a'|b')$

すなわち，この意味で，**合同変換は内積を変えない．**

（証明） 既に計算したように，

$$\overline{qr}^2-(\overline{pq}^2+\overline{pr}^2)=-2(a|b)$$
$$\overline{q'r'}^2-(\overline{p'q'}^2+\overline{p'r'}^2)=-2(a'|b')$$

が成り立つが，ここで

$$\overline{pr}=\overline{p'r'},\quad \overline{pq}=\overline{p'q'},\quad \overline{q'r'}=\overline{qr}$$

であるから，

$$-2(a|b)=-2(a'|b')$$
$$\therefore\quad (a|b)=(a'|b').$$ （証明終）

さて，E の点 x をとり，$x=(x_1,\cdots,x_n)$，$f(x)=x'$，$x'-0'=y$ とおくと，(13) より，

$$\begin{aligned} x_i=(x|e_i)&=(x-0 \mid e_i-0)\\ &=(x'-0' \mid e_i'-0')\\ &=(y|f_i) \qquad (i=1,\cdots,n)\end{aligned}$$

を得る．よって，$y=(y_1,\cdots,y_n)$ とおくと，

$$x_i=(y|f_i)=y_1\gamma_{i1}+\cdots+y_n\gamma_{in}=\sum_{p=1}^{n}y_p\gamma_{ip}$$

$$\therefore\quad \begin{pmatrix}x_1\\ \vdots\\ x_n\end{pmatrix}=\begin{pmatrix}\gamma_{11}&\cdots&\gamma_{1n}\\ \gamma_{21}&\cdots&\gamma_{2n}\\ \cdots&\cdots&\cdots\\ \gamma_{n1}&\cdots&\gamma_{nn}\end{pmatrix}\begin{pmatrix}y_1\\ \vdots\\ y_n\end{pmatrix}=C\begin{pmatrix}y_1\\ \vdots\\ y_n\end{pmatrix}$$

さて，$C\cdot{}^tC=I$ より，${}^tC$ は C の逆行列 C^{-1} に一致するから，${}^tC\cdot C=I$ も成り立つ．よって，上式より，

$$\begin{pmatrix}y_1\\ \vdots\\ y_n\end{pmatrix}={}^tC\begin{pmatrix}x_1\\ \vdots\\ x_n\end{pmatrix}$$

すなわち，

$$y_i=\gamma_{1i}x_1+\gamma_{2i}x_2+\cdots+\gamma_{ni}x_n \qquad (i=1,\cdots,n)$$

が得られる．$x'=(x_1',\cdots,x_n')$ とおくと，

$$x'=0'+y$$

より

$$x_i'=\alpha_i+y_i \qquad (i=1,\cdots,n)$$

よって，

(14)　$$x_i'=\alpha_i+\sum_{j=1}^{n}\gamma_{ji}x_j \qquad (i=1,\ \cdots,\ n)$$

となる．**これが合同変換 f を，座標で表示した式である．**

ここで行列式 $\det(\gamma_{ji})$ の値が0でない（既に見たように，$\det(\gamma_{ji})=\pm 1$ であった！)から，実数 $x_1',\ \cdots,\ x_n'$ を任意に与えたとき，(14) の解 $x_1,\ \cdots,\ x_n$ は一意的に存在する．よって，f は $E=\boldsymbol{R}^n$ から $E=\boldsymbol{R}^n$ への全単射であることがわかった．

のみならず，**f は座標で表示すると，(14) のような簡単な形の式（一次式！）で表わされることもわかった．**

一般に，E から E への写像 φ：$(x_1,\ \cdots,\ x_n)\to(x_1',\cdots,\ x_n')$ が (14) で与えられたときこれが合同変換となる条件を求めよう．

$$p=(x_1,\ \cdots,\ x_n),\quad \varphi(p)=p'=(x_1',\ \cdots,\ x_n')$$
$$q=(y_1,\ \cdots,\ y_n),\quad \varphi(q)=q'=(y_1',\ \cdots,\ y_n')$$

とおくと，(14) より

$$x_i'=\alpha_i+\sum_{j=1}^{n}\gamma_{ji}x_j,\qquad y_i'=\alpha_i+\sum_{j=1}^{n}\gamma_{ji}y_j$$

よって，

$$\begin{aligned}\overline{p'q'}^2&=\|p'-q'\|^2=\sum_{i=1}^{n}(x_i'-y_i')^2\\&=\sum_{i=1}^{n}\left(\sum_{j=1}^{n}\gamma_{ji}(x_j-y_j)\right)^2\\&=\sum_{i=1}^{n}\sum_{j=1}^{n}\gamma_{ji}(x_j-y_j)\sum_{k=1}^{n}\gamma_{ki}(x_k-y_k)\\&=\sum_{i=1}^{n}\sum_{j=1}^{n}\sum_{k=1}^{n}\gamma_{ji}\gamma_{ki}(x_j-y_j)(x_k-y_k)\end{aligned}$$

よって，いま，$\sum_{i=1}^{n}\gamma_{ji}\gamma_{ki}=\varepsilon_{jk}$ とおくと，

$$\overline{p'q'}^2=\sum_{j=1}^{n}\sum_{k=1}^{n}\varepsilon_{jk}(x_j-y_j)(x_k-y_k)$$

となる．これが

$$\begin{aligned}\overline{pq}^2&=\|p-q\|^2=\sum_{i=1}^{n}(x_i-y_i)^2\\&=\sum_{j=1}^{n}\sum_{k=1}^{n}\delta_{jk}(x_j-y_j)(x_k-y_k)\end{aligned}$$

に等しいための条件，すなわち，$x_1,\ \cdots,\ x_n$；$y_1,\ \cdots,\ y_n$ について恒等的に

$$\sum_{j=1}^{n}\sum_{k=1}^{n}\varepsilon_{jk}(x_j-y_j)(x_k-y_k)$$
$$=\sum_{j=1}^{n}\sum_{k=1}^{n}\delta_{jk}(x_j-y_j)(x_k-y_k)$$

が成り立つための条件を求めればよい．$x_j-y_j=z_j$ $j=1, \cdots, n$ とおけば，結局 $z_1, \cdots, z_n$ について恒等的に

$$\sum_{j=1}^{n}\sum_{k=1}^{n}(\varepsilon_{jk}-\delta_{jk})z_jz_k=0$$

が成り立つための条件を求めればよい．いま，

$$\sigma_{jk}=\varepsilon_{jk}-\delta_{jk}$$

とおく．$\varepsilon_{jk}=\varepsilon_{kj}$, $\delta_{jk}=\delta_{kj}$ が成り立つのは明らかだから，

$$\sigma_{jk}=\sigma_{kj}$$

である．そして，$z_1, \cdots, z_n$ について恒等的に

$$(15)\qquad \sum_{j=1}^{n}\sum_{k=1}^{n}\sigma_{jk}z_jz_k=0$$

よって，z_i^2 の係数を比べて，

$$\sigma_{ii}=0,$$

また z_jz_k $(j\neq k)$ の係数を比べて

$$\sigma_{jk}+\sigma_{kj}=2\sigma_{jk}=0$$
$$\therefore\quad \sigma_{jk}=0$$

よって，恒等式 (15) が成り立てば，すべての σ_{jk} が 0 になる．逆にすべての σ_{jk} が 0 なら，恒等的に (15) が成り立つのは明らかだから，

(14) が合同変換となる $\Longleftrightarrow \varepsilon_{jk}=\delta_{jk}$

$$\Longleftrightarrow \sum_{i=1}^{n}\gamma_{ji}\gamma_{ki}=\delta_{jk}\quad (j,k=1, \cdots, n)$$

となる．これは，いいかえると，

(14) が合同変換 $\Longleftrightarrow$ 行列 (γ_{jk}) が直交行列

ともいえる．

3. 合同変換群

$E=\boldsymbol{R}^n$ の合同変換の全体のなす集合を $I(E)$ と書く．$I(E)$ の元 f: $E\to E$ は前節で示したように，E から E への全単射であるから，逆写像 f^{-1}: $E\to E$ をもつ：$f\circ f^{-1}=f^{-1}\circ f=id_E$．$f^{-1}$ も合同変換である．実際 $f^{-1}(p)=p'$, $f^{-1}(q)=q'$ とおくと

$$f(p')=p,\quad f(q')=q$$
$$\therefore\quad \overline{pq}=\overline{p'q'}.$$

また，f, g が合同変換ならば，合成写像 $f\circ g$ も合同変換である．実際

$$\overline{f(g(p)),\ f(g(q))}=\overline{g(p),\ g(q)}=\overline{pq}$$

だから．よって，$f\circ g\in I(E)$ となる．

よって，$I(E)$ という集合において，その2元 f, g の“掛け算”を写像の合成 $f\circ g$ により定義すれば，$f\circ g$ はまた $I(E)$ 中にある．この掛け算は，**結合律**をみたす：

$$f, g, h\in I(E)\Rightarrow (f\circ g)\circ h=f\circ(g\circ h)$$

実際，E の任意の点 x に対して，$h(x)=y,\ g(y)=z,\ f(z)=u$ とおくと，

$$\begin{aligned}((f\circ g)\circ h)(x)&=(f\circ g)(h(x))=(f\circ g)(y)\\&=f(g(y))=f(z)=u,\\(f\circ(g\circ h))(x)&=f(g(h(x)))\\&=f(g(y))=f(z)=u\end{aligned}$$

となり，E の各点で $(f\circ g)\circ h$ と $f\circ(g\circ h)$ とは同じ値をとるから，写像として等しい．よって結合律の成立がわかった．(以下 $(f\circ g)\circ h=f\circ(g\circ h)$ を $f\circ g\circ h$ と書く)．

次に，E の恒等写像 id_E はもちろん $I(E)$ に属する．これが上の掛け算に於て単位元の役割をする：

$$f\circ id_E=id_E\circ f=f\qquad (f\in I(E))$$

この等式の証明は容易だから省略するが，読者は実行されたい．

さて，$f\in I(E)$ に対して，既に述べたように $f^{-1}\in I(E)$ であり，かつ

$$f\circ f^{-1}=f^{-1}\circ f=id_E$$

を満たす．よって，集合 $I(E)$ は，乗法

$$(f,\ g)\longmapsto f\circ g$$

に関して，**群** (group) の公理系を満足し，一つの群をなすわけである．群 $I(E)$ を，ユークリッド空間 $I(E)$ の**合同変換群**という．

4. 合同変換の例

例 1　(14) において，$\gamma_{ji}=\delta_{ji}\ (j,i=1,\cdots,n)$ なら，行列 (γ_{ji}) は単位行列となり，従って直交行列であるから，既知のように，そのとき一つの合同変換

$$x_i'=\alpha_i+x_i\qquad (i=1,\ \cdots,\ n)$$

が生ずる．この形の合同変換を，**平行移動**という．これは，$(\alpha_1, \cdots, \alpha_n)=a$，$(x_1, \cdots, x_n)=x$ とおけば，

$$x'=f(x)=x+a$$

で与えられる．

例 2　超平面 H に関する鏡映 $s_H: E\to E$ が合同変換であることは既に第一節で述べた．

例 3　$n=2$ のとき，原点Oのまわりに正の向きに角 θ だけ廻転する写像 $p\to p'$ を f_θ

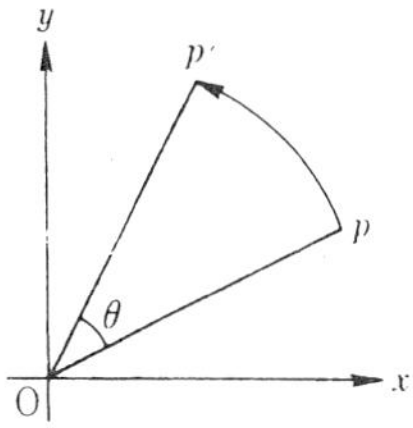

とすると，f_θ は合同変換である．実際，$p=(x, y)$，$p'=(x', y')$ とすると，複素数 $z=x+iy$，$z'=x'+iy'$，$e^{i\theta}$ を用いて，

$$z'=e^{i\theta}z$$

となる．

$$\therefore\quad x'+iy'=(\cos\theta+i\sin\theta)(x+iy)$$
$$=(x\cos\theta-y\sin\theta)+i(y\cos\theta+x\sin\theta)$$

$$\therefore\quad \begin{cases} x'=x\cos\theta-y\sin\theta, \\ y'=x\sin\theta+y\cos\theta. \end{cases}$$

すなわち，(14) の形式でいえば，α_i はすべて 0 であり，

$$C=(\gamma_{ji})=\begin{pmatrix} \cos\theta & \sin\theta \\ -\sin\theta & \cos\theta \end{pmatrix}$$

となる．C は直交行列である．実際

$$C\cdot{}^tC=\begin{pmatrix} \cos\theta & \sin\theta \\ -\sin\theta & \cos\theta \end{pmatrix}\begin{pmatrix} \cos\theta & -\sin\theta \\ \sin\theta & \cos\theta \end{pmatrix}$$
$$=\begin{pmatrix} \cos^2\theta+\sin^2\theta & 0 \\ 0 & \cos^2\theta+\sin^2\theta \end{pmatrix}$$
$$=\begin{pmatrix} 1 & 0 \\ 0 & 1 \end{pmatrix}$$

よって，廻転 f_θ は合同変換である．

第3章　三角形の合同条件

1. 三角形の合同定理

第2章にようやく n 次元ユークリッド空間 $E=\boldsymbol{R}^n$ の合同変換群——すなわち E の合同変換の全体のなす群—— $I(E)$ が登場した．これに関して，有限合同変換群という主題と一寸はずれるが，読者諸氏の高校時代の幾何学の記憶を刺戟するために，三角形の合同定理などという有名な事項の解説をしておきたい．そんなことはもうとっくに知っているといわれる読者も居るかも知れないが，そう思う程事柄はナイーブなものではない．三角形とはそもそも何か？　2つの三角形が合同であるという言葉の意味は一体何であるのか？——こういうことを明確にしておかなければ，直観的に如何に明らかであっても，三角形の合同定理がわかったとはいえない．そこでまず，三角形の定義から始めよう．

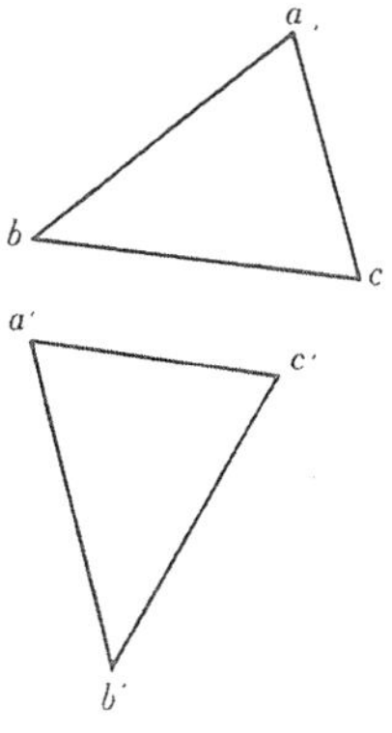

定義　n 次元ユークリッド空間 $E=\boldsymbol{R}^n$ の3点 a,b,c の順序を考えにいれた組 (a,b,c) であって，3点 a,b,c が同一直線上にないものを，E 中の**三角形**という．3点 a,b,c をこの三角形 $\triangle=(a,b,c)$ の**頂点**という．そして線分

$$[b,c],\quad [c,a],\quad [a,b]$$

をこの3角形 $\triangle=(a,b,c)$ の**辺**という．詳しくは，辺 $[b,c]$ を，頂点 a の**対辺** etc という．また，角

$$b-a \widehat{,}\, c-a$$

を頂点 a における**頂角**といい，$\angle a$ と略記する．他の頂点についても同じである．$\angle a$ を2辺 $[a,b]$，$[c,a]$ のなす**夾角**ともいう．

2つの三角形 $\triangle=(a,b,c)$ と $\triangle'=(a',b',c')$ が**等しい**（一致する）というのは

$$a=a',\quad b=b',\quad c=c'$$

が成り立つことをいう．

これで三角形とは何かという点はわかったから，次に2つの三角形 $\triangle=(a,b,c)$ と $\triangle'=(a',b',c')$ とが合同であるという概念に進む．

定義　三角形 $\triangle=(a,b,c)$ が $\triangle'=(a',b',c')$ に**合同である**とは，E の合同変換 f が存在して，

$$f(a)=a',\quad f(b)=b',\quad f(c)=c'$$

となることをいう．これを記号

$$\triangle\equiv\triangle'$$

で表わす．（直観的表現：$\triangle$ を $\triangle'$ に重ね合わせられる（ただし a が a' に，b が b' に，c が c' に重なるように）とき合同という――このときの言葉〝重ね合わせる〟というのが，上記の $f\in I(E)$ を $\triangle$ に施すことに相当するのである！）

合同であるという関係≡は**同値関係**である．すなわち

(i)　$\triangle\equiv\triangle$　（反射性）

(ii)　$\triangle\equiv\triangle'$ ならば $\triangle'\equiv\triangle$　（対称性）

(iii)　$\triangle\equiv\triangle'$ かつ $\triangle'\equiv\triangle''$ ならば $\triangle\equiv\triangle''$　（推移性）

が成り立つ．実際(i)は f として id_E（$=E$ の恒等変換）をとればよい．(ii)は，$\triangle=(a,b,c)$，$\triangle'=(a',b',c')$ として，$f\in I(E)$ が

$$f(a)=a',\quad f(b)=b',\quad f(c)=c'$$

を満たせば，$g=f^{-1}\in I(E)$ とおくと，合同変換 g が

$$g(a')=a,\quad g(b')=b,\quad g(c')=c$$

を満たす．従って，$\triangle'\equiv\triangle$ となる．(iii)は次の通り：いま $\triangle=(a,b,c)$，$\triangle'=(a',b',c')$，$\triangle''=(a'',b'',c'')$とし，$f\in I(E)$ が

$$f(a)=a',\quad f(b)=b',\quad f(c)=c'$$

を満たし，また $g\in I(E)$ が

$$g(a')=a'',\quad g(b')=b'',\quad g(c')=c''$$

を満たしたとすれば，$h=g\circ f\in I(E)$ が

$$\begin{cases} h(a)=g(f(a))=g(a')=a'' \\ h(b)=g(f(b))=g(b')=b'' \\ h(c)=g(f(c))=g(c')=c'' \end{cases}$$

を満たす．よって $\triangle\equiv\triangle''$ となる．

これで，E 中の三角形の全体のなす集合 $\mathcal{S}$ が，合同関係 $\equiv$ によって，同値類に分割されるわけである．各々の同値類を三角形の**合同類**という．さて三角形 $\triangle\in\mathcal{S}$ の属する合同類を，$[\triangle]$ という記号で表わすことにしよう．従って，$\triangle\in\mathcal{S}$ と $\triangle'\in\mathcal{S}$ とに対して，

$$\triangle\equiv\triangle' \text{ ならば，} [\triangle]=[\triangle']$$

となる．また，$\triangle\equiv\triangle'$ の否定を $\triangle\not\equiv\triangle'$ と書けば，

$$\triangle\not\equiv\triangle' \text{ ならば，} [\triangle]\cap[\triangle']=\phi$$

となる．($\cap$ は集合の共通部分を表わす記号，ϕ は空集合の記号である．)

三角形の合同定理というのは，与えられた2つの三角形 $\triangle=(a,b,c)$ と $\triangle'=(a',b',c')$ とに対して，

$$\triangle\equiv\triangle'$$

が成り立つための必要十分条件を与える定理である．いま，$\triangle\equiv\triangle'$ としよう．すると，ある $f\in I(E)$ が存在して，

$$f(a)=a',\quad f(b)=b',\quad f(c)=c'$$

となるから，

$$(1)\qquad \overline{ab}=\overline{a'b'},\quad \overline{bc}=\overline{b'c'},\quad \overline{ca}=\overline{c'a'}$$

が成り立つ(∵ 合同変換の定義(第2章)を思い出せ)．

すると，またもや前回述べた公式

$$\overline{bc}^2-(\overline{ab}^2+\overline{ac}^2)=-2(b-a\mid c-a)$$

により，

$$(b-a\mid c-a)=(b'-a'\mid c'-a')$$

が成り立つから，

$$\cos(\angle a)=\frac{(b-a\mid c-a)}{\|b-a\|\cdot\|c-a\|}=\frac{(b'-a'\mid c'-a')}{\|b'-a'\|\cdot\|c'-a'\|}$$
$$=\cos(\angle a')$$

となる．しかも $\angle a$, $\angle a'$ は共に区間 $[0, \pi]$ 中にあるから，

(2)　　$\angle a = \angle a'$

となる．(すなわち，**合同変換は角を変えない．**) 同様にして，

(3)　　$\angle b = \angle b'$,　　$\angle c = \angle c'$

も成り立つ．(1), (2), (3) は何れも $\triangle \equiv \triangle'$ となるための〝必要条件〟である．逆に (1), (2), (3) がすべて成り立てば，$\triangle \equiv \triangle'$ となるであろうか？　答は yes である．実は, (1), (2), (3) のすべてが成り立つことを仮定せずに，その一部分だけ仮定すればよい．それがいわゆる三辺合同の定理や，二辺夾角の定理である．

2. 三辺合同の定理

定理 1 (三辺合同の定理)

三角形 $\triangle = (a, b, c)$, $\triangle' = (a', b', c')$ において

$$\overline{bc} = \overline{b'c'}, \quad \overline{ca} = \overline{c'a'}, \quad \overline{ab} = \overline{a'b'}$$

が成り立つならば，$\triangle \equiv \triangle'$ である．

(証明) $a' - a = p$ とおくと，E の平行移動

$$\tau : x \longmapsto x + p$$

は合同変換であって，$\tau(a) = a'$ を満たす．いま

$$\tau(b) = b'', \qquad \tau(c) = c''$$

とおき，三角形 (a', b'', c'') を $\triangle''$ とおく．(a', b'', c'' は同一直線上にはない――もしそうなら，$\tau^{-1}(a') = a$, $\tau^{-1}(b'') = b$, $\tau^{-1}(c'') = c$ の 3 点が同一直線上にあることになり矛盾)．すると $\triangle \equiv \triangle''$ だから

$$\overline{b''c''} = \overline{bc} = \overline{b'c'},$$

$$\overline{c''a'} = \overline{ca} = \overline{c'a'},$$

$$\overline{a'b''} = \overline{ab} = \overline{a'b'}$$

が成り立つ．よって，このとき $\triangle'' \equiv \triangle'$ がいえれば，$\triangle \equiv \triangle'$ を得て，目的を達する．従って，平行移動を考えることにより，初めから

$$a = a'$$

と仮定しても一般性を失わぬことがわかった．更に平行移動 $\tau' : x \longmapsto x - a$ を施せば，一致した 2 頂点 $a = a'$ が，原点

$$0=(0,\ \cdots,\ 0)$$

と一致すると仮定してよい．この時，三辺の長さが夫々等しいという仮定は

$$(*)\qquad \|b\|=\|b'\|,\quad \|c\|=\|c'\|,\quad \overline{bc}=\overline{b'c'}$$

と書ける．仮定(*)の下でなすべきことは，合同変換 f が存在して，$f(0)=0$, $f(b)=b'$, $f(c)=c'$ を満たすことの証明である．そのためまず

補題1　E の2点 b, b' が $\|b\|=\|b'\|$ を満せば，E の合同変換 g が存在して，$g(0)=0$, $g(b)=b'$ となる．

（証明）　$b=b'$ のときは，g としては恒等変換をとればよい．よって，$b\neq b'$ とする．このとき2点 b, b' の〝**垂直2等分面**〟Hを考える．すなわちHは，2点 b, b' から等距離にある点 x の軌跡である：

$$H=\{x\in E\ ;\ \overline{bx}=\overline{b'x}\}.$$

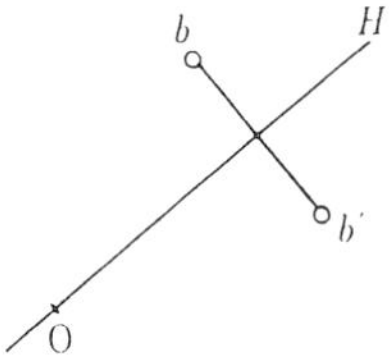

まず，H が E の超平面で，原点0を通ること，次に，H に関する鏡映 s_H が $s_H(b)=b'$ を満たすことを示そう．そうすれば，$s_H\in I(E)$，$s_H(0)=0$ だから，証明が完了する．さて，Eの点xに対して，$x\in H \iff \overline{bx}=\overline{b'x} \iff \|b-x\|=\|b'-x\| \iff (b-x\mid b-x)=(b'-x\mid b'-x)$ である．所が

$$(b-x\mid b-x)=(b|b)+(x|x)-2(b|x)$$
$$(b'-x\mid b'-x)=(b'|b')+(x|x)-2(b'|x)$$

であるから，

$$x\in H \iff 2(b|x)-2(b'|x)=(b|b)-(b'|b')$$

となる．さて，$\|b\|=\|b'\|$ より，$(b|b)=\|b\|^2=\|b'\|^2=(b'|b')$ であるから，

$$x\in H \iff (2b-2b'\mid x)=0$$

となる．$2b-2b'\neq 0$ だから，H は $2b-2b'$ を法線ベクトルにもつ超平面で，しかも原点0を通ることがわかった．よって $s_H(0)=0$ である．さて鏡映の公式（第1章参照）により

$$s_H(b)=b-\frac{2(2b-2b'\mid b)}{(2b-2b'\mid 2b-2b')}(2b-2b')$$

であるが，ここで

$$(2b-2b' \mid 2b-2b')=4(b|b)+4(b'|b')-8(b|b')$$
$$=8(b|b)-8(b|b')$$
$$2(2b-2b' \mid b)=4(b|b)-4(b|b')$$
$$\therefore\quad \frac{2(2b-2b' \mid b')}{(2b-2b' \mid 2b-2b')}=\frac{1}{2}$$
$$\therefore\quad s_H(b)=b-\frac{1}{2}(2b-2b')$$
$$=b-(b-b')=b' \quad \text{（補題 1 の証明終）}$$

補題1により，△ の代りに，三角形$(g(0)=0,\ g(b)=b',\ g(c))$ を考えれば，初めから，

$$b=b'$$

としてよい．よって問題は次のようになる．

仮定： $\|c\|=\|c'\|$, $\overline{bc}=\overline{bc'}$ の下で，$f\in I(E)$ が存在して，$f(0)=0$, $f(b)=b$, $f(c)=c'$ となる ことを導く．

$c=c'$ なら，$f=id_E$ とおけばよいから，$c\neq c'$ の場合だけ考えればよい． 2点 c, c' の垂直2等分面を H とすると，上に述べたように，

$$s_H(c)=c'$$

となる．また仮定

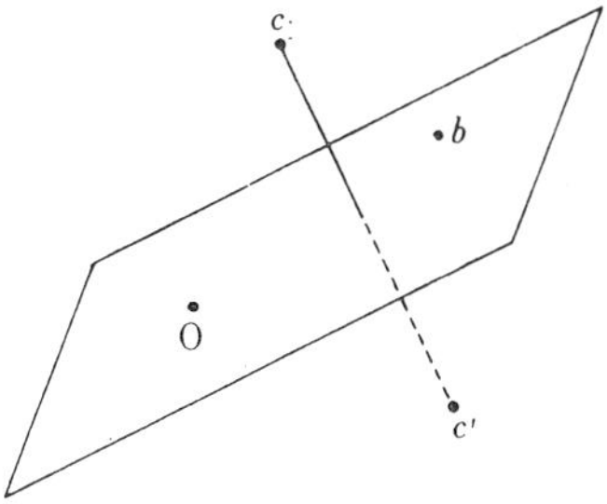

$$\overline{0c}=\|c\|=\|c'\|=\overline{0c'}$$

と，

$$\overline{bc}=\overline{bc'}$$

とから，$0, b$ はどちらも垂直2等分面 H 上にある．よって，

$$s_H(0)=0,\quad s_H(b)=b$$

となる．よって，f として s_H をとればよい．（定理の証明終）

3. 二辺夾角の定理

定理 2（二辺夾角の定理）

三角形 $\triangle=(a, b, c)$，$\triangle'=(a', b', c')$ において

$$\angle a=\angle a', \quad \overline{ab}=\overline{a'b'}, \quad \overline{ca}=\overline{c'a'}$$

が成り立つならば，$\triangle\equiv\triangle'$ である．

（証明）$\angle a=\angle a'=\theta$ とおくと，第2章で証明した余弦定理により，

$$\overline{bc}^2=\overline{ab}^2+\overline{ca}^2-2\overline{ab}\cdot\overline{ca}\cos\theta$$

$$\therefore \quad \overline{b'c'}^2=\overline{a'b'}^2+\overline{c'a'}^2-2\overline{a'b'}\cdot\overline{c'a'}\cos\theta=\overline{bc}^2$$

$$\therefore \quad \overline{b'c'}=\overline{bc}.$$

よって，三辺合同の定理により $\triangle\equiv\triangle'$　（証明終）

4. 一つの注意：平行移動は鏡映の積

三辺合同の定理の証明を見ると，$\triangle$ を $\triangle'$ に移す合同変換 f の構成法は，まず平行移動で $a\to a'$ ならしめ，次に，適当な鏡映で，a' を固定したままで b を b' に移し，次に鏡映を更に適当にとると，a', b' を固定したままで c を c' に移す――という次第である．つまり

$\triangle\equiv\triangle'$ ならば，$f(\triangle)=\triangle'$ なる $f\in I(E)$ としては，

$$f=s_2s_1\tau \qquad (f=s_2\circ s_1\circ\tau \text{ の略記})$$

$$\begin{cases} \tau=\text{平行移動} \\ s_1=\text{鏡映 又は } id_E \\ s_2=\text{鏡映 又は } id_E \end{cases}$$

の形のものがとれることがわかった．実は恒等変換でない平行移動は，2つの鏡映の積になる．実際，平行移動

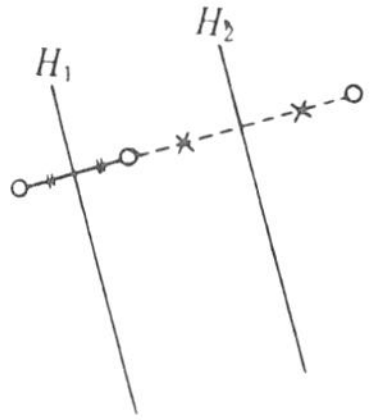

$\tau: x \longmapsto x+c \quad (c\neq 0)$ が与えられたとし，c を法線ベクトルとする2つの超平面 H_1, H_2（平行超平面！）を考える．それをそれぞれ方程式

$$H_1: \quad (x|c)=\alpha$$

$$H_2: \quad (x|c)=\beta$$

で表わす．α, β を適当にとれば，

$$\tau=s_{H_2}\circ s_{H_1}$$

となることを示そう．実際，計算を実行して

$$s_{H_2}(s_{H_1}(x))=s_{H_2}\left(x-\frac{2((x|c)-\alpha)}{(c|c)}c\right)$$

今

$$y=x-\frac{2((x|c)-\alpha)}{(c|c)}c$$

とおくと，

$$\begin{aligned}s_{H_2}(s_{H_1}(x))&=s_{H_2}(y)\\&=y-\frac{2((y|c)-\beta)}{(c|c)}c\end{aligned}$$

所が，

$$\begin{aligned}(y|c)&=(x|c)-\frac{2((x|c)-\alpha)}{(c|c)}(c|c)\\&=(x|c)-2(x|c)+2\alpha=2\alpha-(x|c)\end{aligned}$$

$$\begin{aligned}\therefore\quad s_{H_2}(s_{H_1}(x))&=x-\frac{2((x|c)-\alpha)}{(c|c)}c\\&\qquad-\frac{2(2\alpha-(x|c)-\beta)}{(c|c)}c\\&=x+\frac{2\alpha-4\alpha+2\beta}{(c|c)}c\end{aligned}$$

よって，

$$\frac{2\beta-2\alpha}{(c|c)}=1$$

となるように α,β を定めれば

$$s_{H_2}\circ s_{H_1}=\tau$$

が成り立つ．

これにより，$\triangle\equiv\triangle'$ ならば，高々4回の鏡映で三角形 $\triangle$ を $\triangle'$ に移すことができることがわかった．

5. 三辺合同の定理の一般化

定理 3 （三辺合同の定理の一般化）

E の点 $p_0, p_1, \cdots, p_k$ と $q_0, q_1, \cdots, q_k$ が与えられていて，

$$\overline{p_i p_j}=\overline{q_i q_j}\qquad(0\leqq\ i,j\ \leqq k)$$

が成り立つならば，$f\in I(E)$ が存在して

$$f(p_i)=q_i\qquad(i=0,1,\cdots,k)$$

となる．

（証明）定理1の証明法とアイデアにおいては，全く同じである．まず平行移動で $p_0 \mapsto q_0$ として，初めから，$p_0=q_0$ としてよい．このとき，合同変換 s を適当にとれば，p_0 を固定したままで $p_1 \mapsto q_1$ となる：

$$s(p_0)=p_0(=q_0), \qquad s(p_1)=q_1.$$

実際 $p_1=q_1$ なら，$s=id_E$ とおけば $s(p_0)=p_0$, $s(p_1)=p_1=q_1$ となる．また $p_1 \neq q_1$ なら，p_1, q_1 の垂直2等分面を H とすると，$p_0 \in H$ だから，$s_H(p_0)=p_0$, しかも上に述べたように，$s_H(p_1)=q_1$ となる．よって $p_0=q_0$, $p_1=q_1$ としてよい．次にこのとき

$$f(p_0)=p_0, \quad f(p_1)=p_1, \quad f(p_2)=q_2$$

なる $f \in I(E)$ の存在をいう．$p_2=q_2$ なら $f=id_E$ でよい．$p_2 \neq q_2$ なら，又もや p_2, q_2 の垂直2等分面 L を考えると，$\overline{p_0 p_2}=\overline{q_0 q_2}=\overline{p_0 q_2}$ より $p_0 \in L$, また，$\overline{p_1 p_2}=\overline{q_1 q_2}=\overline{p_1 q_2}$ より $p_1 \in L$ かつ $s_L(p_2)=q_2$ となる．よって $s_L(p_0)=p_0$, $s_L(p_1)=p_1$, $s_L(p_2)=q_2$ となるから，初めから，

$$p_0=q_0, \quad p_1=q_1, \quad p_2=q_2$$

としてよい．……以下同様に進行すればよい．

注意　$f(p_i)=q_i\,(i=0, 1, \cdots, k)$ を満たす $f \in I(E)$ としては，

$$f=s_k s_{k-1} \cdots s_1 \tau$$

の形のものがとれる．ここで τ は平行移動，各 s_i は id_E 又は鏡映である．よって，f は高々 $k+2$ 個の鏡映の積として表わされる．

しかし，ここで一寸反省して見ると，実は

$$f(p_i)=q_i \qquad (i=0, 1, \cdots, k)$$

を満たす合同変換 f としては，**高々 $k+1$ 個の鏡映の積として表わせるもの**がとれる．何故なら，上記で点 p_0を点 q_0 へ平行移動で移したのだが，ここを次のように直せばよい．すなわち，$p_0=q_0$ なら，id_E でよいし，また，$p_0 \neq q_0$ なら，p_0, q_0 の垂直2等分面に関する鏡映をs_0 とすれば，$s_0(p_0)=q_0$ となる．だから，あとは上記同様に，$f=s_k s_{k-1} \cdots s_1 s_0$ が作れる．

6. 合同変換はみな鏡映の積である

定理4　n 次元ユークリッド空間の合同変換は高々$n+1$ 個の鏡映の積として表わされる．

（証明）まず次の補題から始める．

補題2　$f\in I(E)$, $g\in I(E)$ が

$$f(e_i)=g(e_i) \qquad (i=0, 1, \cdots, n)$$

を満たしたとする．ただし，

$$e_0=(0, 0, \cdots\cdots, 0)$$
$$e_1=(1, 0, \cdots\cdots, 0)$$
$$e_2=(0, 1, 0, \cdots, 0)$$
$$\cdots\cdots$$
$$e_n=(0, 0, \cdots, 0, 1)$$

とする．このとき，$f=g$ が成り立つ．

（証明）$g^{-1}\circ f=h\in I(E)$ とおく．すると

$$h(e_i)=g^{-1}(f(e_i))=g^{-1}(g(e_i))=e_i$$

$(i=0, 1, \cdots, n)$ が成り立つ．このとき，

$$h=id_E$$

がいえればよい．実際 $h=id_E$ から $g^{-1}\circ f=id_E$, すなわち，$g=f$ となるからである．さて第2章の公式(14)から，

$$h : (x_1, \cdots, x_n) \longmapsto (x_1', \cdots, x_n')$$

とすれば，

$$x_i'=x_i \qquad (i=1, \cdots, n)$$

となる．よって，$h=id_E$.　（証明終）

さて定理4の証明にとりかかる．補題2の記号を用いることにし，与えられた合同変換 $f\in I(E)$ に対して

$$f(e_i)=p_i \qquad (i=0, 1, \cdots, n)$$

とおく．すると，

$$\overline{e_ie_j}=\overline{p_ip_j} \qquad (0\leqq i, j \leqq n)$$

だから，定理3の次の注意により，高々 $n+1$ 個の鏡映の積 $g=s_ns_{n-1}\cdots s_1s_0$ (s_0, s_1, $\cdots$, s_n, は id_E 又は鏡映）が存在して，

$$g(e_i)=p_i \qquad (i=0, 1, \cdots, n)$$

となる．よって補題2より，$f=g$.

$$\therefore \quad f=s_ns_{n-1}\cdots s_1s_0 \quad \text{（証明終）}$$

例1　$n=1$ のとき，$E=\boldsymbol{R}^1=\boldsymbol{R}$ である．第2章の公式(14)により，$f\in I(E)$ に対して，

$$f(0)=\alpha,\quad f(1)=\beta,\quad \beta-\alpha=\gamma$$

とおくと，$x\in E$ に対して，

$$f(x)=\alpha+\gamma x$$

となる．しかも，f は2点間の距離を保つから

$$(f(x)-f(y))^2=(x-y)^2$$
$$\therefore\quad \gamma^2(x-y)^2=(x-y)^2\qquad (x,y\in \boldsymbol{R})$$
$$\therefore\quad \gamma=\pm 1.$$

$\gamma=1$ なら，$f(x)=x+\alpha$ となり，f は平行移動である．$\gamma=-1$ なら，f は実は鏡映である．実際，

$$f(x)=x$$

の解を求めると，

$$-x+\alpha=x\qquad \therefore\quad x=\frac{\alpha}{2}$$

となる．点 $\dfrac{\alpha}{2}$ は E の超平面である．これを H とすると，H の方程式は $x=\dfrac{\alpha}{2}$．そして実は

$$f=s_H$$

である．実際，鏡映の公式（第1章）により

$$s_H(x)=x-\frac{2\left(x-\dfrac{\alpha}{2}\right)}{1^2}1$$
$$=-x+\alpha=f(x)$$

これで，1次元ユークリッド空間，すなわちユークリッド直線 E においては，E の合同変換は，平行移動であるか，鏡映であるかの何れかであることがわかった．

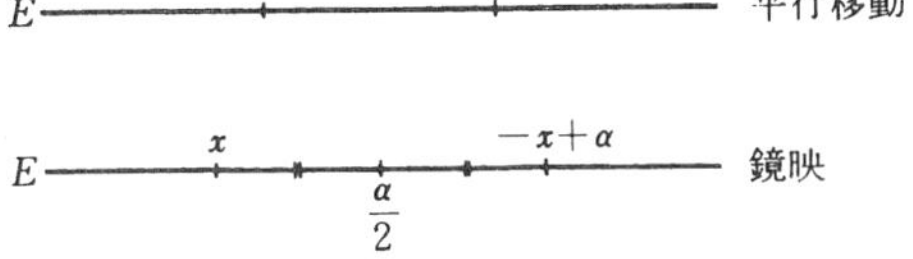

よって，各合同変換は高々2個の鏡映の積として表わされる．

例2　$n=2$ のとき，ユークリッド平面 $E=\boldsymbol{R}^2$ に対し，第2章の公式(14)を用いる，$f\in I(E)$ とし，

$$e_0=(0,0),\quad e_1=(1,0),\quad e_2=(0,1)$$

とおく．次に

$$f(e_0)=(\alpha_1,\ \alpha_2),\quad f(e_1)=(\beta_{11},\ \beta_{12}),$$
$$f(e_2)=(\beta_{21},\ \beta_{22})$$

とおく．また

$$\beta_{11}-\alpha_1=\gamma_{11},\quad \beta_{12}-\alpha_2=\gamma_{12}$$
$$\beta_{21}-\alpha_1=\gamma_{21},\quad \beta_{22}-\alpha_2=\gamma_{22}$$

とおく．すると，

$$f:\ (x_1,\ x_2)\longmapsto(x_1',\ x_2')$$

は，

$$\begin{cases} x_1'=\alpha_1+\gamma_{11}x_1+\gamma_{21}x_2 \\ x_2'=\alpha_2+\gamma_{12}x_1+\gamma_{22}x_2 \end{cases}$$

で与えられる．ここで，

$$\begin{pmatrix} \gamma_{11} & \gamma_{12} \\ \gamma_{21} & \gamma_{22} \end{pmatrix}$$

は直交行列である．いまわかり易くするため，

$$\alpha_1=\alpha,\quad \alpha_2=\beta,$$
$$\gamma_{11}=a,\quad \gamma_{12}=b,\quad \gamma_{21}=c,\quad \gamma_{22}=d,$$
$$x_1=x,\quad x_2=y,\quad x_1'=x',\quad x_2'=y'$$

と書き直すと，

$$\begin{cases} x'=\alpha+ax+cy \\ y'=\beta+bx+dy \end{cases}$$

となる．行列を用いて書けば，

$$(x',\ y')=(\alpha,\ \beta)+(x,\ y)\begin{pmatrix} a & b \\ c & d \end{pmatrix}$$

である．また，

$$\begin{pmatrix} a & b \\ c & d \end{pmatrix}$$

が直交行列という条件は，

$$\begin{pmatrix} a & b \\ c & d \end{pmatrix}\begin{pmatrix} a & c \\ b & d \end{pmatrix}=\begin{pmatrix} 1 & 0 \\ 0 & 1 \end{pmatrix}$$

となる．すなわち

$$\begin{cases} a^2+b^2=1 \\ c^2+d^2=1 \\ ac+bd=0 \end{cases}$$

である．これから，行列式をとって，

$$(ad-bc)^2=1$$
$$\therefore \quad ad-bc=\pm 1$$

である．$ad-bc=1$ のとき，f を**運動**，$ad-bc=-1$ のとき，f を**裏返し**という．（n 次元のときにも，第2章の公式(14)より，$\det(\gamma_{ij})=\pm 1$ であった．$\det(\gamma_{ij})=1$ のとき，f を運動，$\det(\gamma_{ij})=-1$ のとき，f を裏返しという．）

例えば正の向きに角 θ だけの廻転 f_θ：

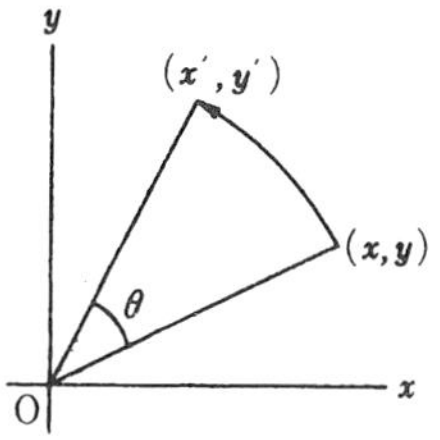

$$(x',\ y')=(x,\ y)\begin{pmatrix} \cos\theta & \sin\theta \\ -\sin\theta & \cos\theta \end{pmatrix}$$

は運動である．x 軸に関する鏡映 $(x,\ y) \longmapsto (x,\ -y)$ は

$$(x',\ y')=(x,\ -y)=(x,\ y)\begin{pmatrix} 1 & 0 \\ 0 & -1 \end{pmatrix}$$

となるから裏返しである．

ユークリッド平面の運動の分類を考えてみよう．

$ad-bc\neq 0$ のとき，逆行列の公式により

$$\begin{pmatrix} a & b \\ c & d \end{pmatrix}^{-1}=\frac{1}{ad-bc}\begin{pmatrix} d & -b \\ -c & a \end{pmatrix}$$

であるから，$ad-bc=1$ ならば，

$$\begin{pmatrix} a & b \\ c & d \end{pmatrix}^{-1}=\begin{pmatrix} d & -b \\ -c & a \end{pmatrix}$$

である．もし更に，

$$C=\begin{pmatrix} a & b \\ c & d \end{pmatrix}$$

が直交行列ならば，$C^{-1}={}^tC$ だから，

$$\begin{pmatrix} a & c \\ b & d \end{pmatrix}=\begin{pmatrix} d & -b \\ -c & a \end{pmatrix}$$

$$\therefore\quad a=d,\quad b=-c$$

$$\therefore\quad \begin{pmatrix} a & b \\ c & d \end{pmatrix}=\begin{pmatrix} a & b \\ -b & a \end{pmatrix}$$

さて，$a^2+b^2=1$ だから，

$$a=\cos\theta$$
$$b=\sin\theta$$

を満たす θ がある．よって，

$$\begin{pmatrix} a & b \\ c & d \end{pmatrix}=\begin{pmatrix} \cos\theta & \sin\theta \\ -\sin\theta & \cos\theta \end{pmatrix}$$

となる．よって，ユークリッド平面の運動 f は必ず

$$\begin{cases} x'=\alpha+x\cos\theta-y\sin\theta \\ y'=\beta+x\sin\theta+y\cos\theta \end{cases}$$

の形に書ける．よって，f は次のように分解される：

$$f=\tau\circ f_\theta$$

ここで，f_θ は上に述べた廻転運動であり，τ は平行移動

$$(x,\ y)\longmapsto(x+\alpha,\ y+\beta)$$

である．

さて廻転運動は必ず高々 2 個の鏡映の積に書ける．その証明は，平行移動が高々 2 個の鏡映の積に書けることの証明（上述した）とよく似ている．次のようにすればよい．原点 O を通る 2 直線 $l,\ l'$ を引き，l を正の向きに角 $\dfrac{\theta}{2}$ だけ廻転して l' になるようにする．すなわち

$$f_{\frac{\theta}{2}}(l)=l'$$

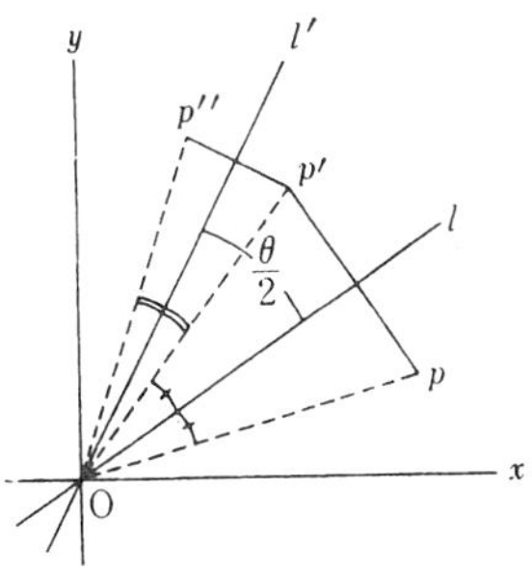

なるように l, l' をとる．すると，

$$s_{l'} \circ s_l = f_\theta$$

が成り立つ．これは，詳しくは証明しないが，上の図から考えて頂きたい．要点は，平面の点 p に対して，

$$s_l(p) = p', \qquad s_{l'}(p') = p''$$

とおくと，上図から，$\angle p0p'' = 2(\widehat{l, l'}) = \theta$ が成り立つ点にある．

よって，平面の運動は高々4個の鏡映の積になる．実は平面の運動（$\neq id_E$）が丁度2個の鏡映の積に書ける，ということを後から述べる．

平面の合同変換に関する問題，例えば，2個以下の鏡映の積には書けぬような平面の合同変換，すなわち，どうしても鏡映3個の積になるような合同変換も本当には存在するか？とか，裏返しで，2個の鏡映の積に書けるものがあるか等々という点については次章にゆずる．

また平面の合同変換の分類問題もまだ解決に至っていない．そもそも上では気軽に，合同変換の分類問題などといったが，これは正確にはどういう意味なのかをまず定義せねばならない．これらについては，あらためて次に述べよう．

第4章　合同変換の行列と符号

1. 合同変換の符号

前章で述べた保留点を説明する前に，いろいろと準備をしておかねばならない．今回はその準備である．一般にn次元ユークリッド空間$E=\boldsymbol{R}^n$の合同変換fの符号

$$\varepsilon(f)$$

なるものについて述べよう．第2章の公式(14)により，$f:(x_1,\cdots,x_n)\longmapsto(x_1',\cdots,x_n')$は次のように表わされる．

$$x_i'=\alpha_i+\sum_{j=1}^{n}x_j\gamma_{ji}\qquad(i=1,\cdots,n) \tag{1}$$

これは，行列記法を用いて，(行と列の添数は逆だが)

$$\begin{pmatrix}x_1'\\x_2'\\\vdots\\x_n'\\1\end{pmatrix}=\begin{pmatrix}\gamma_{11}&\gamma_{21}&\cdots&\gamma_{n1}&\alpha_1\\\gamma_{12}&\gamma_{22}&\cdots&\gamma_{n2}&\alpha_2\\\cdots&\cdots&\cdots&\cdots&\cdots\\\gamma_{1n}&\gamma_{2n}&\cdots&\gamma_{nn}&\alpha_n\\0&0&\cdots&0&1\end{pmatrix}\begin{pmatrix}x_1\\x_2\\\vdots\\x_n\\1\end{pmatrix} \tag{2}$$

とも書ける．もっと簡明に表わすために，

$$\begin{pmatrix}x_1\\\vdots\\x_n\\1\end{pmatrix}=\begin{pmatrix}x\\\\1\end{pmatrix},\qquad\begin{pmatrix}x_1'\\\vdots\\x_n'\\1\end{pmatrix}=\begin{pmatrix}x'\\\\1\end{pmatrix}, \tag{3}$$

$$A=\begin{pmatrix}\gamma_{11}&\cdots\cdots&\gamma_{n1}\\\gamma_{12}&\cdots\cdots&\gamma_{n2}\\\cdots&\cdots&\cdots\\\gamma_{1n}&\cdots\cdots&\gamma_{nn}\end{pmatrix},\qquad a=\begin{pmatrix}\alpha_1\\\alpha_2\\\vdots\\\alpha_n\end{pmatrix} \tag{4}$$

とおくと，

$$\begin{pmatrix}x'\\1\end{pmatrix}=\begin{pmatrix}A&a\\0&1\end{pmatrix}\begin{pmatrix}x\\1\end{pmatrix} \tag{5}$$

となる．或いはこれは

$$x'=Ax+a \tag{6}$$

とも書ける．（行列の添数を自然化するには横ベクトルを使えばよい）．さて行列

$$\begin{pmatrix} A & a \\ 0 & 1 \end{pmatrix}$$

を，**合同変換 f の行列**といい，$\tilde{A}_f$ と書くことにする．

合同変換 $f, g, h=g \circ f$ に対して，行列 $\tilde{A}_f, \tilde{A}_g, \tilde{A}_h$ の間にどのような関係があるかを考えてみよう．

$$f : x \longmapsto x', \qquad g : x' \longmapsto x''$$

とすると，上述より

$$\begin{pmatrix} x' \\ 1 \end{pmatrix} = \tilde{A}_f \begin{pmatrix} x \\ 1 \end{pmatrix}, \qquad \begin{pmatrix} x'' \\ 1 \end{pmatrix} = \tilde{A}_g \begin{pmatrix} x' \\ 1 \end{pmatrix}$$

$$\therefore \quad \begin{pmatrix} x'' \\ 1 \end{pmatrix} = \tilde{A}_g \tilde{A}_f \begin{pmatrix} x \\ 1 \end{pmatrix}$$

一方，$h(x)=g(f(x))=g(x')=x''$ であるから，

$$\begin{pmatrix} x'' \\ 1 \end{pmatrix} = \tilde{A}_h \begin{pmatrix} x \\ 1 \end{pmatrix}$$

$$\therefore \quad \tilde{A}_g \tilde{A}_f \begin{pmatrix} x \\ 1 \end{pmatrix} = \tilde{A}_h \begin{pmatrix} x \\ 1 \end{pmatrix}$$

これがすべての $x \in E$ について成り立つことから，$\tilde{A}_g \tilde{A}_f = \tilde{A}_h$ が出る．実際

$$\tilde{A}_f = \begin{pmatrix} A & a \\ 0 & 1 \end{pmatrix}, \quad \tilde{A}_g = \begin{pmatrix} B & b \\ 0 & 1 \end{pmatrix}, \quad \tilde{A}_h = \begin{pmatrix} C & c \\ 0 & 1 \end{pmatrix}$$

とおくと，

$$\tilde{A}_g \tilde{A}_f = \begin{pmatrix} B & b \\ 0 & 1 \end{pmatrix} \begin{pmatrix} A & a \\ 0 & 1 \end{pmatrix} = \begin{pmatrix} BA & Ba+b \\ 0 & 1 \end{pmatrix}$$

$$\begin{aligned} \therefore \quad \tilde{A}_g \tilde{A}_f \begin{pmatrix} x \\ 1 \end{pmatrix} &= \begin{pmatrix} BA & Ba+b \\ 0 & 1 \end{pmatrix} \begin{pmatrix} x \\ 1 \end{pmatrix} \\ &= \begin{pmatrix} BAx+Ba+b \\ 1 \end{pmatrix} \end{aligned}$$

これが x について恒等的に

$$\tilde{A}_h \begin{pmatrix} x \\ 1 \end{pmatrix} = \begin{pmatrix} C & c \\ 0 & 1 \end{pmatrix} \begin{pmatrix} x \\ 1 \end{pmatrix} = \begin{pmatrix} Cx+c \\ 1 \end{pmatrix}$$

と等しいのであるから

$$BAx+Ba+b=Cx+c$$

よって，

$$BA=C, \qquad Ba+b=c$$

$$\therefore \quad \tilde{A}_g \tilde{A}_f = \begin{pmatrix} BA & Ba+b \\ 0 & 1 \end{pmatrix} = \begin{pmatrix} C & c \\ 0 & 1 \end{pmatrix} = \tilde{A}_h.$$

よって，合同変換の行列について次の定理が得られた：

定理 1　$f, g \in I(E)$ に対して

$$\tilde{A}_{g\circ f}=\tilde{A}_g\tilde{A}_f$$

ついでに，

$$\tilde{A}_f=\begin{pmatrix} A & a \\ 0 & 1 \end{pmatrix}$$

と表わすとき，行列 A を A_f と書き，これを合同変換 f の行列の**線型部分** (linear part) という．A_f についても上述の計算から次の定理 2 がわかる．なお a を a_f と書き，これを f の行列の**平行移動部分** (translation part) という．

定理 2　$f, g \in I(E)$ に対して

$$A_{g\circ f}=A_gA_f$$

線型部分という名を使うのは次のような理由によるのである．

いま $\boldsymbol{R}^n=E$ の元を従来のように横書き(横ベクトル)の形でなく，縦ベクトルの形に書くことにする：

$$x=\begin{pmatrix} x_1 \\ x_2 \\ \vdots \\ x_n \end{pmatrix}\in E$$

そして，$x \longmapsto A_fx$ で定まる写像 $E \longrightarrow E$ を L_f とおく．L_f は“線型写像”である．すなわち

$$L_f(\alpha x+\beta y)=\alpha L_f(x)+\beta L_f(y)$$

が各 $x, y\in E$ と各 $\alpha, \beta\in\boldsymbol{R}$ について成り立つ．特に

$$L_f(0)=0$$

である．L_f も合同変換である．何故なら，

$$\begin{aligned}\overline{L_f(x), L_f(y)}^2&=\|L_f(x)-L_f(y)\|^2\\&=(L_f(x)-L_f(y)\mid L_f(x)-L_f(y))\\&=(L_f(x-y)\mid L_f(x-y))\\&=(A_f(x-y)\mid A_f(x-y))\\&=((x-y)\mid {}^tA_f\cdot A_f(x-y))\end{aligned}$$

であるが，A_f が直交行列：${}^tA_fA_f=I$ であるから，上式の右辺は $=(x-y\mid x-y)=\|x-y\|^2=\overline{xy}^2$ となる．

又平行移動 $x \longmapsto x+a_f$ を τ_f で表わすと

$$f(x)=A_f x+a_f=\tau_f(L_f(x))$$
$$\therefore\quad f=\tau_f\circ L_f$$

よって，**合同変換 f は，平行移動と線型合同変換の積に分解される**．このような分解は一意的である　実際他に $f=\tau\circ L$ となり，ここで τ は平行移動，L は線型合同変換とすれば，

$$\tau_f\circ L_f=\tau\circ L$$
$$\therefore\quad \tau^{-1}\circ\tau_f=L\circ L_f{}^{-1}$$

右辺は $\boldsymbol{0}$ を固定し，左辺は平行移動である．固定点をもつ平行移動は id_E に限るから，$\tau^{-1}\circ\tau_f=L\circ L_f{}^{-1}=id_E$ $\therefore$ $\tau=\tau_f$，$L=L_f$．

L_f, τ_f をそれぞれ f の**線型部分**，**平行移動部分**という．A_f, a_f に対する上記の名称はここから生じたのである．$A_{g\circ f}=A_g\cdot A_f$ から公式

$$L_{g\circ f}=L_g\circ L_f$$

が得られる．

さて，$\tilde{A}_f$ の行列式 $\det\tilde{A}_f$ を考えよう．$\tilde{A}_f$ の形が

$$\tilde{A}_f=\begin{pmatrix}A_f & a_f\\ 0 & 1\end{pmatrix}$$

であるから，

$$\det\tilde{A}_f=\det A_f$$

である．$f\in I(E)$ に対し，A_f が直交行列であること：

$$A_f\cdot{}^tA_f={}^tA_f\cdot A_f=I(=n\text{ 次単位行列})$$

がわかっているから，$(\det A_f)^2=1$，$\therefore$ $\det A_f=\pm1$ となるのであった．$\det\tilde{A}_f=\det A_f$ を $\varepsilon(f)$ と書き，この値を**合同変換 f の符号**という．$\varepsilon(f)$ は $+1$ か -1 に等しい．

定義　$\varepsilon(f)=1$ なる合同変換 f を**運動**という．$\varepsilon(f)=-1$ なる合同変換 f を**裏返し**という．

定理1より $\tilde{A}_{g\circ f}=\tilde{A}_g\cdot\tilde{A}_f$ だから，行列式をとって

(6)　$$\varepsilon(g\circ f)=\varepsilon(g)\,\varepsilon(f)$$

となる．また，$f=id_E$ なら，$\tilde{A}_f$ は $n+1$ 次の単位行列だから，

(7)　$$\varepsilon(id_E)=1$$

である．従って，

$$f^{-1}\circ f=id_E$$

より，

$$\varepsilon(f^{-1})\,\varepsilon(f)=1$$

である．よって

$$\varepsilon(f^{-1})=\frac{1}{\varepsilon(f)}$$

であるが，$\varepsilon(f)=\pm 1$ だから，

$$\frac{1}{\varepsilon(f)}=\varepsilon(f)$$

となる．よって各 $f\in I(E)$ に対して

(8)　$$\varepsilon(f^{-1})=\varepsilon(f)$$

が成り立つ．(6), (7), (8)から次のことがわかる．いま$I(E)$ 中の運動の全体からなる部分集合を $I^+(E)$ と書くと，

(i)　$id_E\in I^+(E)$

(ii)　$f,g\in I^+(E)\Rightarrow g\circ f\in I^+(E)$

(iii)　$f\in I^+(E)\Rightarrow f^{-1}\in I^+(E)$

という3性質が満足されている．一般に，群 $I(E)$ の部分集合 G が上の3性質 (i), (ii), (iii)を満たすとき，G を$I(E)$ の**部分群**という．部分群 G は，写像合成を乗法として群をなすことは明らかであろう．この言葉を用いれば，**$I^+(E)$ は，合同変換群 $I(E)$ の部分群をなす．これを E の運動群**という．

次に，$I(E)$ 中の裏返しの全体からなる部分集合を$I^-(E)$ と書く．これは $id_E\notin I^-(E)$ だから部分群とはならない．

2．一つの注意

合同変換の符号 $\varepsilon(f)$ を用いて，次のことがわかる．

定理3　合同変換f を鏡映の積と表わす仕方が2通りあったとして，それを

$$f=s_1\circ\cdots\circ s_k\qquad(s_1,\cdots,s_k \text{ は鏡映})$$

$$f=r_1\circ\cdots\circ r_l\qquad(r_1,\cdots,r_l \text{ は鏡映})$$

とする．すると必ず $k-l$ は偶数である．

（証明）次の補題をまず証明しよう．

補題1　鏡映の符号は -1 に等しい．

この補題から，定理3の証明が直ぐ出ることを初めに注意しておこう．実際定理1より，

$$\varepsilon(f)=\varepsilon(s_1)\cdots\varepsilon(s_k)=(-1)^k$$
$$\varepsilon(f)=\varepsilon(r_1)\cdots\varepsilon(r_l)=(-1)^l$$
$$\therefore\quad (-1)^k=(-1)^l$$
$$\therefore\quad k-l=\text{偶数}$$

（補題1の証明）　H を超平面とするとき

$$\varepsilon(s_H)=-1$$

をいえばよい．H の方程式を

$$H:\quad (x|c)=\alpha$$

とおくと

$$s_H(x)=x-\frac{2((x|c)-\alpha)}{(c|c)}c$$
$$=x-\frac{2(x|c)}{(c|c)}c+\frac{2\alpha}{(c|c)}c$$

である．よって，超平面 H_0 を

$$H_0:\quad (x|c)=0$$

で定義し，平行移動 τ を

$$\tau:\quad x\longmapsto x+\frac{2\alpha}{(c|c)}c$$

で定義すれば，

$$s_H=\tau\circ s_{H_0}$$

である．実際，E の各点 x に対して

$$\tau(s_{H_0}(x))=\tau\left(x-\frac{2(x|c)}{(c|c)}c\right)$$
$$=x-\frac{2(x|c)}{(c|c)}c+\frac{2\alpha}{(c|c)}c=s_H(x)$$

となるからである．さて，τ の線型部分 A_τ は単位行列だから，$\varepsilon(\tau)=1$ である．よって

$$\varepsilon(s_H)=\varepsilon(\tau)\,\varepsilon(s_{H_0})=\varepsilon(s_{H_0})$$

であるから，$\varepsilon(s_{H_0})=-1$ をいえば証明が完了する．さて，$\varepsilon(s_{H_0})$ を計算するために，

$$e_0=(0,\ 0,\ 0,\ \cdots,\ 0)$$
$$e_1=(1,\ 0,\ 0,\ \cdots,\ 0)$$
$$e_2=(0,\ 1,\ 0,\ \cdots,\ 0)$$
$$\cdots\cdots\cdots\cdots\cdots\cdots$$
$$e_n=(0,\ \cdots\cdots,\ 0,\ 1)$$

とおき，$e_i'=s_{H_0}(e_i)$ $(i=0,1,\cdots,n)$ を求めねばならない．まず $e_0\in H_0$ だから，$e_0'=e_0$ である．次に $c=(\gamma_1,\cdots,\gamma_n)$ とおくと，$i=1,2,\cdots,n$ に対して

$$\begin{aligned} e_i'&=e_i-\frac{2(e_i|c)}{(c|c)}c=e_i-\frac{2\gamma_i}{(c|c)}c \\ &=e_i-\frac{2\gamma_i}{(c|c)}\sum_{j=1}^{n}\gamma_j e_j \\ &=\sum_{j=1}^{n}\left(\delta_{ij}-\frac{2\gamma_i\gamma_j}{(c|c)}\right)e_j \qquad (\delta_{ij}: \text{Kronecker のデルタ}) \end{aligned}$$

が成り立つ．よって，

$$\gamma_{ij}=\delta_{ij}-\frac{2\gamma_i\gamma_j}{(c|c)} \qquad (1\leqq i,\ j\leqq n)$$

とおけば，行列 $C=(\gamma_{ij})$ の転置行列 ${}^tC$ が s_{H_0} の線型部分 $A_{s_{H_0}}$ に等しい．よって，

$$\varepsilon(s_{H_0})=\det({}^tC)=\det(C)$$

であるから，C の行列式を求めればよい．さて，行列 $D=(d_{ij})_{1\leqq i,\ j\leqq n}$ を

$$d_{ij}=\gamma_i\gamma_j$$

とおいて定義すれば，

(9)
$$C=I-\frac{2}{(c|c)}D$$

となる．$\det C$ は C の固有値の積だから，C の固有値を求めればよい．ところが (9) から D の固有値を

$$\lambda_1,\ \cdots,\ \lambda_n$$

とすれば，C の固有値は

$$1-\frac{2}{(c|c)}\lambda_i \qquad (i=1,\ \cdots,\ n)$$

となる．よって $\lambda_1,\cdots,\lambda_n$ がわかればよい．D^2 を求めよう．$D^2=(k_{ij})$ とおくと，

$$\begin{aligned} k_{ij}&=\sum_{p=1}^{n}d_{ip}d_{pj}=\sum_{p=1}^{n}\gamma_i\gamma_p\gamma_p\gamma_j \\ &=\gamma_i\gamma_j\sum_{p=1}^{n}\gamma_p^2=d_{ij}(c|c) \\ \therefore\quad D^2&=(c|c)D \end{aligned}$$

よって，D のどの固有値 λ も

$$\lambda^2=(c|c)\lambda$$

を満たす．よって，$i=1,\cdots,n$ に対して

(10)
$$\lambda_i=0 \quad \text{又は} \quad \lambda_i=(c|c)$$

である．さて $\lambda_1+\cdots+\lambda_n$ は D の trace すなわち対角成分の和に等しい：

$$\begin{aligned}\lambda_1+\cdots+\lambda_n&=d_{11}+d_{22}+\cdots+d_{nn}\\&=\gamma_1{}^2+\gamma_2{}^2+\cdots+\gamma_n{}^2\\&=(c|c)\end{aligned}$$

これと(10)とから，λ_i の中唯一つが $=(c|c)$ で，他の λ_i は0に等しい．よって

$$\lambda_1=(c|c),\qquad \lambda_2=\cdots=\lambda_n=0$$

としてよい．よって，C の固有値 $\mu_1,\cdots,\mu_n$ は，

$$\begin{cases}\mu_1=1-\dfrac{2}{(c|c)}\lambda_1=-1\\ \mu_2=\cdots=\mu_n=1\end{cases}$$

で与えられる．よって

$$\det C=\mu_1\cdots\mu_n=-1$$

これで補題1の証明が完了した．

3. 座標系の変換

$E=\boldsymbol{R}^n$ の合同変換 f の符号 $\varepsilon(f)$ を，初めに与えられている座標系（基点 $e_0, e_1, \cdots, e_n$）に基づいて今迄定義し，計算して来た．しかし，別の座標系で $\varepsilon(f)$を計算しようと試みるとき，やはり同じ仕方で計算できるものだろうか？―― という問が自然に発生して来る．いやそれ以前に，“別の座標系”とは何か？ ということが問題になる．ここでいう座標系というのは，直交座標系というべき所を省略した形でいっているのであるが，ともかく，座標系の定義から始めなくてはならない．

定義　E の $n+1$ 個の点の順序づけられた組（$f_0, f_1,\cdots,f_n$)が次の条件(＊)を満たすとき，これを E の（直交）**座標系**といい，$f_0,f_1,\cdots,f_n$ をその**基点**という．特に f_0 をこの座標系の**原点**という．座標系を一つの文字 Σ を用いて $\Sigma=(f_0,f_1,\cdots,f_n)$ のように表わそう．

$$(*)\qquad (f_i-f_0|f_j-f_0)=\delta_{ij}\qquad (1\leqq i,\ j\leqq n)$$

定理4　E の2つの座標系 $(f_0,f_1,\cdots,f_n)$，$(g_0,g_1,\cdots,g_n)$ に対して，$\varphi(f_i)=g_i$ $(i=0,1,\cdots,n)$ を満足するような合同変換 φ が存在する．しかも φ は一意的である．

（証明）φ の存在．$\overline{f_if_j}=\overline{g_ig_j}$ $(0\leqq i,\ j\leqq n)$ が成り立つことをいえばよい（第3章の定理3）．それには，

$$\|f_i - f_j\|^2 = \|g_i - g_j\|^2 \qquad (0 \leqq i, j \leqq n)$$

をいえばよい. さて,

$$f_i - f_j = (f_i - f_0) - (f_j - f_0)$$

だから,

$$\|f_i - f_j\|^2 = ((f_i - f_0) - (f_j - f_0)$$
$$| (f_i - f_0) - (f_j - f_0))$$
$$= (f_i - f_0 | f_i - f_0) + (f_j - f_0 | f_j - f_0)$$
$$- 2(f_i - f_0 | f_j - f_0)$$
$$= 1 + 1 - 2\delta_{ij} = 2 - 2\delta_{ij}$$

全く同様にして,

$$\|g_i - g_j\|^2 = 2 - 2\delta_{ij}$$

であるから, $\|f_i - f_j\|^2 = \|g_i - g_j\|^2$ を得る. よって, 求める φ の存在がわかった.

　φ の一意性. まず前章で述べたように,

$$\psi(e_i) = e_i \qquad (i = 0, 1, \cdots, n)$$

なる $\psi \in I(E)$ が id_E に限ることは既知である. いま, φ, φ' が共に

$$\varphi(f_i) = g_i, \quad \varphi'(f_i) = g_i \qquad (i = 0, 1, \cdots, n)$$

を満たす合同変換であるとして,

$$\varphi = \varphi'$$

がいいたいのである. $\varphi^{-1} \circ \varphi' = \varphi_1$ とおくと,

$$\varphi_1(f_i) = \varphi^{-1}(\varphi'(f_i)) = \varphi^{-1}(g_i) = f_i$$

が $i = 0, 1, \cdots, n$ について成り立つ. さて, 前半により

$$\varphi_2(f_i) = e_i \qquad (i = 0, 1, \cdots, n)$$

なる $\varphi_2 \in I(E)$ が存在するから,

$$\varphi_2 \circ \varphi_1 \circ \varphi_2^{-1} = \psi \in I(E)$$

とおくと

$$\psi(e_i) = \varphi_2(\varphi_1(\varphi_2^{-1}(e_i))) = \varphi_2(\varphi_1(f_i))$$
$$= \varphi_2(f_i) = e_i \qquad (i = 0, 1, \cdots, n)$$

　よって上に注意したように $\psi = id_E$.

$$\therefore \quad \varphi_2 \circ \varphi_1 \circ \varphi_2^{-1} = id_E$$

$$\varphi_1=\varphi_2^{-1}\circ id_E\circ\varphi_2=id_E$$
$$\therefore\quad \varphi^{-1}\circ\varphi'=id_E$$
$$\therefore\quad \varphi=\varphi'$$

これで φ の一意性も証明された.

定理 5　座標系 $(f_0, f_1, \cdots, f_n)$ と, $\varphi\in I(E)$ が与えられたとすると

(i)　$(\varphi(f_0), \varphi(f_1), \cdots, \varphi(f_n))$ も座標系である.

(ii)　$\varphi(f_i)-\varphi(f_0)=\sum_{j=1}^{n}\alpha_{ij}(f_j-f_0)\qquad(i=1, \cdots, n)$

を満たす n^2 個の実数 (α_{ij}) が一意的に存在する.

(iii)　(α_{ij}) は n 次実直交行列であって

$$\det(\alpha_{ij})=\varepsilon(\varphi)$$

(証明)　(i)　$(\varphi(f_i)-\varphi(f_0)\,|\,\varphi(f_j)-\varphi(f_0))=\delta_{ij}(1\leqq i, j\leqq n)$をいえばよい. まず $i=j$ ならば

$$\begin{aligned}&(\varphi(f_i)-\varphi(f_0)\,|\,\varphi(f_i)-\varphi(f_0))\\&\quad=\|\varphi(f_i)-\varphi(f_0)\|^2=\overline{\varphi(f_i), \varphi(f_0)}^2\\&\quad=\overline{f_if_0}^2=(f_i-f_0\,|\,f_i-f_0)=1\end{aligned}$$

である. 次に $i\neq j$ なら $(f_i-f_0)\perp(f_j-f_0)$ だからピタゴラスの定理(第2章)により

$$\overline{f_if_j}^2=\overline{f_if_0}^2+\overline{f_jf_0}^2$$
$$\therefore\quad \overline{\varphi(f_i), \varphi(f_j)}^2=\overline{\varphi(f_i), \varphi(f_0)}^2+\overline{\varphi(f_j), \varphi(f_0)}^2$$

よってピタゴラスの定理の逆により,

$$(\varphi(f_i)-\varphi(f_0))\perp(\varphi(f_j)-\varphi(f_0))$$
$$\therefore\quad (\varphi(f_i)-\varphi(f_0)\,|\,\varphi(f_j)-\varphi(f_0))=0$$

よって, $1\leqq i, j\leqq n$ に対して

$$(\varphi(f_i)-\varphi(f_0)\,|\,\varphi(f_j)-\varphi(f_0))=\delta_{ij}$$

を得るから, $(\varphi(f_0), \varphi(f_1), \cdots, \varphi(f_n))$ は E の座標系である.

(ii)　まず一般に各 $x\in E$ に対して,

$$x=\xi_1(f_1-f_0)+\cdots+\xi_n(f_n-f_0)$$

を満たす $(\xi_1, \cdots, \xi_n)$ が一意的に存在することを証明しよう.　$f_i-f_0=h_i$ $(i=1, \cdots, n)$ とおくと,

$$(h_i|h_j)=\delta_{ij}\qquad(1\leqq i, j\leqq n)$$

である．これから $h_1, \cdots, h_n$ が一次独立となることがわかる．このことは前にも一寸書いたが，念のためもう一度やっておこう．いま実数 $\lambda_1, \cdots, \lambda_n$ が

$$\lambda_1 h_1 + \cdots + \lambda_n h_n = 0$$

を満たしたとすると，

$$0 = (\lambda_1 h_1 + \cdots + \lambda_n h_n \mid h_i) = \lambda_i (h_i \mid h_i) = \lambda_i$$

$$\therefore \quad \lambda_i = 0 \qquad (i = 1, \cdots, n)$$

これから，$(\xi_1, \cdots, \xi_n)$ の一意性がわかる．実際

$$\begin{cases} x = \xi_1 h_1 + \cdots + \xi_n h_n \\ x = \eta_1 h_1 + \cdots + \eta_n h_n \end{cases}$$

と２通りに表わされれば

$$0 = (\xi_1 - \eta_1) h_1 + \cdots + (\xi_n - \eta_n) h_n$$

$$\therefore \quad \xi_1 - \eta_1 = \cdots = \xi_n - \eta_n = 0$$

$$\therefore \quad \xi_i = \eta_i \qquad (i = 1, \cdots, n).$$

よって後は $(\xi_1, \cdots, \xi_n)$ の存在をいえばよい．それには，各 $e_i\,(i = 1, \cdots, n)$ が $h_1, \cdots, h_n$ の一次結合となることをいえばよい．実際，そのとき $x = (x_1, \cdots, x_n)$ とすれば，

$x = \sum_{i=1}^{n} x_i e_i$ となり，そして

$$e_i = \sum_{j=1}^{n} \rho_{ij} h_j$$

と表わせれば，

$$x = \sum_{i=1}^{n} x_i e_i = \sum_{i=1}^{n} x_i \sum_{j=1}^{n} \rho_{ij} h_j$$
$$= \sum_{j=1}^{n} \left(\sum_{i=1}^{n} x_i \rho_{ij} \right) h_j$$

となるから，$\xi_j = \sum_{i=1}^{n} x_i \rho_{ij}$ とおけばよい．さて，

$$h_j = (\lambda_{j1}, \cdots, \lambda_{jn}) \qquad (j = 1, \cdots, n)$$

とおけば，

$$h_j = \sum_{i=1}^{n} \lambda_{ji} e_i \qquad (j = 1, \cdots, n)$$

さて $(h_p | h_q) = \delta_{pq}$ だから

$$\delta_{pq} = (h_p | h_q) = (\sum_i \lambda_{pi} e_i \mid \sum_j \lambda_{qj} e_j)$$

$$=\sum_{i,j}\lambda_{pi}\lambda_{qj}(e_i|e_j)$$
$$=\sum_{i,j}\lambda_{pi}\lambda_{qj}\delta_{ij}=\sum_{i=1}^{n}\lambda_{pi}\lambda_{qi}$$

よって，行列 $\Lambda=(\lambda_{pq})$ は，

$$\Lambda\cdot{}^t\Lambda=I$$

を満たすから直交行列である．よって，$\Lambda^{-1}={}^t\Lambda$ である．

よって，${}^t\Lambda\cdot\Lambda=I$．∴ $\sum_{i=1}^{n}\lambda_{ip}\lambda_{iq}=\delta_{pq}$．さて

$$e_p=\sum_{q=1}^{n}\delta_{pq}e_q=\sum_{q=1}^{n}\sum_{i=1}^{n}\lambda_{ip}\lambda_{iq}e_q$$
$$=\sum_{i=1}^{n}\lambda_{ip}\left(\sum_{q=1}^{n}\lambda_{iq}e_q\right)=\sum_{i=1}^{n}\lambda_{ip}h_i$$

よって，$\rho_{pi}=\lambda_{ip}$ とおけばよい．

(iii)　$\varphi(f_i)-\varphi(f_0)=\sum_{j=1}^{n}\alpha_{ij}(f_j-f_0)$ の解 (α_{ij}) が上記により一意的に確定した．$\varphi(f_i)-\varphi(f_0)=h_i'$ $(i=1,\cdots,n)$ とおくと，上記より

$$h_i'=\sum_{j=1}^{n}\alpha_{ij}h_j\qquad(i=1,\cdots,n)$$

そして，

$$(h_i'|h_j')=\delta_{ij}=(h_i|h_j)\qquad(1\leqq i,j\leqq n)$$

が (i) によりわかっている．よって，

$$\delta_{ij}=(h_i'|h_j')=(\sum_p\alpha_{ip}h_p\mid\sum_q\alpha_{jq}h_q)$$
$$=\sum_{p=1}^{n}\sum_{q=1}^{n}\alpha_{ip}\alpha_{jq}(h_p|h_q)$$
$$=\sum_{p=1}^{n}\sum_{q=1}^{n}\alpha_{ip}\alpha_{jq}\delta_{pq}=\sum_{p=1}^{n}\alpha_{ip}\alpha_{jp}$$

よって，行列 $A=(\alpha_{ij})$ を考えれば

$$A\cdot{}^tA=I$$

よって，$A=(\alpha_{ij})$ は直交行列である．

残る所は $\det A=\varepsilon(\varphi)$ である．いま

$$\varphi(e_i)=e_i'\qquad(i=0,1,\cdots,n)$$
$$e_i'-e_0'=\sum_{j=1}^{n}\gamma_{ij}(e_j-e_0)=\sum_{j=1}^{n}\gamma_{ij}e_j$$

とおくと，

$$\varepsilon(\varphi)=\det(\gamma_{ij})$$

である． よって， $\det(\gamma_{ij})=\det(\alpha_{ij})$ をいえばよい．いま，行列 (α_{ij}) と (γ_{ij}) の間の関係を求めよう．f の線型部分 L_f と平行移動部分 $\tau_f(f=\tau_f\circ L_f)$ を用いる．また(ii)の証明に述べた表示

$$e_p=\sum_{i=1}^{n}\lambda_{ip}h_i \qquad (\Lambda=(\lambda_{ij})\ \text{は直交行列})$$

を用いる．

$$\begin{aligned}\varphi(y)-\varphi(x)&=\tau_\varphi(L_\varphi(y))-\tau_\varphi(L_\varphi(x))\\&=L_\varphi(y)-L_\varphi(x)=L_\varphi(y-x)\end{aligned}$$

が一般に成り立つことに注意して，

$$\begin{aligned}e_i'-e_0'&=\varphi(e_i)-\varphi(e_0)=L_\varphi(e_i-e_0)=L_\varphi(e_i)\\&=L_\varphi\Bigl(\sum_{p=1}^{n}\lambda_{pi}h_p\Bigr)=\sum_{p=1}^{n}\lambda_{pi}L_\varphi(h_p)\\&\qquad\qquad(\because\ \ L_\varphi=\text{線型写像})\\&=\sum_{p=1}^{n}\lambda_{pi}L_\varphi(f_p-f_0)=\sum_{p=1}^{n}\lambda_{pi}(L_\varphi(f_p)-L_\varphi(f_0))\\&=\sum_{p=1}^{n}\lambda_{pi}(\varphi(f_p)-\varphi(f_0))\end{aligned}$$

よって

$$\varphi(e_i)-\varphi(e_0)=\sum_{p=1}^{n}\lambda_{pi}(\varphi(f_p)-\varphi(f_0))$$

であるが，左辺は

$$=\sum_{j=1}^{n}\gamma_{ij}e_j=\sum_{j=1}^{n}\ \sum_{q=1}^{n}\gamma_{ij}\lambda_{qj}h_q$$

であり，また右辺は

$$=\sum_{p=1}^{n}\ \sum_{q=1}^{n}\lambda_{pi}\alpha_{pq}(f_q-f_0)=\sum_{p=1}^{n}\ \sum_{q=1}^{n}\lambda_{pi}\alpha_{pq}h_q$$

である．よって，h_q の係数を比べて，

$$\sum_{j=1}^{n}\gamma_{ij}\lambda_{qj}=\sum_{p=1}^{n}\lambda_{pi}\alpha_{pq} \qquad (1\leqq i,\ q\leqq n)$$

を得る．$\Lambda=(\lambda_{ij})$，$A(\alpha_{ij})$，$C=(\gamma_{ij})$ 間の行列の等式で書けば

$$C\,{}^t\Lambda={}^t\Lambda A$$

となる．或は，${}^t\Lambda=\Lambda^{-1}$ に注意すれば

$$C\Lambda^{-1}=\Lambda^{-1}A$$
$$\therefore\quad C=\Lambda^{-1}A\Lambda$$

これは重要な公式である．これから

$$\det C=\det A$$

が直ちに得られるから，(iii) が証明された．

4. 与えられた座標系における合同変換の行列

$(f_0, f_1, \cdots, f_n)$ を座標系とする．$f_i-f_0=h_i$ $(i=1, \cdots, n)$ を，この座標系の**第 i 単位ベクトル**という．これは

$$(h_i|h_j)=\delta_{ij}\qquad(1\leqq i, j\leqq n)$$

を満たしている．そしてベクトル空間 $\boldsymbol{R}^n$ の基底になっている．すなわち $\boldsymbol{R}^n$ の各元 a は

$$a=\beta_1h_1+\cdots+\beta_nh_n\qquad(\beta_1, \cdots, \beta_n\in\boldsymbol{R})$$

の形に表わされ，しかも係数 $\beta_1, \cdots, \beta_n$ は一意的である．$\boldsymbol{R}^n$ の点 x に対し，$x-f_0=\sum_{i=1}^{n}\xi_ih_i$ と表わしたときの $\xi_1, \cdots, \xi_n$ を，点 x の，座標系 $(f_0, f_1, \cdots, f_n)$ に関する**座標**（詳しくは ξ_i を**第 i 座標**）という．

さて，φ を E の合同変換とする．

$$\varphi(f_0)-f_0=\sum_{i=1}^{n}\alpha_ih_i$$
$$L_\varphi(h_i)=\varphi(f_i)-\varphi(f_0)=\sum_{j=1}^{n}\alpha_{ij}h_j$$

とおく．このとき，座標系 $(f_0, f_1, \cdots, f_n)$ に関して E の点 x, $\varphi(x)$ の座標をそれぞれ $(\xi_1, \cdots, \xi_n)$, $(\eta_1, \cdots, \eta_n)$ として，η_i を $\xi_1, \cdots, \xi_n$ で表わすことを試みよう．まず

$$\begin{cases} x-f_0=\sum_{i=1}^{n}\xi_ih_i \\ \varphi(x)-f_0=\sum_{i=1}^{n}\eta_ih_i \end{cases}$$

であるが，ここで

$$\begin{aligned}\varphi(x)-f_0&=(\varphi(x)-\varphi(f_0))+(\varphi(f_0)-f_0)\\&=L_\varphi(x-f_0)+\sum_{i=1}^{n}\alpha_ih_i\end{aligned}$$

$$
\begin{aligned}
&= L_\varphi\left(\sum_{i=1}^{n} \xi_i h_i\right) + \sum_{i=1}^{n} \alpha_i h_i \\
&= \sum_{i=1}^{n} \xi_i L_\varphi(h_i) + \sum_{j=1}^{n} \alpha_j h_j
\end{aligned}
$$

ここへ，$L_\varphi(h_i)=L_\varphi(f_i-f_0)=\varphi(f_i)-\varphi(f_0)=\sum_{j=1}^{n}\alpha_{ij}h_j$ を代入して，結局

$$
\varphi(x)-f_0=\sum_{i=1}^{n}\ \sum_{j=1}^{n} \xi_i\alpha_{ij}h_j+\sum_{j=1}^{n}\alpha_j h_j
$$

$$
\therefore\quad \sum_{j=1}^{n}\eta_j h_j=\sum_{j=1}^{n}\left(\sum_{i=1}^{n}\xi_i\alpha_{ij}+\alpha_j\right)h_j
$$

よって，h_j の係数を比較して，

$$
\eta_j=\alpha_j+\sum_{i=1}^{n}\xi_i\alpha_{ij} \qquad (j=1,\cdots,n)
$$

を得る．行列記法で書くと，座標系 $\boldsymbol{e}_0, \boldsymbol{e}_1, \cdots, \boldsymbol{e}_n$ のときと全く同じ形式の公式（行と列の添数は逆！）

$$
\begin{pmatrix} \eta_1 \\ \vdots \\ \eta_n \\ 1 \end{pmatrix}
=
\begin{pmatrix}
\alpha_{11} & \alpha_{21} & \cdots & \alpha_{n1} & \alpha_1 \\
\alpha_{12} & \alpha_{22} & \cdots & \alpha_{n2} & \alpha_2 \\
\cdots & \cdots & \cdots & \cdots & \cdots \\
\alpha_{1n} & \alpha_{2n} & \cdots & \alpha_{nn} & \alpha_n \\
0 & 0 & \cdots & 0 & 1
\end{pmatrix}
\begin{pmatrix} \xi_1 \\ \xi_2 \\ \vdots \\ \xi_n \\ 1 \end{pmatrix}
$$

が得られる．行列

$$
\begin{pmatrix}
\alpha_{11} & \cdots & \alpha_{n1} & \alpha_1 \\
\vdots & & \vdots & \vdots \\
\alpha_{1n} & \cdots & \alpha_{nn} & \alpha_n \\
0 & \cdots & 0 & 1
\end{pmatrix}
$$

を，**座標系 $\boldsymbol{\Sigma}=(\boldsymbol{f}_0, \boldsymbol{f}_1, \cdots, \boldsymbol{f}_n)$ に関する $\boldsymbol{\varphi}\in\boldsymbol{I}(\boldsymbol{E})$ の行列**といい，

$$
\tilde{A}_{\varphi,\Sigma}\cdot
$$

と書く．また行列

$$
\begin{pmatrix}
\alpha_{11} & \cdots & \alpha_{n1} \\
\vdots & & \vdots \\
\alpha_{1n} & \cdots & \alpha_{nn}
\end{pmatrix}
$$

を，**行列 $\tilde{\boldsymbol{A}}_{\varphi,\Sigma}$ の線型部分**といい，$A_{\varphi,\Sigma}$ と書く．縦ベクトル

$$
\begin{pmatrix} \alpha_1 \\ \vdots \\ \alpha_n \end{pmatrix}
$$

を，**行列 $\tilde{\boldsymbol{A}}_{\varphi,\Sigma}$ の平行移動部分**といい，$a_{\varphi,\Sigma}$ と書く．$(e_0, e_1, \cdots, e_n)$ のときと同様に，φ，$\psi\in I(E)$ に対して

$$\tilde{A}_{\psi\circ\varphi,\Sigma}=\tilde{A}_{\psi,\Sigma}\tilde{A}_{\varphi,\Sigma}$$
$$A_{\psi\circ\varphi,\Sigma}=A_{\psi,\Sigma}A_{\varphi,\Sigma}$$

が成り立つ.

5. 座標系の変換

$\Sigma=(f_0,f_1,\cdots,f_n)$ と $\Sigma'=(f_0',f_1',\cdots,f'_n)$ を $E=\boldsymbol{R}^n$ の2つの座標系とする. 合同変換 $\varphi\in I(E)$ に対して定まる2つの行列

$$\tilde{A}_{\varphi,\Sigma},\qquad \tilde{A}_{\varphi,\Sigma'}$$

の間にはどのような関係があるかを考えよう. これは, すでに殆んど定理5,(iii)の証明の途中でやってあるのだが, 大切な事だから, 正面切って取り上げておく. 計算方法をスムースにやるため, 記法上の一つの技巧を用いるが, 内容は, 上述の定理5の(iii)の証明のときと本質的に変りはない. 比較して読まれれば面白いであろう.

さて

$$\begin{cases}\varphi(f_0)-f_0=\sum_{i=1}^{n}\alpha_i h_i \qquad (h_i=f_i-f_0)\\ L_\varphi(h_i)=\varphi(f_i)-\varphi(f_0)=\sum_{j=1}^{n}\alpha_{ij}h_j\end{cases}$$

および

$$\begin{cases}\varphi(f_0')-f_0'=\sum_{i=1}^{n}\alpha_i' h_i' \quad (h_i'=f_i'-f_0')\\ L_\varphi(h_i')=\varphi(f_i')-\varphi(f_0')=\sum_{j=1}^{n}\alpha_{ij}' h_j'\end{cases}$$

とおく. これらはそれぞれ次のように行列記法で書かれる:

$$\varphi(f_0)=(h_1,\cdots,h_n,f_0)\begin{pmatrix}\alpha_1\\ \vdots\\ \alpha_n\\ 1\end{pmatrix}$$

$$\begin{pmatrix}L_\varphi(h_1)\\ \vdots\\ L_\varphi(h_n)\end{pmatrix}=\begin{pmatrix}\alpha_{11} & \alpha_{12} & \cdots & \alpha_{1n}\\ \cdots & \cdots & \cdots & \cdots\\ \cdots & \cdots & \cdots & \cdots\\ \alpha_{n1} & \alpha_{n2} & \cdots & \alpha_{nn}\end{pmatrix}\begin{pmatrix}h_1\\ \vdots\\ h_n\end{pmatrix}$$

すなわち

$$(L_\varphi(h_1),\cdots,L_\varphi(h_n))$$

$$=(h_1,\cdots,h_n)\begin{pmatrix}\alpha_{11} & \alpha_{21} & \cdots & \alpha_{n1}\\ \cdots & \cdots & \cdots & \cdots\\ \cdots & \cdots & \cdots & \cdots\\ \alpha_{1n} & \alpha_{2n} & \cdots & \alpha_{nn}\end{pmatrix}$$

全部まとめて

$$(L_\varphi(h_1),\cdots,L_\varphi(h_n),\varphi(f_0))$$
$$=(h_1,\cdots,h_n,f_0)\begin{pmatrix}\alpha_{11} & \alpha_{21} & \cdots & \alpha_{n1} & \alpha_1\\ \cdots & \cdots & \cdots & \cdots & \cdots\\ \alpha_{1n} & \alpha_{2n} & \cdots & \alpha_{nn} & \alpha_n\\ 0 & 0 & \cdots & 0 & 1\end{pmatrix}$$

すなわち，

$$(*)\qquad (L_\varphi(h_1),\cdots,L_\varphi(h_n),\varphi(f_0))=(h_1,\cdots,h_n,f_0)\tilde{A}_{\varphi,\Sigma}$$

である．同様に

$$(**)\qquad (L_\varphi(h_1'),\cdots,L_\varphi(h_n'),\varphi(f_0'))=(h_1',\cdots,h_n',f_0')\tilde{A}_{\varphi,\Sigma'}$$

である．さて，$\boldsymbol{\Sigma}$, $\boldsymbol{\Sigma}'$ 間の関係を表わす量を導入する：

$$\begin{cases} f_0'=f_0+c_1h_1+\cdots+c_nh_n \quad (c_1,\cdots,c_n\in\boldsymbol{R})\\ h_i'=\sum_{j=1}^{n}c_{ji}h_j \quad (i=1,\cdots,n\ ;\ c_{ji}\in\boldsymbol{R})\end{cases}$$

これも

$$(h_1',\cdots,h_n',f_0')$$
$$=(h_1,\cdots,h_n,f_0)\begin{pmatrix}c_{11} & \cdots & c_{1n} & c_1\\ c_{21} & \cdots & c_{2n} & c_2\\ \cdots & \cdots & \cdots & \cdots\\ c_{n1} & \cdots & c_{nn} & c_n\\ 0 & \cdots & 0 & 1\end{pmatrix}$$

と書ける．

$$\tilde{C}=\begin{pmatrix}c_{11} & \cdots & c_{1n} & c_1\\ \vdots & & \vdots & \vdots\\ c_{n1} & \cdots & c_{nn} & c_n\\ 0 & \cdots & 0 & 1\end{pmatrix},\quad C=\begin{pmatrix}c_{11} & \cdots & c_{1n}\\ \vdots & & \vdots\\ c_{n1} & \cdots & c_{nn}\end{pmatrix},\quad c=\begin{pmatrix}c_1\\ \vdots\\ c_n\end{pmatrix}$$

とおくと，

$$\tilde{C}=\begin{pmatrix}C & c\\ 0 & 1\end{pmatrix}$$

$$(☆)\qquad (h_1',\cdots,h_n',f_0')=(h_1,\cdots,h_n,f_0)\tilde{C}$$

となる．さて

$$\begin{cases} L_\varphi(h_i')=L_\varphi\left(\sum_{j=1}^{n} c_{ji}h_j\right)=\sum_{j=1}^{n} c_{ji}L_\varphi(h_j) \\ \varphi(f_0')-\varphi(f_0)=L_\varphi(f_0'-f_0)=\sum_{j=1}^{n} c_jL_j(h_j) \end{cases}$$

であるから

$$(☆☆)\quad (L(h_1'), \cdots, L(h_n'), \varphi(f_0'))$$
$$=(L_\varphi(h_1), \cdots, L_\varphi(h_n), \varphi(f_0))\tilde{C}$$

となる．(☆)，(☆☆) を (*)，(**) に代入して

$$(h_1, \cdots, h_n, f_0)\tilde{A}_{\varphi,\Sigma}\tilde{C}=(h_1, \cdots, h_n, f_0)\tilde{C}\tilde{A}_{\varphi,\Sigma'}$$

を得る．よって (展開して比べれば)

$$\tilde{A}_{\varphi,\Sigma}\tilde{C}=\tilde{C}\tilde{A}_{\varphi,\Sigma'}$$

となる．前と同様に C は直交行列となるから，$\det\tilde{C}=\det C=\pm1$．よって，$\tilde{C}$ は逆行列をもつから，**変換則**

$$\tilde{A}_{\varphi,\Sigma'}=\tilde{C}^{-1}\tilde{A}_{\varphi,\Sigma}\tilde{C}$$

が得られる．よってまた

$$\begin{pmatrix} A_{\varphi,\Sigma} & a_{\varphi,\Sigma} \\ 0 & 1 \end{pmatrix}\begin{pmatrix} C & c \\ 0 & 1 \end{pmatrix}=\begin{pmatrix} C & c \\ 0 & 1 \end{pmatrix}\begin{pmatrix} A_{\varphi,\Sigma'} & a_{\varphi,\Sigma'} \\ 0 & 1 \end{pmatrix}$$

であるから

$$\begin{pmatrix} A_{\varphi,\Sigma}C & A_{\varphi,\Sigma}c+a_{\varphi,\Sigma} \\ 0 & 1 \end{pmatrix}=\begin{pmatrix} CA_{\varphi,\Sigma'} & Ca_{\varphi,\Sigma'}+c \\ 0 & 1 \end{pmatrix}$$

$$\therefore\quad \begin{cases} A_{\varphi,\Sigma}C=CA_{\varphi,\Sigma'} \\ A_{\varphi,\Sigma}c+a_{\varphi,\Sigma}=Ca_{\varphi,\Sigma'}+c \end{cases}$$

よって，もう一つの重要な変換則

$$A_{\varphi,\Sigma'}=C^{-1}A_{\varphi,\Sigma}C$$

および

$$a_{\varphi,\Sigma'}=C^{-1}(A_{\varphi,\Sigma}c+a_{\varphi,\Sigma}-c)$$

を得る．上の変換則から，

$$\det\tilde{A}_{\varphi,\Sigma}=\det A_{\varphi,\Sigma}$$

は，座標系 Σ のとり方にはよらない．これが φ の符号 $\varepsilon(\varphi)$ であった．また，行列の trace を考えて

$$\mathrm{tr}(\tilde{A}_{\varphi,\Sigma})=\mathrm{tr}(A_{\varphi,\Sigma})+1$$

も，座標系 Σ のとり方にはよらない量である．

第5章　合同変換の型と分類

1.　合同変換の分類の問題

n 次元ユークリッド空間 $E=\boldsymbol{R}^n$ の合同変換を**分類する**という問題を考える．$\varphi\in I(E)$ と $\psi\in I(E)$ とが"本質的"に同じものであるという概念をまずはっきりさせねばならない．それはもちろん合同変換を扱う目的に応じて，種々の立場が可能となるわけであるが，これから述べるのは，次のような意味のものである．定義を述べる前に，若干の例によりそのような定義に至る"感覚的な根拠"を説明しよう．

$n=1$ のとき，$\boldsymbol{R}^1=\boldsymbol{R}$ の合同変換は，既にわかっている（第3章）ように，次のものですべて与えられる．

(イ)　恒等変換　id_E

(ロ)　平行移動　$\tau_c : x \longmapsto x+c \qquad (c\neq 0)$

(ハ)　鏡　　映　$s_\alpha : x \longmapsto -x+2\alpha$

まず(イ)の恒等変換は，他の(ロ)と(ハ)とはどう考えても異なる感じがする．id_E は $\boldsymbol{R}$ の各点を固定しているのに，平行移動 τ_c $(c\neq 0)$ はいかなる点も固定しないし，また鏡映 s_α の固定する点は，点 α のみであるからである．同様な理由（固定する点の個数を比べるということ）で，(ロ)の平行移動は(ハ)の鏡映とは異なる感じがするのは否めない．

それでは2つの平行移動 τ_c と τ_d $(c\neq 0,\ d\neq 0)$ とについてはどうであろうか？　ずその大きさ $|c|$ と $|d|$ とが異なれば，移動距離が異なるから，本質的相異があると"感じられる"．例えば τ_{10} と τ_{20}．しかし，$d=-c$ ならば，これは直線 $\boldsymbol{R}$ を右から左へ眺めるのと，左から右へ眺めるのとの相異さえ無視すれば，同じであるという感じがする．

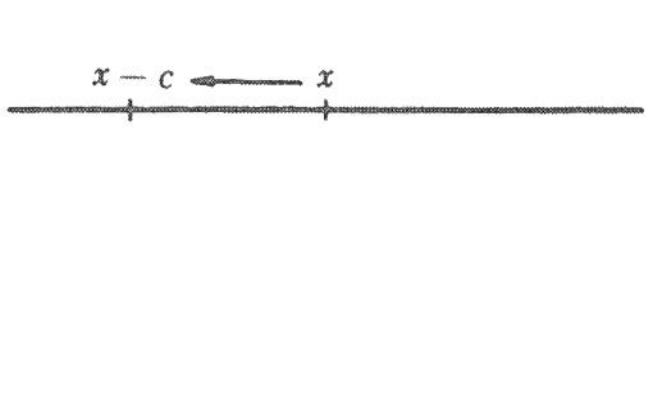

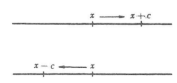

次に2つの鏡映 s_α と s_β とは，直線上の原点にこだわらなければ，α を中心とする折返しと β を中心とする折り返しに過ぎない．つまりどちらも1点に関する折り返しに他ならぬから，本質的に違うという感じはしないであろう．

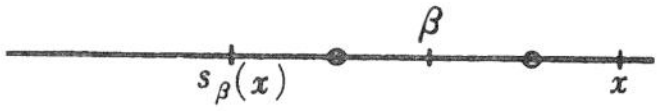

これらの感覚を一つの定義にまとめたいわけである．途中の試行錯誤的段階のいろいろな試みを省略して，結論的な定義（上記の感じの**定式化**（formulation）!）を述べよう

定義　n 次元ユークリッド空間 $E=\boldsymbol{R}^n$ の2つの合同変換 φ と ψ が，**同じ型をもつ**とは，E の適当な2つの座標系 $\Sigma=(f_0, f_1, \cdots, f_n)$ と $\Sigma'=(f_0', f_1', \cdots, f_n')$ とをとれば，Σ に関する φ の行列が Σ' に関する ψ の行列に一致することをいう．このとき，

$$\varphi \sim \psi$$

と書く．

従って

$$\varphi \sim \psi \iff \begin{array}{l}\tilde{A}_{\varphi, \Sigma}=\tilde{A}_{\psi, \Sigma'} \text{ を満たす座} \\ \text{標系 } \Sigma, \Sigma' \text{ が存在する．}\end{array}$$

2. 共役な合同変換

上に定義した $\varphi, \psi \in I(E)$ が同じ型をもつという概念は同値関係であってほしい．（そうでないと，同じ型をもつという表現ははなはだ不適切な，いや不適切どころか不当なものになってしまう．）

まず

$$\varphi \sim \varphi \quad \text{（反射性）}$$

は明らかである．（Σ として任意の座標系をとり，$\Sigma'=\Sigma$ とおけばよいから．）次に

$$\varphi \sim \psi \Rightarrow \psi \sim \varphi \quad \text{（対称性）}$$

も定義から明らかである．問題は

$$\varphi \sim \psi,\ \psi \sim \theta \Rightarrow \varphi \sim \theta \quad \text{（推移性）}$$

である．つまり

$$\tilde{A}_{\varphi, \Sigma}=\tilde{A}_{\psi, \Sigma'}, \qquad \tilde{A}_{\psi, \Sigma^*}=\tilde{A}_{\theta, \Sigma^{**}}$$

を満たす座標系 Σ, Σ', Σ^*, Σ^{**} があるとき，座標系 Σ_1, Σ_2 を見出して，

$$\tilde{A}_{\varphi,\Sigma_1}=\tilde{A}_{\theta,\Sigma_2}$$

が成り立つように出来ることを示さねばならない．このことを，ちょっと別の観点から行なう．それは $\varphi\sim\psi$ ということの定義を別の形にとらえるのである．

定理 1. $\varphi\in I(E)$, $\psi\in I(E)$ に対して，$\varphi\sim\psi$ が成り立つための必要十分条件は，合同変換 σ が存在して，

$$\psi=\sigma\circ\varphi\circ\sigma^{-1}$$

を満たすことである．

（証明）まず $\varphi\sim\psi$ としよう．すると E の座標系 $\Sigma=(f_0, f_1, \cdots, f_n)$ と $\Sigma'=(f_0', f_1', \cdots, f_n')$ とが存在して $\tilde{A}_{\varphi,\Sigma}=\tilde{A}_{\psi,\Sigma'}$ となる．

さて，$\sigma(f_i)=f_i'$ $(i=0, 1, \cdots, n)$ を満たす合同変換 σ が一意確定する（第4章，定理4）．すると σ が求めるものになる．実際

$$\begin{cases} \varphi(f_0)-f_0=\sum_{i=1}^{n}\alpha_i(f_i-f_0) \\ L_\varphi(f_i-f_0)=\varphi(f_i)-\varphi(f_0)=\sum_{j=1}^{n}\alpha_{ji}(f_j-f_0) \end{cases}$$

とおけば，$\tilde{A}_{\varphi,\Sigma}=\tilde{A}_{\psi,\Sigma'}$ により

$$\begin{cases} \psi(f_0')-f_0'=\sum_{i=1}^{n}\alpha_i(f_i'-f_0') \\ L_\psi(f_i'-f_0')=\psi(f_i')-\psi(f_0')=\sum_{j=1}^{n}\alpha_{ji}(f_j'-f_0') \end{cases}$$

が成り立つ．さて

$$\begin{aligned} \sigma(\varphi(f_0))-\sigma(f_0)&=L_\sigma(\varphi(f_0)-f_0) \\ &=L_\sigma\Bigl(\sum_{i=1}^{n}\alpha_i(f_i-f_0)\Bigr) \\ &=\sum_{i=1}^{n}\alpha_iL_\sigma(f_i-f_0)=\sum_{i=1}^{n}\alpha_i(\sigma(f_i)-\sigma(f_0)) \\ &=\sum_{i=1}^{n}\alpha_i(f_i'-f_0')=\psi(f_0')-f_0' \end{aligned}$$

$$\therefore\quad \sigma(\varphi(f_0))-\sigma(f_0)=\psi(\sigma(f_0))-\sigma(f_0)$$

$$\therefore\quad \sigma(\varphi(f_0))=\psi(\sigma(f_0)).$$

次に

$$\begin{aligned} \sigma(\varphi(f_i))-\sigma(\varphi(f_0))&=L_\sigma(\varphi(f_i)-\varphi(f_0)) \\ &=L_\sigma\Bigl(\sum_{j=1}^{n}\alpha_{ji}(f_j-f_0)\Bigr)=\sum_{j=1}^{n}\alpha_{ji}L_\sigma(f_j-f_0) \end{aligned}$$

$$=\sum_{j=1}^{n}\alpha_{ji}(\sigma(f_j)-\sigma(f_0))=\sum_{j=1}^{n}\alpha_{ji}(f_j'-f_0')$$
$$=\psi(f_i')-\psi(f_0')=\psi(\sigma(f_i))-\psi(\sigma(f_0))$$
$$\therefore\quad \sigma(\varphi(f_i))-\sigma(\varphi(f_0))=\psi(\sigma(f_i))-\psi(\sigma(f_0))$$
$$(i=1,\cdots,n).$$

ところが $\sigma(\varphi(f_0))=\psi(\sigma(f_0))$ はすでに上に示されているから，上式から，$\sigma(\varphi(f_i))=\psi(\sigma(f_i))$ $(i=1,\cdots,n)$

よって，

$$(*)\qquad (\sigma\circ\varphi)(f_i)=(\psi\circ\sigma)(f_i)\qquad (i=0,1,\cdots,n)$$

が成り立つ．いま $(\sigma\circ\varphi)(f_i)=(\psi\circ\sigma)(f_i)=p_i$ $(i=0,1,\cdots,n)$ とおくと，$(p_0,p_1,\cdots,p_n)$ も座標系である(第4章，定理5，(i))．ところが座標系 $(f_0,f_1,\cdots,f_n)$ の第 i 基点をそれぞれ座標系 $(p_0,p_1,\cdots,p_n)$ の第 i 基点に移すような合同変換は一意的（第4章，定理4）であったから (*) より

$$\sigma\circ\varphi=\psi\circ\sigma$$
$$\therefore\quad \psi=\sigma\circ\varphi\circ\sigma^{-1}$$

逆に，$\psi=\sigma\circ\varphi\circ\sigma^{-1}$ を満たすような合同変換 σ が存在したとして，$\varphi\sim\psi$ を示そう．$\Sigma=(f_0,f_1,\cdots,f_n)$ を任意の座標系とする．座標系 $\Sigma'=\sigma(\Sigma)=(\sigma(f_0),\ \sigma(f_1),\cdots,\ \sigma(f_n))$ が $\tilde{A}_{\varphi,\Sigma}=\tilde{\tilde{A}}_{\psi,\Sigma'}$ を満たすことを示そう．いま

$$\begin{cases} \varphi(f_0)-f_0=\sum_{i=1}^{n}\alpha_i(f_i-f_0) \\ L_\varphi(f_i-f_0)=\varphi(f_i)-\varphi(f_0)=\sum_{j=1}^{n}\alpha_{ji}(f_j-f_0) \end{cases}$$

とおき，かつ $\sigma(f_i)=f_i'$ $(i=0,1,\cdots,n)$ とおく．すると

$$\sigma\circ\varphi=\psi\circ\sigma$$

であるから，

$$\psi(f_0')-f_0'=\psi(\sigma(f_0))-\sigma(f_0)$$
$$=\sigma(\varphi(f_0))-\sigma(f_0)$$
$$=L_\sigma(\varphi(f_0)-f_0)=L_\sigma\left(\sum_{i=1}^{n}\alpha_i(f_i-f_0)\right)$$
$$=\sum_{i=1}^{n}\alpha_i L_\sigma(f_i-f_0)=\sum_{i=1}^{n}\alpha_i(\sigma(f_i)-\sigma(f_0))$$
$$=\sum_{i=1}^{n}\alpha_i(f_i'-f_0')$$

となる．次に

$$\psi(f_i')-\psi(f_0')=\psi(\sigma(f_i))-\psi(\sigma(f_0))$$
$$=\sigma(\varphi(f_i))-\sigma(\varphi(f_0))$$
$$=L_\sigma(\varphi(f_i)-\varphi(f_0))$$
$$=L_\sigma\left(\sum_{j=1}^{n}\alpha_{ji}(f_j-f_0)\right)$$
$$=\sum_{j=1}^{n}\alpha_{ji}(\sigma(f_j)-\sigma(f_0))=\sum_{j=1}^{n}\alpha_{ji}(f_j'-f_0')$$

よって，

$$\tilde{A}_{\varphi,\Sigma}=\tilde{A}_{\psi,\Sigma'}$$

が成り立っている．(証明終)

群論では，一般に群 G の2元 x, y に対して

$$y=zxz^{-1}$$

を満たす元 $z\in G$ が存在するとき，x と y は G において**共役** (conjugate) であるという．この用語を用いると，$\varphi\in I(E)$，$\psi\in I(E)$ に対して，

$$\varphi\sim\psi \iff \varphi \text{ と } \psi \text{ は } I(E) \text{ において共役}$$

という命題が定理1に他ならない．

さて，定理1の系として，残っていた推移性を得る：

系 1. $\varphi, \psi, \theta\in I(E)$，$\varphi\sim\psi$，$\psi\sim\theta$ ならば $\varphi\sim\theta$

(証明)　$\sigma, \tau\in I(E)$ が存在して ($\varphi\circ\sigma^{-1}$ を $\varphi\sigma^{-1}$ の如く略記して)

$$\sigma\varphi\sigma^{-1}=\psi, \qquad \tau\psi\tau^{-1}=\theta$$

となる．

$$\therefore\quad \theta=\tau\sigma\varphi\sigma^{-1}\tau^{-1}=(\tau\sigma)\varphi(\tau\sigma)^{-1}$$
$$\therefore\quad \theta\sim\varphi$$
(証明終)

もう一つ，定理1の証明を注意深く読んだ方は気づかれたと思うが，次の事がその中で証明されている．

系 2. $\varphi, \psi\in I(E)$，$\varphi\sim\psi$ とする．すると任意の座標系 Σ に対して，座標系 Σ' が存在して

$$\tilde{A}_{\varphi,\Sigma}=\tilde{A}_{\psi,\Sigma'}$$

となる．

(証明)　$\sigma\varphi\sigma^{-1}=\psi$ なる $\sigma\in I(E)$ が存在する．Σ' としては $\sigma(\Sigma)$ をとればよい．

3. 同じ型の平行移動

定理 2. (i)　$\tau_c : x \longmapsto x+c$ を平行移動とすると，τ_c と同じ型をもつ合同変換 φ は必ず

平行移動である．

(ii)　2つの平行移動 $\tau_c: x \longmapsto x+c$ と $\tau_{c'}: x \longmapsto x+c'$ とが同じ型をもつための必要十分条件は，$\|c\|=\|c'\|$ である．

（証明）(i)　$\sigma\tau_c\sigma^{-1}=\varphi$ なる $\sigma\in I(E)$ があったとしよう．このときある $d\in E$ に対して $\varphi=\tau_d$ であることを示そう．それには次の公式

$$\sigma\tau_c\sigma^{-1}=\tau_d,\quad ただし,\ d=L_\sigma(c)$$

をいえばよい．さて，各 $x\in E$ に対して

$$\tau_c(x)-x=c$$

$$\therefore\quad \sigma(\tau_c(x))-\sigma(x)=L_\sigma(\tau_c(x)-x)=L_\sigma(c)$$

$$=d$$

$$\therefore\quad \sigma\tau_c(x)=\sigma(x)+d=\tau_d(\sigma(x))$$

$$\therefore\quad \sigma\tau_c=\tau_d\sigma \qquad \therefore\quad \sigma\tau_c\sigma^{-1}=\tau_d$$

(ii)　$\sigma\tau_c\sigma^{-1}=\tau_{c'}$ とすれば，(i) に示したように，$\sigma\tau_c\sigma^{-1}=\tau_d$，$d=L_\sigma(c)$ であるから

$$\tau_d=\tau_{c'}$$

すなわち各 $x\in E$ に対して，$x+d=x+c'$　$\therefore$　$d=c'$

$$\therefore\quad c'=L_\sigma(c)$$

となる．L_σ は線型合同変換であるから，$\|c'\|=\|c\|$．

逆に，$\|c\|=\|c'\|$ とすると，原点 0 から c, c' へ至る距離は一致する：$\overline{0c}=\overline{0c'}$．よって，合同変換 σ が存在して，$\sigma(0)=0$，$\sigma(c)=c'$ となる．さて，σ は原点を変えないから，その線型部分 L_σ と一致する：

$$\sigma=L_\sigma.$$

よって，$L_\sigma(c)=c'$　$\therefore$　$\tau_{c'}=\sigma\tau_c\sigma^{-1}$．（証明終）

4.　同じ型の鏡映

定理 3. (i)　H を超平面とすると，鏡映 s_H と同じ型をもつ合同変換 φ は必ず鏡映である．

(ii)　任意の2つの鏡映は必ず同じ型をもつ．

（証明）(i)　H の法線ベクトルを c として，H の方程式を

$$H:\ (x|c)=\alpha$$

とする．$\varphi=\sigma s_H\sigma^{-1}$ とする．このとき，超平面 H の像 $\sigma(H)=J$ も超平面であって，$\varphi=s_J$ となることをいえば十分である．まず J が超平面であることを示そう．H 上にない任意の点 p をとり，$s_H(p)=q$ とおけば，q も H 上になく，$p\neq q$ である．すると H は点 p, q の垂

直2等分面となる．実際 p, q の垂直2等分面の方程式は $\overline{px}=\overline{xq}$，すなわち

$$\|p-x\|^2=\|x-q\|^2, \quad \text{すなわち}$$
$$(p-x \mid p-x)=(x-q \mid x-q), \quad \text{すなわち}$$
$$(p|p)-2(p|x)+(x|x)=(x|x)-2(x|q)+(q|q)$$

すなわち

$$2(q-p \mid x)=(q|q)-(p|p)$$

であるが，一方 $s_H(p)=q$ により

$$q=p-2\lambda c, \qquad \lambda=\frac{(p|c)-\alpha}{(c|c)}$$

である．そして，p, q の中点

$$m=\frac{1}{2}(p+q)=p-\lambda c$$

は H 上にある（鏡映の定義！）．よって，$(m|c)=\alpha$ であり，$q=m-\lambda c$ である．よって，

$$2(q-p \mid x)=-4\lambda(c|x)$$
$$(q|q)-(p|p)=(m-\lambda c \mid m-\lambda c)-(m+\lambda c \mid m+\lambda c)$$
$$=\{(m|m)-2\lambda(m|c)+\lambda^2(c|c)\}$$
$$-\{(m|m)+2\lambda(m|c)+\lambda^2(c|c)\}$$
$$=-4\lambda(m|c)=-4\lambda\alpha.$$

よって，p, q の垂直2等分面の方程式は

$$(*) \qquad -4\lambda(c|x)=-4\lambda\alpha$$

となる．ところが p が H 上にないから

$$\lambda=\frac{(p|c)-\alpha}{(c|c)}\neq 0$$

よって $(*)$ は

$$(c|x)=\alpha$$

となり，これは超平面 H の方程式に他ならない．これで，p, q の垂直2等分面が H であることがわかった．従って，$\sigma\in I(E)$ に対して，$\sigma(p), \sigma(q)$ の垂直2等分面が $\sigma(H)$ である．よって，$\sigma(H)=J$ も超平面である．さて次に，$\sigma s_H\sigma^{-1}=s_J$ であることを示そう．それには $\sigma s_H=s_J\sigma$ をいえばよい．いまもし $p\in H$ なら，$\sigma(p)\in\sigma(H)=J$ だから，

$$s_J\sigma(p)=\sigma(p)$$

一方，$s_H(p)=p$ だから

$$\sigma s_H(p)=\sigma(p)$$
$$\therefore\quad s_J\sigma(p)=\sigma s_H(p).$$

次に，$p\notin H$ とし，$s_H(p)=q$ とおく．すると上に見たように，$J=\sigma(H)$ は $\sigma(p),\sigma(q)$ の垂直2等分面だから，

$$s_J(\sigma(p))=\sigma(q)$$
$$\therefore\quad s_J(\sigma(p))=\sigma(q)=\sigma(s_H(p))$$

よって，E の各点 p に対して

$$s_J\sigma(p)=\sigma s_H(p)$$

となるから，$\sigma s_H=s_J\sigma\quad\therefore\quad \sigma s_H\sigma^{-1}=s_J$

(ii)　任意の2つの超平面 H, J に対して，合同変換 σ が存在して，$\sigma(H)=J$ となることをいえばよい．何故なら上の(i)に示したように，そのとき

$$\sigma s_H\sigma^{-1}=s_J$$

を得るからである．いま H 上にない点 p をとる．H の方程式を

$$H:(x|c)=\alpha$$

とし，$s_H(p)=q$ とおく．すると，上記に計算したように，

$$\overline{pq}=\|q-p\|=2|\lambda|\cdot\|c\|,\quad \lambda=\frac{(p|c)-\alpha}{(c|c)}$$

p, q の中点 $m=\dfrac{1}{2}(p+q)=p-\lambda c$ と p との距離は $\overline{pq}$ の半分の $|\lambda|\cdot\|c\|$ である．いま，

$$z_\rho=m+\rho c\qquad(\rho>0)$$

とおくと，点 z_ρ は H 上にない．何故なら

$$(z_\rho|c)=(m|c)+\rho(c|c)=\alpha+\rho(c|c)\neq\alpha$$

となるから．そして，距離 $\overline{z_\rho, s_H(z_\rho)}$ は

$$=\|s_H(z_\rho)-z_\rho\|=\left\|\frac{-2((z_\rho|c)-\alpha)}{(c|c)}c\right\|$$
$$=2\rho\|c\|$$

であるから，ρ が区間 $0<\rho<\infty$ 上を動くとき，区間$(0,\infty)$ 上を連続的に動く．

さて，超平面 J 上にない点 r をとり，

$$s_J(r)=r'$$

とおく．距離 $\overline{rr'}$ が距離 $\overline{z_\rho, s_H(z_\rho)}$ に等しくなるような正数 ρ をとり，$z_\rho=z$, $s_H(z_\rho)=z'$ とおく：$\overline{rr'}=\overline{zz'}$．　すると合同変換 σ が存在して

$$\sigma(z)=r, \qquad \sigma(z')=r'$$

となる．（第3章，定理3）．よって，z, z' の垂直2等分面 H は，σ によって $\sigma(z)=r$, $\sigma(z')=r'$の垂直2等分面 J に移る：$\sigma(H)=J$.（証明終）

この定理3から，鏡映の符号が -1 であるという既述の事実（第4章，補題1）の別証明が得られる．前に第4章の補題1の証明の所で述べたのは，一寸むつかしいこと（行列の固有値など）を使ったので，ここで定理3の応用として別証明を述べておく．まず一般に，合同変換 φ と ψ とが同じ型をもてば，ある $\sigma\in I(E)$ に対して

$$\psi=\sigma\varphi\sigma^{-1}$$

となるから，

$$\varepsilon(\psi)=\varepsilon(\sigma)\varepsilon(\varphi)\varepsilon(\sigma)=\varepsilon(\varphi)$$

となる．すなわち

$$\varphi\sim\psi \;\Rightarrow\; \varepsilon(\varphi)=\varepsilon(\psi)$$

である．

よって，鏡映 σ に対して，$\varepsilon(\sigma)=-1$ をいうには，定理3から，ある特定の鏡映 s について，$\varepsilon(s)=-1$ をいえばよい．s としてなるべく簡単なものをとることにより，目的を達するのである．いま超平面として，$\boldsymbol{R}^n$ の点 $x=(x_1, \cdots, x_n)$ で，$x_1=0$ を満たすもの全体のなす超平面 H をとる．$e_1=(1, 0, \cdots, 0)$ とおくと，

$$(e_1|x)=0$$

が H の方程式である．よって，点 $z=(z_1, \cdots, z_n)$ に対して，

$$\begin{aligned} s_H(z)&=z-\frac{2(z|e_1)}{(e_1|e_1)}e_1=z-2z_1\cdot e_1\\ &=(-z_1, z_2, \cdots, z_n)\end{aligned}$$

となる．従って，常用の座標系 $\Sigma_0=(e_0, e_1, \cdots, e_n)$ に対して，

$$s_H(e_0)=e_0,\quad s_H(e_1)=-e_1,\quad s_H(e_i)=e_i\ (2\leqq i\leqq n)$$

となる．よって，Σ_0 に関する s_H の行列は

$$\tilde{A}_{s_H, \Sigma_0}=\left(\begin{array}{cccc|c} -1 & & & & 0\\ & 1 & & & \vdots\\ & & \ddots & & \vdots\\ & & & 1 & 0\\ \hline 0 & 0 & \cdots & 0 & 1\end{array}\right)$$

（空白部は凡て0）

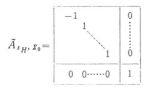

となる．よってその行列式は $=-1$，よって，s_H の符号は -1 となる．

5. 直線 R^1 の合同変換の分類

$E=\boldsymbol{R}^1$ の合同変換は，$\tau_0=id_E$，$\tau_c: x \longmapsto x+c\ (c \neq 0)$ および $s_\alpha: x \longmapsto -x+2\alpha$ ですべて与えられる．鏡映 s_α はみな互いに同じ型である．平行移動については，上述より $\tau_c \sim \tau_{c'} \Longleftrightarrow |c|=|c'|$ である．E^1の運動は平行移動に限る．

6. 平面 R^2 の合同変換の分類（その一，運動の分類）

まず運動を分類しよう．常用の座標系 (e_0, e_1, e_2) に関して，運動 $\varphi: (x, y) \longmapsto (x', y')$ の形は，

$$x'=\alpha+x\cos\theta-y\sin\theta$$
$$y'=\beta+x\sin\theta+y\cos\theta$$

の形になる(34頁参照)．θ が 2π の倍数：$\theta=2\pi\nu$（ν は整数）なら，

$$x'=\alpha+x$$
$$y'=\beta+y$$

となり，φ は平行移動になる．よって，θ が 2π の倍数でないとする．このとき，φ により固定される点が E 中に必ず丁度一つ存在する．すなわち

$$\begin{cases} x=\alpha+x\cos\theta-y\sin\theta \\ y=\beta+x\sin\theta+y\cos\theta \end{cases}$$

の解 $(x, y)\in\boldsymbol{R}^2$ が丁度一つ存在する．何故ならば，上の方程式を書きかえて

$$\begin{cases} (1-\cos\theta)x+y\sin\theta=\alpha \\ -x\sin\theta+(1-\cos\theta)y=\beta \end{cases}$$

として，係数行列式

$$\Delta=\begin{vmatrix} 1-\cos\theta & \sin\theta \\ -\sin\theta & 1-\cos\theta \end{vmatrix}$$

を見れば，

$$\Delta=(1-\cos\theta)^2+\sin^2\theta>0$$

となるからである．（もし $\Delta=0$ ならば，$\cos\theta=1$, $\sin\theta=0$ となり，θ は 2π の整数倍となる．）

よって，この固定点（不動点ともいう）を f_0 とし，$f_1=f_0+e_1$, $f_2=f_0+e_2$ とおけば

$$(f_i-f_0\,|\,f_j-f_0)=(e_i|e_j)=\delta_{ij} \qquad (1\leq i, j\leq 2)$$

となって，$\Sigma=(f_0, f_1, f_2)$ は一つの座標系になる．Σ に関して，φ の行列は，

$$\begin{pmatrix} \cos\theta & -\sin\theta & 0 \\ \sin\theta & \cos\theta & 0 \\ 0 & 0 & 1 \end{pmatrix}$$

となる．実際，$\varphi(f_0)=f_0$ より

$$\begin{aligned} \varphi(f_0)-f_0&=0, \\ \varphi(f_1)-\varphi(f_0)&=L_\varphi(f_1-f_0)=L_\varphi(e_1) \\ &=\cos\theta\cdot e_1+\sin\theta\cdot e_2 \\ &=\cos\theta(f_1-f_0)+\sin\theta(f_2-f_0), \\ \varphi(f_2)-\varphi(f_0)&=L_\varphi(f_2-f_0)=L_\varphi(e_2) \\ &=-\sin\theta\cdot e_1+\cos\theta\cdot e_2 \\ &=-\sin\theta(f_1-f_0)+\cos\theta(f_2-f_0) \end{aligned}$$

となるからである．よって，φ は，Σ において，点 f_0のまわりの角 θ だけの廻転（f_1 軸から f_2 軸へ向かって）である．行列 $\tilde{A}_{\varphi,\Sigma}$ の trace

$$\mathrm{tr}(\tilde{A}_{\varphi,\Sigma})=1+2\cos\theta$$

は，同じ型の合同変換に対する不変量であったから，次の事がわかる．いま，点 p のまわりの角 θ だけの廻転 $\varphi_{p,\theta}$ と，点 q のまわりの角 θ' だけの廻転 $\psi_{q,\theta'}$ があったとする．簡単のため，廻転角 θ, θ' を

$$0\leqq\theta<2\pi, \qquad 0\leqq\theta'<2\pi$$

と規準化しておく．すると，もし $\varphi_{p,\theta}\sim\psi_{q,\theta'}$ ならば上述より

$$\begin{aligned} &1+2\cos\theta=1+2\cos\theta' \\ &\quad\therefore\ \cos\theta=\cos\theta' \\ &\therefore\ \theta=\theta' \quad \text{又は} \quad \theta+\theta'=2\pi \end{aligned}$$

逆に $\theta=\theta'$ ならば，廻転 $\varphi_{p,\theta}$ と $\psi_{q,\theta'}$ とはそれぞれの座標系で同一の行列をもつから，$\varphi_{p,\theta}\sim\psi_{q,\theta}$ である．次に $\theta+\theta'=2\pi$ の場合を考えよう．これは $\theta'=-\theta$ の場合といってもよい．廻転の中心は，型が同じか否かを考えるときには無視してよいから，中心は原点としてよい．すると結局，2つの廻転（(e_0, e_1, e_2) に関する行列で表わす）

$$A=\begin{pmatrix} \cos\theta & -\sin\theta & 0 \\ \sin\theta & \cos\theta & 0 \\ 0 & 0 & 1 \end{pmatrix}$$

$$B=\begin{pmatrix}\cos(-\theta) & -\sin(-\theta) & 0\\ \sin(-\theta) & \cos(-\theta) & 0\\ 0 & 0 & 1\end{pmatrix}$$

$$=\begin{pmatrix}\cos\theta & \sin\theta & 0\\ -\sin\theta & \cos\theta & 0\\ 0 & 0 & 1\end{pmatrix}$$

とが同じ型をもつか否かを決める問題になる．実は，これは，次のような合同変換 C を考えると

$$B=CAC^{-1}$$

となるから，共役，すなわち同じ型になる．

$$C=\begin{pmatrix}0 & 1 & 0\\ 1 & 0 & 0\\ 0 & 0 & 1\end{pmatrix}$$

(C は，直線 $x=y$ に関する鏡映に他ならない)．

以上から，平面の運動は，id_E, 平行移動 τ_c, および原点のまわりの廻転 f_θ $(0\leqq\theta<2\pi)$ のどれかと同じ型になることがわかる．従って，平面の運動 $(\neq id_E)$ は，必ず2個の鏡映の積となる．また廻転 f_θ と $f_{\theta'}$ $(0\leqq \theta, \theta' <2\pi)$ とが同じ型になるのは

$$\theta=\theta' \quad \text{又は} \quad \theta+\theta'=2\pi$$

の時に限る．

7. 平面 R^2 の合同変換の分類（その二，裏返しの分類）

$E=\boldsymbol{R}^2$ の合同変換 φ が裏返し，すなわちその符号が -1 とする：$\varepsilon(\varphi)=-1$．既に述べた（第3章）ように，φ は高々3個の鏡映の積に書けるが，$\varepsilon(\varphi)=-1$ だから，φ は奇数個の鏡映の積である．よって，φ 自身鏡映であるか，或いは，φ は鏡映でなく，従って3個の鏡映の積になるかの何れかである．鏡映でないような裏返しが実際存在することは，φ として，

$$\varphi:(x, y)\longrightarrow(x', y')$$

$$\begin{cases}x'=-x\\ y'=y+1\end{cases}$$

をとればわかる．実際常用座標系 $\Sigma_0=(e_0, e_1, e_2)$ での φ の行列は

$$\tilde{A}_{\varphi,\Sigma_0}=\begin{pmatrix}-1 & 0 & 0\\ 0 & 1 & 1\\ 0 & 0 & 1\end{pmatrix}$$

であるから，$\varepsilon(\varphi)=\det(\tilde{A}_{\varphi,\Sigma_0})=-1$ で，φ は確かに裏返しである．

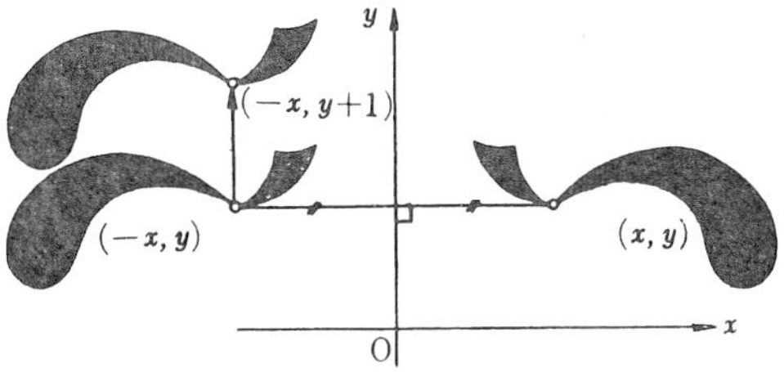

φ の不動点を考えよう．それは方程式

$$\begin{cases} x=-x \\ y=y+1 \end{cases}$$

の解であるが，これが解を持たぬのは明らかである．従って，

φ は不動点を持たない

これにより，φ が鏡映ではないことがわかる．実際，もし φ が鏡映ならば，ある直線上のすべての点が φ の不動点になるからである．

このような“鏡映に非ざる裏返し”は，鏡映に比べて扱いが一寸厄介であるので，その分類は次章に述べる．

しかし，上の例で次のことに注目されたい．φ は不動点は持ってないが，y 軸は全体として φ で不変である．実は，此の事実は，平面の裏返しについて成り立つ．すなわち，“$\boldsymbol{R}^2$ の裏返し φ に対して，$\varphi(l)=l$ を満たす直線 l が必ず存在する．φ は l 上に合同変換 τ をひきおこす．φ が鏡映のときは，τ は l の恒等変換である．φ が非鏡映のときは，τ は l の平行移動（$\neq id_l$）となる”．このことの証明も次章に述べるが，読者も暇があったら考えておいて頂きたい．

第 6 章　有限合同変換群

1. 平面の裏返しの分類

まず前章で残しておいた問題から片付けよう．

$E=\boldsymbol{R}^2$ の裏返し φ が与えられているとしよう．常用の座標系に関して，$\varphi:(x,y)\longmapsto(x',y')$ は

$$\begin{pmatrix}x'\\y'\\1\end{pmatrix}=\begin{pmatrix}a&b&\alpha\\c&d&\beta\\0&0&1\end{pmatrix}\begin{pmatrix}x\\y\\1\end{pmatrix}$$

と与えられる．ここで行列

$$A=\begin{pmatrix}a&b\\c&d\end{pmatrix}$$

は直交行列で，しかも $ad-bc=-1$ である．よって

$$\begin{pmatrix}a&b\\c&d\end{pmatrix}^{-1}=\frac{1}{ad-bc}\begin{pmatrix}d&-b\\-c&a\end{pmatrix}=\begin{pmatrix}-d&b\\c&-a\end{pmatrix}$$

これが，転置行列

$$\begin{pmatrix}a&c\\b&d\end{pmatrix}$$

に等しいのだから，

$$a+d=0,\qquad b=c$$

となる．従って，行列 A の**固有方程式**は

$$\begin{vmatrix}t-a&-b\\-c&t-d\end{vmatrix}=t^2-(a+d)t+(ad-bc)$$
$$=t^2-1=0$$

となり，A の**固有値**は $1, -1$ である．それぞれの固有値に属する**固有ベクトル** p, q ($\|p\|=1, \|q\|=1$) をとる（p, q を縦ベクトルの形と見て）：

$$Ap=p, \qquad Aq=-q$$

すなわち，

$$L_\varphi(p)=p, \qquad L_\varphi(q)=-q$$

である．さて p と q とは直交する：$(p|q)=0$．何故ならば，A が直交行列だから，

$$(Ap|Aq)=(p|{}^tA\cdot Aq)=(p|q)$$

一方，左辺は $Ap=p, Aq=-q$ により $=(p|-q)$

$$\therefore \quad -(p|q)=(p|q)$$

$$\therefore \quad (p|q)=0$$

よって，$\Sigma=(O, p, q)$ (O：原点）は座標系をなす．

この座標系では，

$$\varphi(p)-\varphi(O)=L_\varphi(p-O)=L_\varphi(p)=p,$$
$$\varphi(q)-\varphi(O)=L_\varphi(q-O)=L_\varphi(q)=-q$$

であるから，Σ に関する φ の行列は

$$(1) \qquad \begin{pmatrix} 1 & 0 & \lambda \\ 0 & -1 & \mu \\ 0 & 0 & 1 \end{pmatrix}$$

である．よって，$\boldsymbol{R}^2$ の裏返しの分類をするには，初めから常用座標系 $\Sigma_0=(e_0, e_1, e_2)$ での行列が (1) の形のものばかりを考えればよい．さて (1) において，$\lambda=0$ ならば，これは直線

$$l: \qquad y=\frac{\mu}{2}$$

に関する鏡映に一致する．（計算は略す．読者自身で 試みられたい）$\lambda \neq 0$ ならば，$\varphi: (x, y) \longmapsto (x', y')$ が

$$\begin{cases} x'=x+\lambda \\ y'=-y+\mu \end{cases}$$

で与えられるから，φ の不動点は存在しない．さてこのとき，φ を同じ型の裏返しでおきかえて，μ が 0 になるようにできることを示そう．実際平行移動

$$\tau: \quad (x, y) \longmapsto \left(x, y-\frac{\mu}{2}\right)$$

をとり，$\tau\varphi\tau^{-1}=\psi$ とおくと，ψ の行列は，

$$\begin{pmatrix}1 & 0 & 0\\ 0 & 1 & -\dfrac{\mu}{2}\\ 0 & 0 & 1\end{pmatrix}\begin{pmatrix}1 & 0 & \lambda\\ 0 & -1 & \mu\\ 0 & 0 & 1\end{pmatrix}\begin{pmatrix}1 & 0 & 0\\ 0 & 1 & \dfrac{\mu}{2}\\ 0 & 0 & 1\end{pmatrix}$$

$$=\begin{pmatrix}1 & 0 & \lambda\\ 0 & -1 & \dfrac{\mu}{2}\\ 0 & 0 & 1\end{pmatrix}\begin{pmatrix}1 & 0 & 0\\ 0 & 1 & \dfrac{\mu}{2}\\ 0 & 0 & 1\end{pmatrix}$$

$$=\begin{pmatrix}1 & 0 & \lambda\\ 0 & -1 & 0\\ 0 & 0 & 1\end{pmatrix}$$

となる．よって ψ は

$$\psi:\ (x, y) \longmapsto (x+\lambda, -y)$$

により与えられる．この時直線

$$l:\ y=0$$

すなわち x 軸上の点 $(x, 0)$ は ψ により $(x+\lambda, 0)$ に移るから，l は全体として ψ で不変である．そして ψ は l 上に平行移動 $x \longmapsto x+\lambda$ をひきおこす．

ψ によって（全体として）不変な直線は l しかない．もし l 以外に直線 m が ψ で不変であったとすると，ι と m とは平行である．（もし平行でないと l と m とは1点 z で交わり $\psi(z)$ は l 上にも m 上にもあるから，$\psi(z)=z$．これは，ψ が不動点をもたないことに反する．）よって，m の方程式は

$$y=c \qquad (c:\ 定数,\ c\neq 0)$$

の形となる．しかし，m 上の点 (x, c) は ψ により，$(x+\lambda, -c)$ に移るから，もはや m 上にはあり得ない．l を ψ の**不動直線**と呼ぶことにする．ψ は平行移動 $\tau:\ (x, y) \longmapsto (x+\lambda, y)$ と，鏡映 $s_l:\ (x, y) \longmapsto (x, -y)$ との積である．ここで τ と s_l とは交換可能になっている：

$$\psi=\tau s_l=s_l\tau$$

逆に，$E=\boldsymbol{R}^2$ 中に任意に直線 l と，l を変えないような平行移動 $\tau(\neq id_E)$ を与えよう．すると，前章に述べたように

$$\tau s_l\tau^{-1}=s_{\tau(l)}=s_l$$

だから，

$$\tau s_l=s_l\tau$$

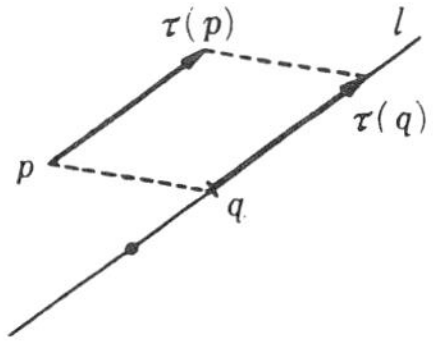

すなわち τ と s_l とは交換可能である．そして $\varphi=\tau s_l$ は裏返しである．何故なら

$$\varepsilon(\varphi)=\varepsilon(\tau)\varepsilon(s_l)=1\cdot(-1)=-1$$

であるから．しかも容易にわかるように φ は不動点を持たない(下図)．よって φ は鏡映ではない．しかし l は

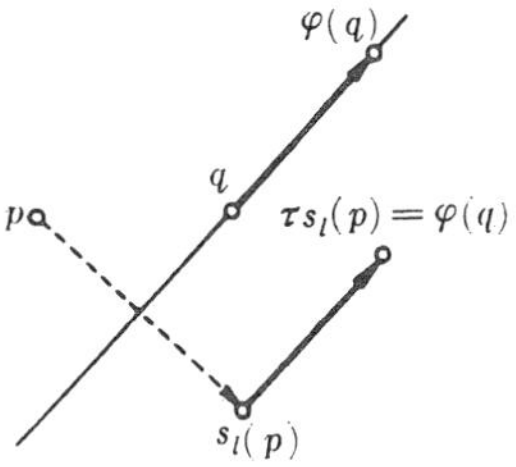

φ の不動直線である．この φ を対 (l,τ) の定める裏返しといい,

$$\varphi=\varphi_{l,\tau}$$

と書くことにする．**非鏡映であるような裏返しはすべてこの形の合同変換と同じ型をもつ．**

この形の裏返し $\varphi_{l,\tau}$ と $\varphi_{m,\rho}$ (l, m は直線；τ, ρ は平行移動で $\tau(l)=l$, $\rho(m)=m$) が同じ型になるための条件を求めよう．上述したようにまず共役元でおきかえて，初めから $l=m=x$ 軸としてよい．このとき，問題は

$$\varphi_{l,\tau}\sim\varphi_{l,\rho}$$

のための条件となる．すなわちいま

$$\tau:\ (x,y)\longmapsto(x+\lambda,0)$$
$$\rho:\ (x,y)\longmapsto(x+\mu,0)$$

とおくとき，行列

$$\begin{pmatrix} a & b & \alpha \\ c & d & \beta \\ 0 & 0 & 1 \end{pmatrix} \qquad \begin{pmatrix} a & b \\ c & d \end{pmatrix}=\text{直交行列}$$

が存在して，

$$(2)\qquad \begin{pmatrix} a & b & \alpha \\ c & d & \beta \\ 0 & 0 & 1 \end{pmatrix}\begin{pmatrix} 1 & 0 & \lambda \\ 0 & -1 & 0 \\ 0 & 0 & 1 \end{pmatrix}\begin{pmatrix} a & b & \alpha \\ c & d & \beta \\ 0 & 0 & 1 \end{pmatrix}^{-1} = \begin{pmatrix} 1 & 0 & \mu \\ 0 & -1 & 0 \\ 0 & 0 & 1 \end{pmatrix}$$

を満足するためには，λ と μ との間に如何なる関係があることが必要十分かという問題である．(2) を書き直せば

$$\begin{pmatrix} a & b & \alpha \\ c & d & \beta \\ 0 & 0 & 1 \end{pmatrix}\begin{pmatrix} 1 & 0 & \lambda \\ 0 & -1 & 0 \\ 0 & 0 & 1 \end{pmatrix} = \begin{pmatrix} 1 & 0 & \mu \\ 0 & -1 & 0 \\ 0 & 0 & 1 \end{pmatrix}\begin{pmatrix} a & b & \alpha \\ c & d & \beta \\ 0 & 0 & 1 \end{pmatrix}$$

となる．すなわち

$$\begin{pmatrix} a & -b & a\lambda+\alpha \\ c & -d & c\lambda+\beta \\ 0 & 0 & 1 \end{pmatrix} = \begin{pmatrix} a & b & \alpha+\mu \\ -c & -d & -\beta \\ 0 & 0 & 1 \end{pmatrix}$$

となる．これは

$$\begin{cases} b=c=0 \\ a\lambda+\alpha=\alpha+\mu \iff a\lambda=\mu \\ c\lambda+\beta=-\beta \iff c\lambda=-2\beta \end{cases}$$

と同値である．さて

$$\begin{pmatrix} a & b \\ c & d \end{pmatrix} = \begin{pmatrix} a & 0 \\ 0 & d \end{pmatrix}$$

が直交行列だから，$a^2=d^2=1$　すなわち

$$a=\pm 1, \qquad d=\pm 1$$

である．よって，$a\lambda=\mu$ より，$\mu=\pm\lambda$ になる．

逆に $\lambda=\pm\mu$ なら，$a=\pm 1$ を適当にとって $a\lambda=\mu$ ならしめ，次に $c=\beta=0$ とし，d, α を任意に定めれば，$\varphi_{l,\tau} \sim \varphi_{l,\rho}$ が実現される．

以上により，次の結論が得られた．

定理 1　平面の裏返しは，鏡映であるか，あるいは，$\tau_c s_l$ (τ_c は平行移動 $x \longmapsto x+c$ (c

$\neq 0$)；s_l は直線 l に関する鏡映，l は τ_c で不変）の形をもつ．$\tau_c s_l$ は不動点を持たず，l を唯一の不動直線にもつ．そしてこの形の2つの裏返し $\tau_c s_l$ と $\tau_d s_m$ に対して

$$\tau_c s_l \sim \tau_d s_m \iff \|c\| = \|d\|$$

である．

2. 合同変換群の有限部分群

n 次元ユークリッド空間 $E=\boldsymbol{R}^n$ の合同変換群 $I(E)$ の部分群 G であって，有限個の元よりなるものは，種々の点で興味を引くものである．$n=1, 2, 3$ のときに対して，以下そのような $I(E)$ の有限部分群 G を**すべて決定すること**を問題としよう．

まず一つの注意から．G が有限部分群なら，各 $\sigma \in I(E)$ に対して

$$H=\sigma G \sigma^{-1}=\{\sigma\rho\sigma^{-1}\,;\ \rho \in G\}$$

も有限部分群である．このとき G と H とは**共役**（詳しくは $I(E)$ において共役）であるといい，

$$G \sim H$$

と書く．有限部分群の決定というのは，共役を除いてすべて決定するという意味である．前章に述べたことを想起すれば，$G \sim H$ ということは，結局，ある座標系 Σ に関して G の元の行列の集合が，もう一つの座標系 Σ' に関して H の元の行列の集合に一致することに他ならない．

さて次の補題から始める．

補題1　E の点 $p_1, \cdots, p_k$ と，k 個の実数 $\lambda_1, \cdots, \lambda_k$ が与えられていて，$\lambda_1+\cdots+\lambda_k=1$ とする．このとき，各 $\varphi \in I(E)$ に対して

$$\varphi(\lambda_1 p_1+\cdots+\lambda_k p_k)=\lambda_1\varphi(p_1)+\cdots+\lambda_k\varphi(p_k)$$

（証明）φ を

$$\varphi=\tau\circ L_\varphi$$

と分解する．τ は平行移動，L_φ は φ の線型部分（第3章）である．L_φ は線型だから

$$L_\varphi\left(\sum_{i=1}^{k}\lambda_i p_i\right)=\sum_{i=1}^{k}\lambda_i L_\varphi(p_i)$$

となる．次に τ を $\tau: x \longmapsto x+c$ とおくと，

$$\tau\left(L_\varphi\left(\sum_{i=1}^{k}\lambda_i p_i\right)\right)=\sum_{i=1}^{k}\lambda_i L_\varphi(p_i)+c$$

$$=\sum_{i=1}^{k}\lambda_i L_\varphi(p_i)+\sum_{i=1}^{k}\lambda_i c$$
$$=\sum_{i=1}^{k}\lambda_i(L_\varphi(p_i)+c)$$
$$=\sum_{i=1}^{k}\lambda_i\tau L_\varphi(p_i)$$
$$\therefore\quad \varphi\left(\sum_{i=1}^{k}\lambda_i p_i\right)=\sum_{i=1}^{k}\lambda_i\varphi(p_i)$$
（証明終）

定理2　$I(E)$ の有限部分群 G に対して，G のあらゆる元で固定されるような Eの点が必ず存在する．

（証明）p を E の任意の点とする．G の元の個数（すなわち有限群 G の**位数**)を k として，

$$G=\{\sigma_1=id_E,\ \sigma_2,\ \cdots,\ \sigma_k\}$$

とする．$p_i=\sigma_i(p)$ $(i=1,\ \cdots,\ k)$ とおくと，補題1により，G の各元 σ に対して

$$\sigma\left(\frac{1}{k}\sum_{i=1}^{k}p_i\right)=\frac{1}{k}\sum_{i=1}^{k}\sigma(p_i)$$
$$=\frac{1}{k}\sum_{i=1}^{k}\sigma\sigma_i(p)$$

である．ところが，G から G への写像

$$\Phi_\sigma:\ \rho\longmapsto\sigma\rho$$

は全単射（1 : 1, onto）である．実際

$$\rho\neq\rho'\Rightarrow\sigma\rho\neq\sigma\rho'\qquad\therefore\quad \Phi_\sigma=\text{単射 (injective)}$$

また，各 $\theta\in G$ に対し，$\sigma^{-1}\theta\in G$, $\Phi_\sigma(\sigma^{-1}\theta)=\theta$

$$\therefore\quad \Phi_\sigma=\text{全射 (surjective)}.$$

よって，

$$\{\sigma\sigma_1,\ \sigma\sigma_2,\ \cdots,\ \sigma\sigma_k\}$$

は

$$\{\sigma_1,\ \sigma_2,\ \cdots,\ \sigma_k\}$$

の並べかえに過ぎない．よって

$$\frac{1}{k}\sum_{i=1}^{k}\sigma\sigma_i(p)=\frac{1}{k}\sum_{i=1}^{k}\sigma_i(p)=\frac{1}{k}\sum_{i=1}^{k}p_i$$

である．従って

$$q=\frac{1}{k}\sum_{i=1}^{k}p_i$$

とおけば上式より，

$$\sigma(q)=q$$

が G の各元 σ について成り立つ．すなわち点 q は求めるものである．　（証明終）

さて，$I(E)$ の有限部分群 G の各元 σ に対して，

$$\sigma,\ \sigma^2,\ \sigma^3,\ \cdots \qquad (\sigma^2=\sigma\circ\sigma,\ \sigma^3=\sigma\circ\sigma\circ\sigma,\ \text{etc})$$

を作れば，これらは皆 G 中にあり，しかも G が有限集合だから，これらが凡て互いに相異なるというわけにはいかない．よって

$$\sigma^i=\sigma^j \qquad (j>i)$$

なる自然数 i, j がある．$j=i+l$ とおくと，

$$\sigma^i=\sigma^i\sigma^l$$

よって，σ^i の逆元 σ^{-i} を両辺に左から掛けて

$$id_E=\sigma^l$$

となる．l は自然数である．

$$\sigma^h=id_E$$

を満たす自然数 h の最小値を，元 $\sigma\in G$ の位数という．**σ の位数は G の位数の約数である**という有名な定理があるが，本稿ではそれを証明せずに使う．これは群論の入門書の初めの方に必ず出て来る定理だから，証明はそのような本を見られたい．

さて，平行移動 $\tau: x\longmapsto x+c\ (c\neq 0)$ を考えよう．すると，

$$\tau^2: x\longmapsto x+2c,\quad \tau^3: x\longmapsto x+3c,$$

だから，どのような自然数 h に対しても

$$\tau^h\neq id_E$$

である．従って，$I(E)$ の有限部分群 G は平行移動（$\neq id_E$）を含まない．

次に，有限部分群 G の共通固定点（定理２）を q とし，平行移動 $\tau: x\longmapsto x-q$ を考えると，q は τ により原点 0 に移る：$\tau(q)=0$．今 G と共役な部分群

$$H=\tau G\tau^{-1}$$

を考えると，H は原点 0 を共通固定点にもつ．実際，$h=\tau g\tau^{-1}\ (g\in G)$ に対して

$$h(0)=\tau g\tau^{-1}(0)=\tau g(q)=\tau(q)=0$$

となるから．よって，初めから，

G は原点を共通固定点にもつ

としてよい．従って，G の元はみな線型合同変換になっている．よって，常用座標系（e_0, $e_1, \cdots, e_n$）に関して G の元の行列は

$$\begin{pmatrix} \alpha_{11} & \alpha_{12} & \cdots & \alpha_{1n} & 0 \\ \alpha_{21} & \alpha_{22} & \cdots & \alpha_{2n} & 0 \\ \cdots & \cdots & \cdots & \cdots & \cdots \\ \alpha_{n1} & \alpha_{n2} & \cdots & \alpha_{nn} & 0 \\ 0 & 0 & \cdots & 0 & 1 \end{pmatrix}$$

となる．よって，無駄な所を書くのを止めて，n 次直交行列の全体のなす群を $O(n)$ で表わし，G は $O(n)$ の部分群と見做してよい．群 $O(n)$ を n 次(実)**直交群** (real orthogonal group of degree n) という．orthogonal という語の頭文字 O と次数 n との組合せが記号 $O(n)$ の由来である．

3.　$n=1$ の場合

一次直交行列は

$$(1), \qquad (-1)$$

しかない．よって，$O(1)$ は位数2の群である．その部分群は $\{id_E\}$, $\{id_E, s_0\}$ である．従って，$\boldsymbol{R}^1$ の合同変換群の有限部分群（$\neq\{id_E\}$）は，id_E および一つの鏡映よりなる．かくして，$n=1$ の場合はいとも簡単に解決してしまう．

4.　$n=2$ の場合

$O(2)$ は今度は無限群である．$O(2)$ の元で，行列式が $=1$ なるものは $O(2)$ の部分群をなす．これを $SO(2)$ と書く．これは special orthogonal group の初めの二つの頭文字をとったのである．$O(2)$ は平面の線型合同変換全体のなす群，$SO(2)$ は**線型運動全体のなす群**である．

まず $SO(2)$ の有限部分群を決定しよう．すでに述べた（第3章）ように，$SO(2)$ の凡ての元は

$$\begin{pmatrix} \cos\theta & -\sin\theta \\ \sin\theta & \cos\theta \end{pmatrix} = A_\theta$$

の形に書ける．さて，

$$A_\theta A_{\theta'}=\begin{pmatrix}\cos\theta & -\sin\theta\\ \sin\theta & \cos\theta\end{pmatrix}\begin{pmatrix}\cos\theta' & -\sin\theta'\\ \sin\theta' & \cos\theta'\end{pmatrix}$$

$$=\begin{pmatrix}\cos\theta\cos\theta'-\sin\theta\sin\theta' & -\cos\theta\sin\theta'-\sin\theta\cos\theta'\\ \sin\theta\cos\theta'+\cos\theta\sin\theta' & -\sin\theta\sin\theta'+\cos\theta\cos\theta'\end{pmatrix}$$

$$=\begin{pmatrix}\cos(\theta+\theta') & -\sin(\theta+\theta')\\ \sin(\theta+\theta') & \cos(\theta+\theta')\end{pmatrix}$$

$$=A_{\theta+\theta'}$$

であるから，特に$\theta=\theta'$ のときは

$$A_\theta^2=A_{2\theta}$$

従って，

$$A_\theta^3=A_\theta A_\theta^2=A_\theta A_{2\theta}=A_{3\theta},\qquad \text{etc.}$$

となり，一般に

$$A_\theta^\nu=A_{\nu\theta}\qquad (\nu=1,2,\cdots)$$

が成り立つ．

よって，もし $A_\theta^h=I$ (単位行列) ならば

$$A_{h\theta}=I$$

$$\therefore\quad \cos h\theta=1,\qquad \sin h\theta=0$$

$$\therefore\quad h\theta=2\pi j,\qquad j=\text{整数}$$

$$(*)\qquad \therefore\quad \theta=\frac{2\pi}{h}j$$

の形となる．$SO(2)$ の元 A_θ に対して，θ は恒に

$$0\leqq\theta<2\pi$$

と規準化してよいから，このとき (*) から

$$0\leqq j<h$$

となる．

さて，$SO(2)$ の有限部分群 $G(\neq\{id_E\})$ があったとし，G の元を書き並べて (G の位数を k とする)

$$A_{\theta_1}=id_E,\ A_{\theta_2},\ \cdots,\ A_{\theta_k}$$
$$\theta_1=0,\ 0<\theta_2<2\pi,\ \cdots,\ 0<\theta_k<2\pi$$

とする．$\theta_2,\cdots,\theta_k$ の中で最も小さいものを θ_2 としよう．すると，$\theta_3,\cdots,\theta_k$ は皆

$$\theta_i=\nu_i\theta_2,\qquad \nu_i=\text{自然数}$$

という形になる．実際例えば θ_3 に対して，

$$\theta_2,\ 2\theta_2,\ 3\theta_2,\ 4\theta_2,\ \cdots$$

なる列を考えれば，

$$\nu\theta_2 \leqq \theta_3 < (\nu+1)\theta_2$$

となる自然数 ν がある筈である．ここで $\nu\theta_2=\theta_3$ ならば主張が正しいわけである．いま

$$(**) \qquad \nu\theta_2 < \theta_3 < (\nu+1)\theta_2$$

としてみよう．すると，A_{θ_2} の逆行列は，

$$A_{\theta_2}A_{-\theta_2}=A_0=I$$

から，$A_{-\theta_2}$ に等しい．よって，

$$A_{\theta_3}A_{\theta_2}^{-\nu}=A_{\theta_3-\nu\theta_2}\in G$$

である．$\theta_3-\nu\theta_2=\theta$ とおくと，(**) より

$$0<\theta<\theta_2$$

で，しかも $A_\theta \in G$．これは θ_2 の最小性に反する．

よって，G の元は皆一つの元 A_{θ_2} の巾の形になっている．このような群 G を(有限) **巡回群** (cyclic group)，A_{θ_2} をその一つの **生成元** (generator) という．よって次のことがわかった．

定理 3　平面の運動群の有限部分群はすべて巡回群である．

任意の自然数 k が与えられたとき $SO(2)$ の有限部分群で，位数 k なるものが必ず存在する．実際，$A_{\frac{2\pi}{k}}=A$ とおくと，

$$G=\{I,\ A,\ A^2,\ \cdots,\ A^{k-1}\}, \qquad (A^k=I)$$

が求めるものである．

しかも，このような部分群 G は $SO(2)$ 中に唯一つしかない．何故なら，位数 k の部分群 G の任意の元 A は $A^k=I$ を満たす(先程証明しないが使うといった定理!)から，

$$G_k=\{A\in SO(2)\ ;\ A^k=I\}$$

とおくと，

$$G\subset G_k$$

である．ところが，上にやったように，G_k の元は

$$I,\ A_{\frac{2\pi}{k}},\ A_{\frac{2\pi}{k}2},\ \cdots,\ A_{\frac{2\pi}{k}(k-1)}$$

の丁度 k 個よりなる．よって，G の位数が k だから

$$G=G_k$$

となる.

定理 4　平面 E の運動群の 2 つの有限部分群 G_1, G_2 が $I(E)$ において共役になるための必要十分条件は, G_1 と G_2 の位数が一致することである.

(証明)　$G_1 \sim G_2$ なら位数が一致することは明らかである ($G_2=\sigma G_1\sigma^{-1}$ とすれば, $g_1 \longmapsto \sigma g_1\sigma^{-1}$ が G_1 から G_2 上への全単射写像となるから). 逆に G_1, G_2 が E の運動群 $I^+(E)$の有限部分群で, その位数が一致するものとする. p_1 を G_1 の共通固定点, p_2 を G_2 の共通固定点とする. いま, 平行移動 τ_1, τ_2 をとって

$$\tau_1(p_1)=\tau_2(p_2)=0 \quad (\text{原点})$$

ならしめる. すると

$$\tau_1G_1\tau_1^{-1}, \qquad \tau_2G_2\tau_2^{-1}$$

はどちらも 0 を共通固定点にもち, かつその元は運動のみよりなる. よって,

$$\tau_1G_1\tau_1^{-1} \subset SO(2), \quad \tau_2G_2\tau_2^{-1} \subset SO(2)$$

となり, しかも $SO(2)$ の同位数の有限部分群だから一致する:

$$\tau_1G_1\tau_1^{-1}=\tau_2G_2\tau_2^{-1}$$

$$\therefore \quad G_2=\tau_2^{-1}\tau_1G_1\tau_1^{-1}\tau_2$$

$$=(\tau_2^{-1}\tau_1)G_1(\tau_2^{-1}\tau_1)^{-1} \qquad (\text{証明終})$$

$O(2)$ になると, 話はもう少しこみ入って来る. それは次章にまわし, $SO(2)$ の場合について, 一寸つけたりを加える.

対応　$A_\theta \longleftrightarrow e^{i\theta}=\cos\theta+i\sin\theta$

により, $SO(2)$ と, 絶対値=1 なる複素数のなす乗法群 T とは**同型** (isomorphic) になる. T は平面上の単位円 (原点を中心とし, 半径 1 なる円周) 上の点で表示される:

$SO(2)$ の位数 k の部分群に対応するのは, T の方では

$$\{1,\ e^{\frac{2\pi i}{k}},\ e^{\frac{2\pi i}{k}2},\ \cdots,\ e^{\frac{2\pi i}{k}(k-1)}\}$$

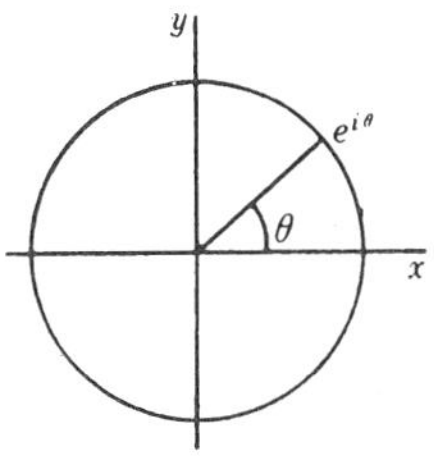

である．これは，1の k 乗根となっているような複素数の全体である．

$$\omega=e^{\frac{2\pi i}{k}}$$

とおけば，上記の k 乗根達は

$$\{1,\ \omega,\ \omega^2,\ \cdots,\ \omega^{k-1}\}$$

と書ける．これらは，単位円上に次のように等間隔にならんで，正 k 角形の頂点を形成している．

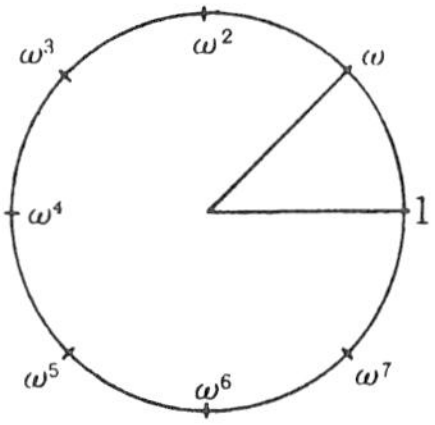

$(k=8)$

この群 $\{1, \omega, \cdots, \omega^{k-1}\}$ を生成する元（生成元）は $1, \omega, \omega^2, \cdots$ のうちのどれであろうか？1などは明らかに生成元ではあり得ない．ω^j $(1\leqq j\leqq k-1)$ が生成元となる為の条件を考えよう．それは，

(☆)　　　$1,\ \omega^j,\ \omega^{2j},\ \omega^{3j},\ \cdots,\ \omega^{(k-1)j}$

が互いに相異なることである．そのための必要十分条件は，j と k との最大公約数 d が $=1$（すなわち j と k とが互いに素）であることである．実際もし，$d>1$ ならば，$j=dj'$, $k=dk'$ とおくと

$$\omega^j=e^{\frac{2\pi i}{k}j}=e^{\frac{2\pi i}{k'}j'}$$

よって，$\omega^{jk'}=1$ となり，$\omega^{j(k'+1)}=\omega^j$ となる．よって，(☆) が互いに相異なる数よりなることに反する．

逆に，j と k との最大公約数が $=1$ として，(☆) の数が互いに相異なることを示そう．もしそうでないとし，

$$\omega^{\mu j}=\omega^{\nu j}\qquad(0\leqq\mu<\nu\leqq k-1)$$

を満たす整数 μ, ν があったとすれば，$\nu-\mu=\lambda$ とおくと，λ も整数で，しかも

$$\omega^{\lambda j}=1,\qquad 0<\lambda<k$$

を満足する．従って

$$e^{\frac{2\pi i}{k}\lambda j}=1$$

だから，$\frac{\lambda j}{k}$ は整数，すなわち λj は k で割り切れる．所が仮定により k と j とは互いに素であるから，λ が k で割り切れる．しかし $0<\lambda<k$ であるから，これは矛盾である．

$\{1, 2, \cdots, k\}$ の中で，k と互いに素な自然数の個数を，$\varphi(k)$ と書く．φ を Euler の関数という．この関数を用いていえば，**群 $\{1, \omega, \omega^2, \cdots, \omega^{k-1}\}$ $(\omega=e^{\frac{2\pi i}{k}})$ の生成元の個数は $\varphi(k)$ である．**

例えば，$k=6$ なら，$\{1, 2, 3, 4, 5, 6\}$ の中で 6 と互いに素なものは，1 と 5 の 2 つだから，$\varphi(6)=2$ となる．

そして，$\omega=e^{\frac{2\pi i}{6}}$ とするとき，群

$$\{1, \omega, \omega^2, \omega^3, \omega^4, \omega^5\}$$

の生成元は，ω と $\omega^5(=\omega^{-1})$ である．

第7章　正二面体群

1.　$\boldsymbol{R}^2$ の有限合同変換群の決定

$E=\boldsymbol{R}^2$ の合同変換群 $I(E)$ の有限部分群 G の決定にとりかかろう．G が運動群 $I^+(E)$ に含まれている場合は，既に前章に述べた．一寸復習しておこう．(前章の定理3，4)
$I^+(E)$の有限部分群はすべて巡回群で，しかも，各自然数 k に対して，$I(E)$ における共役を除いて，$I^+(E)$ は位数 k の部分群を唯一つもっている．

実は，前章の定理4の証明をよく見ればわかるように，$I^+(E)$ の有限部分群 G_1, G_2 の位数が一致すれば，G_1 と G_2 とは $I^+(E)$ においても共役になる．すなわち，ある元 $\sigma\in I^+(E)$ が存在して，

$$\sigma G_1\sigma^{-1}=G_2$$

となる．

そこで $I(E)$ の有限部分群 G が与えられているとし，$G\not\subset I^+(E)$とする．前章で述べたように，G は共通固定点 p をもち，しかも G をその共役でおきかえることにより，p が原点であるとしてよい．よって，前章の記号 $O(2)$, $SO(2)$ を使えば，

$$\begin{cases} G \text{ は } O(2) \text{ の有限部分群} \\ G \text{ は } SO(2) \text{ に含まれない} \end{cases}$$

となる．G が $SO(2)$ に含まれないから，G は少くとも一つの裏返し s をもつ．s は鏡映である．何故なら前章に述べたように，裏返し s が非鏡映ならば，s は不動点をもたないからである．

そこで，$s=s_l$, l は原点0を通る直線，とおく．いま x 軸を m とし，原点0のまわりの回転 $\varphi\in SO(2)$ を適当にとって，$\varphi(l)=m$ ならしめる．すると，群

$$G_1=\varphi G\varphi^{-1}$$

は G と共役で，しかも $\varphi s_l\varphi^{-1}=s_m$ を含む．よって初めから，

G は x 軸に関する鏡映 s を含む

と仮定してよい．さて，

$$G \cap SO(2) = G_0$$

とおくと，G_0 は G の部分群である．しかも G は G_0, sG_0 の2つの部分集合に分割される（sG_0 は $\{s\sigma ; \sigma \in G_0\}$ の意）：

$$G = G_0 \cup sG_0, \quad G_0 \cap sG_0 = \phi$$

何故なら，$\sigma \in G$ の符号が $=1$ なら，$\sigma \in G_0$ であるし，また σ の符号が -1 に等しければ，

$$g = s\sigma \in G$$

とおくと，$\varepsilon(g) = \varepsilon(s)\varepsilon(\sigma) = (-1)^2 = 1 \quad \therefore \quad g \in G_0$

よって，

$$\sigma = s^{-1}g = sg \quad (\because \quad s^2 = id_E)$$

となるから，

$$\sigma \in sG_0$$

である．よって，G の元は G_0 か sG_0 のどちらかに含まれるから，

$$G \subset G_0 \cup sG_0$$

である．一方明らかに $G_0 \subset G$, $sG_0 \subset G$ だから

$$G_0 \cup sG_0 \subset G$$

$$\therefore \quad G = G_0 \cup sG_0$$

となる．次に，$G_0 \cap sG_0$ は空集合 ϕ である．実際 G_0 の元の符号はすべて $=1$ であり，sG_0 の元の符号はすべて $=-1$ であるから

$$\therefore \quad G_0 \cap sG_0 = \phi$$

G_0 の位数を k とすると，G_0, sG_0 はそれぞれ k 個の元からなる（G_0 から sG_0 への写像 $\sigma \longmapsto s\sigma$ が全単射だから，G_0 と sG_0 とは同数の元よりなる）．よって，$G = G_0 \cup sG_0$ の位数は $2k$ である．

G_0 の生成元として，

$$A = \begin{pmatrix} \cos\frac{2\pi}{k} & -\sin\frac{2\pi}{k} \\ \sin\frac{2\pi}{k} & \cos\frac{2\pi}{k} \end{pmatrix}$$

がとれることは前章述べた．s の行列表示は

$$s : (x, y) \longmapsto (x, -y)$$

から,

$$s=\begin{pmatrix}1 & 0\\0 & -1\end{pmatrix}$$

となる（$\boldsymbol{R}^2$ の元を縦ベクトルと見做していることに注意）. sAs^{-1} を計算しよう. $s^{-1}=s$ だから

$$\begin{aligned}sAs^{-1}&=\begin{pmatrix}1 & 0\\0 & -1\end{pmatrix}\begin{pmatrix}\cos\frac{2\pi}{k} & -\sin\frac{2\pi}{k}\\ \sin\frac{2\pi}{k} & \cos\frac{2\pi}{k}\end{pmatrix}\begin{pmatrix}1 & 0\\0 & -1\end{pmatrix}\\&=\begin{pmatrix}\cos\frac{2\pi}{k} & -\sin\frac{2\pi}{k}\\ -\sin\frac{2\pi}{k} & -\cos\frac{2\pi}{k}\end{pmatrix}\begin{pmatrix}1 & 0\\0 & -1\end{pmatrix}\\&=\begin{pmatrix}\cos\frac{2\pi}{k} & \sin\frac{2\pi}{k}\\ -\sin\frac{2\pi}{k} & \cos\frac{2\pi}{k}\end{pmatrix}={}^tA=A^{-1}\end{aligned}$$

となる. すなわち,

$$sAs^{-1}=A^{-1}$$

すなわち

$$sA=A^{-1}s$$

である. これにより, G の元の積が次のように計算できる. すなわち,

$$G_0=\{I, A, A^2, \cdots, A^{k-1}\}$$
$$sG_0=\{s, sA, sA^2, \cdots, sA^{k-1}\}$$

だから,

$$A^iA^j=A^{i+j}\qquad (i+j\geqq k \text{ なら } =A^{i+j-k})$$

次に

$$sA^2s^{-1}=(sAs^{-1})(sAs^{-1})=A^{-1}A^{-1}=A^{-2}$$
$$sA^3s^{-1}=(sAs^{-1})^3=(A^{-1})^3=A^{-3}\qquad \text{etc.}$$

に注意して,

$$sA^i=A^{-i}s$$

を得るから,

$$A^i(sA^j)=sA^{-i}A^j=sA^{j-i}$$
$$(sA^i)A^j=sA^{i+j}$$

$$(sA^i)(sA^j)=s(sA^{-i})A^j=A^{j-i}$$

となる．このような構造をもっている有限群 G —— 正確にいうと，　位数 k の巡回群 G_0（生成元 A）を部分群にもち，しかも位数 2 の元 s をもっていて，

$$\begin{cases} G=G_0 \cup sG_0 \\ \quad G_0 \cap sG_0=\phi \\ sAs^{-1}=A^{-1} \end{cases}$$

を満たす群（その位数は $2k$ となる）を，位数 $2k$ の**正二面体群** (dihedral group) という．正二面体などという妙な用語の理由は，後出の**正多面体群**の所で解説する．この言葉を使えば，次のことがわかったことになる．

定理 1　$E=\boldsymbol{R}^2$ の合同変換群 $I(E)$ の有限部分群 G が，運動群 $I^+(E)$ に含まれなければ，G の位数は偶数である．それを $2k$ とすると，G は位数 $2k$ の正二面体群である．そして，G は必ず鏡映を含んでいる．

定理 2　$E=\boldsymbol{R}^2$ の合同変換群 $I(E)$ の 2 つの有限部分群 G_1, G_2 が，$G_1 \not\subset I^+(E)$，$G_2 \not\subset I^+(E)$ を満たしていれば，

$$G_1 \text{ と } G_2 \text{ とが共役} \Longleftrightarrow G_1 \text{ と } G_2 \text{ の位数が一致する}$$

（証明）（⇒）は明らかだから（⇐）を示そう．G_1, G_2 共に位数 $2k$ とする．すると，上述のように，G_1, G_2 はいずれも

$$A^j=\begin{pmatrix} \cos\dfrac{2\pi}{k}j & -\sin\dfrac{2\pi}{k}j \\ \sin\dfrac{2\pi}{k}j & \cos\dfrac{2\pi}{k}j \end{pmatrix} \quad (j=0, 1, \cdots, k-1)$$

$$sA^j \quad \left(s=\begin{pmatrix} 1 & 0 \\ 0 & -1 \end{pmatrix}\right) \qquad (j=0, 1, \cdots, k-1)$$

の $2k$ 個の元よりなる $O(2)$ の部分群 D_{2k} に共役である．従って，G_1, G_2 も共役である．

注意　今迄の論法を見直してみれば，共通固定点を一般の点 p から原点 0 に直すには平行移動しか必要とせず，また，$s=s_l$ の l を x 軸に直すには回転しか用いなかった．よって，実は $\sigma \in I^+(E)$，$\tau \in I^+(E)$ が存在して，

$$\sigma G_1 \sigma^{-1}=D_{2k}$$
$$\tau G_2 \tau^{-1}=D_{2k}$$

となる．よって，

$$\sigma G_1 \sigma^{-1}=\tau G_2 \tau^{-1}$$
$$\therefore \quad (\tau^{-1}\sigma)G_1(\tau^{-1}\sigma)^{-1}=G_2$$

よって，$I^+(E)$ の元 $\tau^{-1}\sigma$ により，G_1 を G_2 に直すことが出来るわけである．

2. 正二面体群 D_{2k} について

D_{2k} の元 s, A の意味は前節通りとする．D_{2k} がアーベル群（＝可換群，すなわち D_{2k} の任意の2元 a, b に対して $ab=ba$ となる）であるための必要十分条件は，s と A とが交換可能：

$$sA=As$$

となることである．一方既述のように

$$sA=A^{-1}s$$

だから，このための条件は，$A^2=I$ である．A の位数が k だから，結局 $sA=As$ なるためには，k が1か2であることが必要十分である．

$k=1$ のときは，$G=\{I, s\}$ となる．

$k=2$ のときは，

$$A=\begin{pmatrix} -1 & 0 \\ 0 & -1 \end{pmatrix}, \quad G_0=\{I, A\}$$

であるから，

$$D_{2k}=\{I, A, s, sA\}$$

となる．すなわち G は次の4個の対角行列よりなる．

$$\begin{pmatrix} 1 & 0 \\ 0 & 1 \end{pmatrix}, \begin{pmatrix} -1 & 0 \\ 0 & -1 \end{pmatrix}, \begin{pmatrix} 1 & 0 \\ 0 & -1 \end{pmatrix}, \begin{pmatrix} -1 & 0 \\ 0 & 1 \end{pmatrix}$$

さて，一般の k の場合に戻って（以下 $k\geqq 3$ とするが，その内容は $k=1, 2$ なら直接直ちに確かめられる），

$$t=sA$$

とおく．

$$t=\begin{pmatrix} 1 & 0 \\ 0 & -1 \end{pmatrix}\begin{pmatrix} \cos\frac{2\pi}{k} & -\sin\frac{2\pi}{k} \\ \sin\frac{2\pi}{k} & \cos\frac{2\pi}{k} \end{pmatrix}$$

$$=\begin{pmatrix} \cos\frac{2\pi}{k} & -\sin\frac{2\pi}{k} \\ -\sin\frac{2\pi}{k} & -\cos\frac{2\pi}{k} \end{pmatrix}$$

である．t が鏡映であることを見よう．実際，

$$\varepsilon(t)=\varepsilon(s)\varepsilon(A)=(-1)(+1)=-1$$

だから，裏返しである．しかも t は原点を不動点にもつから，鏡映である．よって，t は原点を通るある直線 l によって，

$$t=s_l$$

と書ける．l を求めるには，l が鏡映 t の不動点の軌跡であることに注意するとはやい．よって点 (x, y) に対し

$$(x, y)\in l \iff \begin{pmatrix} \cos\frac{2\pi}{k} & -\sin\frac{2\pi}{k} \\ -\sin\frac{2\pi}{k} & -\cos\frac{2\pi}{k} \end{pmatrix}\begin{pmatrix} x \\ y \end{pmatrix}=\begin{pmatrix} x \\ y \end{pmatrix}$$

$$\iff \begin{cases} x=x\cos\frac{2\pi}{k}-y\sin\frac{2\pi}{k} \\ y=-x\sin\frac{2\pi}{k}-y\cos\frac{2\pi}{k} \end{cases}$$

$$\iff y:x=\left(1-\cos\frac{2\pi}{k}\right):-\sin\frac{2\pi}{k}$$

$$=-\sin\frac{2\pi}{k}:\left(1+\cos\frac{2\pi}{k}\right)$$

となる．よって，直線 l の方程式は

$$y=-\frac{1-\cos\frac{2\pi}{k}}{\sin\frac{2\pi}{k}}x$$

さて，

$$\cos\frac{2\pi}{k}=\cos^2\frac{\pi}{k}-\sin^2\frac{\pi}{k}$$

$$=1-2\sin^2\frac{\pi}{k}$$

$$\therefore\quad 1-\cos\frac{2\pi}{k}=2\sin^2\frac{\pi}{k}$$

および

$$\sin\frac{2\pi}{k}=2\sin\frac{\pi}{k}\cos\frac{\pi}{k}$$

を用いると，直線 l の方程式が

$$y=-\frac{\sin\frac{\pi}{k}}{\cos\frac{\pi}{k}}x=-\left(\tan\frac{\pi}{k}\right)x$$

となる．そして $t=sA$ より，

$$A=st$$

となる．よって，G の元は s と t とを用いて次のように表わされる．

$$G_0 \text{ の元 } : I, st, stst, ststst, \cdots, (st)^{k-1}$$
$$sG_0 \text{ の元 } : s, t, tst, tstst, \cdots, t(st)^{k-2}$$

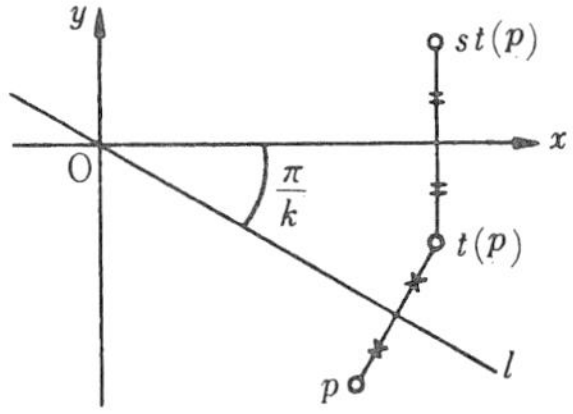

さて，一般に，群 G と，その部分集合 S とに対して，次の性質があるとしよう．

群 G の任意の元 a は，S のいくつかの元 $s_1, s_2, \cdots, s_r$ の巾積の形

$$a=s_1{}^{m_1}\cdots s_r{}^{m_r} \quad (m_1, \cdots, m_r \text{ は整数})$$

に書ける．

このとき，**S は群 G を生成する**，あるいは **S は群 G の生成系**であるという．

この言葉を使えば，

定理 3　正二面体群 D_{2k} は2つの鏡映 s, t によって生成される．

これで，ようやく本書の主題の一つである鏡映群(の例)に到達した．まず

定義　$E=\boldsymbol{R}^n$ の合同変換群 $I(E)$ の部分群 G が**鏡映群**であるとは，G 中に鏡映からなる一つの集合 S が存在して，S が G を生成することをいう．

この用語によれば，S として $\{s, t\}$ をとることにより，定理3から，

系 1　正二面体群 D_{2k} は鏡映群である．

となるわけである．

鏡映群の他の例として，$E=\boldsymbol{R}^n$ に対して，合同変換群 $I(E)$ がそうである．実際 S として，E の鏡映全体の集合をとればよい．何故なら，任意の合同変換がいくつかの鏡映の積(それも高々 $n+1$ 個以下の) として表わされることは既知だからである(第3章)．

運動群 $I^+(E)$ あるいはもっと一般に，$I^+(E)$ の部分群 G は鏡映群ではない．何故なら G 中には鏡映が全然含まれていない ($\because$ $G\ni\sigma \Rightarrow \varepsilon(\sigma)=1$) からである．

3. 平面の有限鏡映群 D_{2k} の幾何学的解釈

いま，$k\geqq 3$ とし，原点を中心として，半径1の円，すなわち単位円に内接する正 k 角形

K を考える．その頂点を $p_1, \cdots, p_k$ とし，p_1 は x 軸の単位点 (1, 0) とする．また $p_1, p_2, \cdots, p_k$ はこの順序で円周上に並んでいるとする．

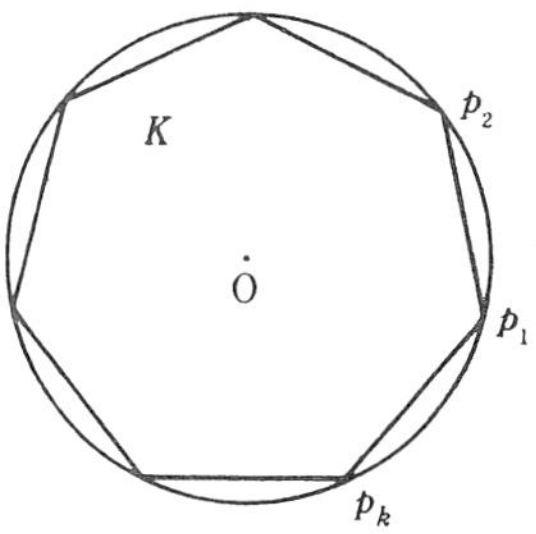

定理 4　D_{2k} は，図形 K を変えないような合同変換の全体と一致する．

（証明）　$\boldsymbol{R}^2$ の合同変換 σ が図形 K を変えないとしよう：

$$\sigma(K)=K$$

すると，K の頂点 p_i は σ により，また K の頂点に行かねばならぬから，

$$\sigma(p_1), \sigma(p_2), \cdots, \sigma(p_k)$$

は，$p_1, \cdots, p_k$ の並べかえ（順列）に他ならない．しかも，円周上での頂点の隣接性は σ によって保たれねばならないから，順列 $\sigma(p_1), \cdots, \sigma(p_k)$ は次の形のいずれかとなる：

(イ)　廻転タイプ：

$$\sigma(p_1)=p_i, \sigma(p_2)=p_{i+1}, \cdots, \sigma(p_{k-i+1})=p_k, \sigma(p_{k-i+2})=p_1, \cdots, \sigma(p_k)=p_{i-1}$$

(ロ)　鏡映タイプ：

$$\sigma(p_1)=p_i, \sigma(p_2)=p_{i-1}, \cdots, \sigma(p_i)=p_1, \sigma(p_{i+1})=p_k, \sigma(p_{i+2})=p_{k-1}, \cdots, \sigma(p_k)=p_{i+1}$$

さて次に進む前に，一つの補題を準備しておく．

補題 1　$\sigma \in I(E)$, $\tau \in I(E)$ が

$$\sigma(p_i)=\tau(p_i) \quad (i=1, \cdots, k)$$

を満たせば，

$$\sigma=\tau$$

である．

（証明）　$\tau^{-1}\sigma=\theta \in I(E)$ とおくと，

$$\theta(p_i)=p_i \quad (i=1, \cdots, k)$$

となっている．これより $\theta=id_E$ がわかる．実際，平面の合同変換の分類からわかるように，$\theta \neq id_E$ なら θ の固定点の集合は 1 点となる（廻転運動の場合）か，1 直線となる（鏡映の場合）か，空集合となる（平行移動および非鏡映裏返しの場合）かである．一方，$p_1, p_2, \cdots, p_k$ は θ の固定点で，しかも一直線上にはない．よって，$\theta=id_E$．

$$\therefore\ \tau^{-1}\sigma=id_E \quad \therefore\ \tau=\sigma$$ （証明終）

この補題を用いると次のことがわかる．まず既述の A と s を想起すれば，

$$\begin{cases} A(p_1)=p_2,\ A(p_2)=p_3,\ \cdots,\ A(p_{k-1})=p_k,\ A(p_k)=p_1 \\ s(p_1)=p_1,\ s(p_2)=p_k,\ s(p_3)=p_{k-1},\cdots,\ s(p_k)=p_2 \end{cases}$$

である．よって，いま，$\sigma\in I(E)$ が(イ)の廻転タイプであれば，

$$A^{i-1}(p_j)=\sigma(p_j) \quad (j=1, 2, \cdots, k)$$

となる．よって補題1により，$\sigma=A^{i-1}$ である．次に $\sigma\in I(E)$ が(ロ)の鏡映タイプであれば，

$$A^{i-1}s=\sigma$$

である．実際，

$$A^{i-1}s(p_1)=A^{i-1}(p_1)=p_i=\sigma(p_1)$$
$$A^{i-1}s(p_2)=A^{i-1}(p_k)=p_{i-1}=\sigma(p_2)$$
$$\cdots\cdots\cdots\cdots\cdots\cdots\cdots\cdots\cdots\cdots\cdots\cdots\cdots\cdots\cdots$$

であるから，補題1により，$A^{i-1}s=\sigma$ となる．よって，いま

$$H=\{\sigma\in I(E)\ ;\ \sigma(K)=K\}$$

とおけば，$H\subset D_{2k}$ がわかった．一方 A, s はいずれも K を変えない（A は角 $\dfrac{2\pi}{k}$ だけの廻転であり，s は x 軸に関する鏡映であるから）．よって，A^i, sA^i も K を変えない．よって，$D_{2k}\subset H$．よって，

$$H=D_{2k}$$

となり，定理4が証明された．

注意　頂点 $p_1, \cdots, p_k$ を簡単に $1, \cdots, k$ で表わせば A, s に対応する頂点の置換は次の通りである．

$$A:\begin{pmatrix} 1 & 2 & 3 & \cdots & k-1 & k \\ 2 & 3 & 4 & \cdots & k & 1 \end{pmatrix}=(1\ 2\ 3\cdots k)$$
$$s:\begin{pmatrix} 1 & 2 & 3 & \cdots & k-1 & k \\ 1 & k & k-1 & \cdots & 3 & 2 \end{pmatrix}=(2, k)(3, k-1)\cdots\cdots$$

4. 不変多項式

さて，$E=\boldsymbol{R}^n$ の場合を考える．$I(E)$ の部分群 G が与えられたとしよう．E 上の関数 $y=f(x_1, \cdots, x_n)$（実数値関数とする）を考えよう．$x=(x_1, \cdots, x_n)$ とおいて，これを

$$y=f(x)$$

と書く．さて，

$$f(\sigma(x))=f(x)$$

が，G のどの元 σ と，E のどの点 x についても成り立つならば，**関数 f は G-不変である**という．特に $f(x)$ が $x_1, \cdots, x_n$ の多項式であるとき，f を **G-不変な多項式**，あるいは，**G に関して f は不変多項式である**という．一般には G を与えても，G-不変多項式を全部決めるのは容易ではない．以下 G が $I(\boldsymbol{R}^2)$ の有限部分群である場合に，G-不変多項式をすべて決定する問題を考えてみる．

5. $G\subset SO(2)$ の場合

$$G=\{I, A, A^2, \cdots, A^{k-1}\},$$

$$A=\begin{pmatrix}\cos\frac{2\pi}{k} & -\sin\frac{2\pi}{k}\\ \sin\frac{2\pi}{k} & \cos\frac{2\pi}{k}\end{pmatrix}$$

となる（k は G の位数）．さて，(x, y) の多項式 $f(x, y)$ が A で不変ならば，$A^2, A^3, \cdots$ でも不変になることは明らかである．よって，関数等式

$$f\left(x\cos\frac{2\pi}{k}-y\sin\frac{2\pi}{k},\ x\sin\frac{2\pi}{k}+y\cos\frac{2\pi}{k}\right)=f(x, y)$$

を，x, y について恒等的に満たすような多項式 f を決定すればよい．

事態を明確にとらえるためには，複素数を使う方がよい．今，ユークリッド平面 $\boldsymbol{R}^2$ を，複素数体 $\boldsymbol{C}$ と同一視する．対応は

$$\boldsymbol{R}^2\ni(x, y)\longmapsto x+iy\in\boldsymbol{C}$$

である．すると，

$$\omega=e^{\frac{2\pi i}{k}}=\cos\frac{2\pi}{k}+i\sin\frac{2\pi}{k}$$

として，合同変換 A は，次のように $\boldsymbol{C}$ の方で実現される：

$$z=x+iy$$

とし，

$$A\begin{pmatrix}x\\ y\end{pmatrix}=\begin{pmatrix}x'\\ y'\end{pmatrix}$$

とおいて，

$$z'=x'+iy'$$

を考えれば，

$$\begin{cases}x'=x\cos\frac{2\pi}{k}-y\sin\frac{2\pi}{k}\\ y'=x\sin\frac{2\pi}{k}+y\cos\frac{2\pi}{k}\end{cases}$$

$$\therefore \quad z'=\omega z$$

すなわち，合同変換 $A:(x,y)\longmapsto(x',y')$ は，$\boldsymbol{C}$ に移れば，対応

$$z\longmapsto z'=\omega z$$

で実現される．さて，z の共役複素数

$$\bar{z}=x-iy$$

を考える．

$$z'\bar{z}'=\omega z\bar{\omega}\bar{z}=\omega\bar{\omega}z\bar{z}$$

であるが，$\omega\bar{\omega}=1$ であるから

$$z'\bar{z}'=z\bar{z}$$

となる．すなわち，z から作った量 $z\bar{z}$ は，変換後に作った量 $z'\bar{z}'$ と一致する．よって，

$$z\bar{z}=x^2+y^2$$

は，

$$x'^2+y'^2=x^2+y^2$$

を満たし，一つの不変多項式となる．また

$$z'^k=\omega^k z^k=z^k \quad (\because \quad \omega^k=1)$$

であるから，

$$z^k=(x+iy)^k=x^k+kx^{k-1}yi+\cdots+i^k y^k$$

の実部 $P(x,y)$ と虚部 $Q(x,y)$ がそれぞれ不変多項式となる．$P(x,y)$, $Q(x,y)$ は，x, y について k 次の同次式である．いま

$$R(x,y)=x^2+y^2$$

とおくと，これで3つの不変多項式

$$P(x,y),\ Q(x,y),\ R(x,y)$$

が得られたわけである．

定理5　$SO(2)$ の位数 k の部分群 G の不変多項式は，上記の P, Q, R の多項式に限る．

（証明）　x, y の実係数の多項式は，z, $\bar{z}$ の複素係数の多項式で，恒に実数値をとるものに他ならない．すなわち，

$$f(z,\bar{z})=\sum \alpha_{pq}z^p\bar{z}^q$$

の形であって，$z^p\bar{z}^q$ の係数 α_{pq} と，$z^q\bar{z}^p$ の係数 α_{qp} が共役複素数となっているもの：

$$\bar{\alpha}_{pq}=\alpha_{qp}$$

である．さて，f の G に関する不変性は，z に関する恒等式

$$f(\omega z,\bar{\omega}\bar{z})=f(z,\bar{z})$$

で表わされるから，f の展開式に代入して

$$\sum \alpha_{pq} z^p \bar{z}^q = \sum \alpha_{pq} (\omega z)^p (\bar{\omega}\bar{z})^q$$

よって，$z^p\bar{z}^q$ の係数を比べて，（$\bar{\omega}^q=\omega^{-q}$ に注意して）

$$\alpha_{pq}=\alpha_{pq}\omega^{p-q}$$

となる．よって，$\omega^{p-q}\neq 1$ ならば

$$\alpha_{pq}=0$$

となる．いいかえると，

$$\begin{aligned}\alpha_{pq}\neq 0 &\Rightarrow \omega^{p-q}=1\\ &\Rightarrow p-q \text{ は } k \text{ で割り切れる}\end{aligned}$$

となる．よって，$\alpha_{pq}\neq 0$，かつ $p\geqq q$ なら，$p-q=k\nu$（ν は $\geqq 0$ なる整数）とおくと，$p=q+k\nu$ だから

$$z^p\bar{z}^q=(z\bar{z})^q z^{k\nu}$$

となる．このとき，$\alpha_{qp}=\bar{\alpha}_{pq}\neq 0$ であって，しかも

$$z^q\bar{z}^p=(z\bar{z})^q \bar{z}^{k\nu}$$

となる．よって，いま，

$$\alpha_{pq}=A_{pq}+iB_{pq} \qquad (A_{pq},\ B_{pq} \text{ は実数})$$

とおけば，

$$(☆) \quad \alpha_{pq}z^p\bar{z}^q+\alpha_{qp}z^q\bar{z}^p$$

$$=(A_{pq}+iB_{pq})(z\bar{z})^q z^{k\nu}+(A_{pq}-iB_{pq})(z\bar{z})^q\bar{z}^{k\nu}$$

$$=(A_{pq}+iB_{pq})R(x,y)^q(P(x,y)+iQ(x,y))^\nu+(A_{pq}-iB_{pq})R(x,y)^q(P(x,y)-iQ(x,y))^\nu$$

となる．これを展開すれば，結局，(☆) は，

$$R(x,y)^q P(x,y)^s Q(x,y)^{\nu-s} \qquad (0\leqq s\leqq \nu)$$

の形の多項式の実係数の一次結合となる（i の係数は丁度打ち消し合って 0 となるから）．さて，$f(z,\bar{z})$ は(☆)型の式の和であるから，結局，$f(z,\bar{z})$ が P, Q, Rの実係数の多項式に表わされることがわかる．　（証明終）

注意　上の証明からわかるように，x，y の複素係数の多項式であって，群 G の不変多項式となっているものは，$z\bar{z}$, z^k, $\bar{z}^k$ の複素係数の多項式に限る．

k の若干の値について，例を述べておこう．

例 1　$k=2$．群 G は，変換

$$\begin{cases} x \longmapsto -x=x' \\ y \longmapsto -y=y' \end{cases}$$

で生成される．問題は，

$$f(-x,\ -y)=f(x,\ y)$$

なる関係式を恒等的に満たすような $x,\ y$ の実係数の多項式を求めることである．この程度ならもちろん直接やってもすぐ出来る．（偶関数を求めることなのだから.）しかし，**定理5**を使えば，いわば特に何も考えずに答が得られる．すなわち，

$$\begin{cases} z^k=(x+iy)^2=(x^2-y^2)+2xyi \\ \bar{z}^k=(x-iy)^2=(x^2-y^2)-2xyi \\ z\bar{z}=x^2+y^2 \end{cases}$$

であるから，

$$P(x,y)=x^2-y^2,\ Q(x,y)=2xy,\ R(x,y)=x^2+y^2$$

よって，これらの多項式だけが不変多項式である．これは，P, Q, R の代りに

$$\frac{P+R}{2}=x^2,\quad \frac{R-P}{2}=y^2,\quad \frac{Q}{2}=xy$$

をとった方が"姿"がよい．すなわち，群 G の不変多項式は，x^2, y^2, xy の多項式に限るのである．

例2　$k=3$．群 G は変換

$$\begin{aligned} x \longmapsto x'&=x\cos\frac{2\pi}{3}-y\sin\frac{2\pi}{3} \\ &=-\frac{1}{2}x-\frac{\sqrt{3}}{2}y \\ y \longmapsto y'&=x\sin\frac{2\pi}{3}+y\cos\frac{2\pi}{3} \\ &=\frac{\sqrt{3}}{2}x-\frac{1}{2}y \end{aligned}$$

によって生成される．問題は

$$f\left(-\frac{x+\sqrt{3}\,y}{2},\ \frac{\sqrt{3}\,x-y}{2}\right)=f(x,\ y)$$

なる関係を恒等的に満たすような x, y の実係数の多項式を求めることである．これは $k=2$ のときとは違って一見して答がわかる程容易な代物ではない．**定理5**の応援を求めて答を出そう．

$$z^3=(x+iy)^3=(x^3-3xy^2)+i(3x^2y-y^3)$$

であるから，

$$P(x,\ y)=x^3-3xy^2,\quad Q(x,\ y)=3x^2y-y^3,\quad R(x,\ y)=x^2+y^2$$

となる．G の不変多項式は P, Q, R の多項式としてすべて与えられる．P, Q, R の間には一つの関係がある．

すなわち，$z^3\bar{z}^3=(z\bar{z})^3$ から

$$(P+iQ)(P-iQ)=R^3$$
$$\therefore\quad P^2+Q^2=R^3$$

例 3　$k=4$．群 G は変換

$$x \longmapsto x'=x\cos\frac{2\pi}{4}-y\sin\frac{2\pi}{4}=-y$$

$$y \longmapsto y'=x\sin\frac{2\pi}{4}+y\cos\frac{2\pi}{4}=x$$

によって生成されるから，問題は

$$f(-y,\ x)=f(x,\ y)$$

を満たす多項式の決定である．

$$z^4=(x+iy)^4=(x^4-6x^2y^2+y^4)+i(4x^3y-4xy^3)$$
$$\therefore\quad P=x^4-6x^2y^2+y^4,\ Q=4xy(x^2-y^2),\qquad R=x^2+y^2$$

よって，$P,\ Q,\ R$ の多項式のみが不変式である．その間には，$z^4\bar{z}^4=(z\bar{z})^4$ より

$$P^2+Q^2=R^4$$

が成り立っている．

$O(2)$ の有限部分群 G（ただし $SO(2)$ に含まれぬものとする）の不変多項式については次章に述べよう．

第8章　正二面体群と不変多項式・空間の有限巡回運動群

1. $O(2)$ の有限部分群（正二面体群）の不変多項式

$E=\boldsymbol{R}^2$ の合同変換群 $I(E)$ の有限部分群をすべて決めることは既に述べた（第7章）．そのうちで，運動群 $I^+(E)$ の部分群になっているものに対しては，前章末に不変多項式を求めてしまったから，今は，運動群の部分群とはなっていない有限部分群 G の場合に，不変多項式を求めよう．

前章に述べたように，$G\not\subset I^+(E)$ から，G の位数は偶数となる．これを $2k$ とすれば，G を適当な共役部分群でおきかえることにより，G は原点を固定し，従って2次の直交行列のなす群 $O(2)$ の部分群と見做せるのであった．しかも，更に適当な共役部分群に移行することにより，G は次の行列よりなる群 D_{2k}（位数 $2k$ の正二面体群）であるとしてよいのであった：

$$I,\ A,\ A^2,\ \cdots,\ A^{k-1}$$
$$s,\ sA,\ sA^2,\ \cdots,\ sA^{k-1}$$

ただしここで

$$A=\begin{pmatrix}\cos\dfrac{2\pi}{k} & -\sin\dfrac{2\pi}{k}\\ \sin\dfrac{2\pi}{k} & \cos\dfrac{2\pi}{k}\end{pmatrix}$$

$$s=\begin{pmatrix}1 & 0\\ 0 & -1\end{pmatrix}$$

である．よって，群 $G=D_{2k}$ の不変多項式を求めるのは，結局，変換 A と s とで不変な多項式 $f(x,y)$ を求めればよい．

今度も複素数を使う方がわかり易い．$\boldsymbol{R}^2$ の点 (x,y) の代りに，複素平面 $\boldsymbol{C}$ の点（すなわち複素数）

$$z=x+iy$$

を考えると，前回述べたように，合同変換(回転)

$$A:(x,y)\longmapsto(x',y')$$

は，複素数での対応

$$z=x+iy\longmapsto z'=x'+iy'=\omega z$$
$$(\omega=e^{\frac{2\pi i}{k}})$$

で実現される．また鏡映

$$s:(x,y)\longmapsto(x'',y'')$$

は，

$$\begin{pmatrix}x''\\y''\end{pmatrix}=\begin{pmatrix}1&0\\0&-1\end{pmatrix}\begin{pmatrix}x\\y\end{pmatrix}=\begin{pmatrix}x\\-y\end{pmatrix}$$

で，すなわち，

$$s:(x,y)\longmapsto(x,-y)$$

であるから，複素数での対応

$$z=x+iy\longmapsto z''=x''+iy''=x-iy=\bar{z}$$

で実現される．

よって，$z,\bar{z}$ の複素係数の多項式で，z のどんな値に対してもいつも実数値をもつような $f(z,\bar{z})$ であって，しかも，z について恒等的に

(*)　　$f(\omega z,\bar{\omega}\bar{z})=f(z,\bar{z})$

(**)　　$f(\bar{z},z)=f(z,\bar{z})$

を満たすものを求めることになる．さて，(*) の解は前回求めたように，

$$\sum(\alpha z^{k\nu}+\bar{\alpha}\bar{z}^{k\nu})(z\bar{z})^q\quad(\alpha\in\boldsymbol{C},\ q,\nu=0,1,2,\cdots)$$

の形の多項式であった．このうちで，(**) を満たすもの，すなわち，$z,\bar{z}$ に関して対称なるものを探せばよい．そのための条件は(容易にわかるから証明は読者に残すが)，和の各々の成分において，

$$\alpha=\bar{\alpha}$$

が成り立つこと，すなわち，α が実数となることである．よって，不変多項式 $f(z,\bar{z})$ は

$$\begin{cases}f(z,\bar{z})=\sum\alpha_{\nu,k}(z^{k\nu}+\bar{z}^{k\nu})(z\bar{z})^q\\(\alpha_{\nu,k}\ は皆実数)\end{cases}$$

に限る．これは，いいかえると，

$$z^k=P(x, y)+iQ(x, y)$$
$$z\bar{z}=x^2+y^2=R(x, y)$$

とおくと，$f(z, \bar{z})$ が

$$\{(P+iQ)^\nu+(P-iQ)^\nu\}R^q$$

の形の多項式のいくつかの実係数一次結合として表わされるということである．これは，展開すれば虚数部分が消えるから，結局，Qの偶数乗だけが残り

$$P^\lambda Q^{2\mu}R^q \quad (\lambda, \mu, q=0, 1, 2, \cdots)$$

の形の多項式のいくつかの実係数の一次結合になる．さて，

$$R^k=z^k\bar{z}^k=(P+iQ)(P-iQ)=P^2+Q^2$$

だから，$Q^2=R^k-P^2$ となり，Q^2 は R と P との多項式になっている．従って，不変式 $f(z, \bar{z})$ は結局 R と P との多項式（実係数）である．ここで

$$R(x, y)=z\bar{z}$$

および

$$P(x, y)=\frac{1}{2}(z^k+\bar{z}^k)$$

が (*)，(**) を満たすから，確かに R も P も G の不変多項式となっている．以上をまとめると次の定理となる．

定理 1　$E=\boldsymbol{R}^2$ の合同変換群 $I(E)$ の位数 $2k$ の有限部分群 G が運動群 $I^+(E)$ に含まれないとする．G を共役部分群でおきかえて，

$$G=\{I, A, A^2, \cdots, A^{k-1}, s, sA, \cdots, sA^{k-1}\}$$

とすれば（A, s は上述通り），群 G の不変多項式は，$R(x, y)=x^2+y^2$ と，$P(x, y)=\frac{1}{2}(z^k+\bar{z}^k)$ $(z=x+iy)$ との実係数多項式に限る．

例 1　$k=2$．$R(x, y)=x^2+y^2$ はもちろんであるが，$P(x, y)=\frac{1}{2}(z^2+\bar{z}^2)=x^2-y^2$．よって，不変多項式は，$x^2+y^2$ と x^2-y^2 の多項式になる．すなわち x^2 と y^2 の多項式になるといってもよい．

例 2　$k=3$．$R(x, y)=x^2+y^2$, $P(x, y)=\frac{1}{2}(z^3+\bar{z}^3)=x^3-3xy^2$

付記 1　行列群 $SO(2)$ 或は $O(2)$ の有限部分群 Gの不変多項式の全体は，代数学でいう所の“**環**”(ring)をなす．すなわち，変数 x, y に関する実係数多項式の全体のなす集合

$\mathfrak{R}$（$=\boldsymbol{R}[x, y]$　と書くのが慣例である）

は，その中で，和,差,積 という3つの演算が"自由に"実行出来るわけであるが，Gの不変式の全体からなる$\mathfrak{R}$の部分集合を$\mathfrak{R}^G$と書くと，$\mathfrak{R}^G$に属する多項式を任意に2つもってきて(それをf, gとする)，和,差,積 を作っても，やはり$\mathfrak{R}^G$中にある：

$$f \in \mathfrak{R}^G,\ g \in \mathfrak{R}^G \Rightarrow f+g, f-g, fg \in \mathfrak{R}^G$$

このことを，$\mathfrak{R}^G$が"環$\mathfrak{R}$の部分環をなす"と表現するのが代数学の常識となっている．さて，前章の定理5や今回の定理1は，$\mathfrak{R}^G$を決めよという問題に対して，$\mathfrak{R}^G$の中に次のような元P, Q, R(前章の定理5の場合)やP, R(今回の定理1の場合)を見出すことによって，答としたのであった．すなわち，それらの実係数の多項式として，$\mathfrak{R}^G$の元がすべて得られる —— というのである．一般に，$\mathfrak{R}^G$の元

$$P_1, P_2, \cdots, P_r$$

がそのような性質をもつとき，これを$\mathfrak{R}^G$の($\boldsymbol{R}$上の)**生成系**或いは**基本不変式**という．生成系$(P_1, \cdots, P_r)$の中で，個数rの値を最小ならしめるとき，これを，いま仮に"**最小生成系**"と呼ぶことにしよう．そしてその時の個数rを$\mathfrak{R}^G$の"**最小生成数**"と呼ぶことにし，$r=r(G)$と書くことにしよう．すると前章の定理5から，$G \subset SO(2)$なら，$\mathfrak{R}^G$はP, Q, Rという3個の元で生成されたのだから，$r(G) \leqq 3$である．実はこのとき

$$r(G)=3$$

が成り立つ．以下その証明をしよう．

かりに，$\mathfrak{R}^G$が2個の多項式f, gからなる生成系をもったとし，f, gの次数をそれぞれ$p, q\ (p \geqq q > 0)$とする．

$$R=x^2+y^2=\sum c_{ij} f^i g^j$$

だから，次数を考えると，

$$pi+qj>2$$

なる対(i, j)についての和の部分$\sum' c_{ij} f^i g^j$は0になるから，

$$pi+qj \leqq 2$$

なる(i, j)についてのみ和をとればよい．$i \geqq 0,\ j \geqq 0$だが，$i=j=0$のときは$c_{ij} f^i g^j$は定数になってしまうから，$i+j>0$のときを考えればよい．さて$p \geqq q > 0$だから，$i \leqq 2$, $j \leqq 2$である．よって，和$\sum c_{ij} f^i g^j$に真に登場するのは，次の項である．

$i=j=1$　のとき，$p=q=1$,

$i=1,\ j=0$　のとき，$1 \leqq p \leqq 2$,

$i=0,\ j=1$　のとき，$1 \leqq q \leqq 2$.

いずれにせよ，生成系 $f,\ g$ の次数は高々 $\leqq 2$ であるが，前回の考察により，$F(z,\bar{z})$ が不変多項式ならば，それは定数か，または次数が $k\nu+2q\,(\nu,\ q=0,1,2,\cdots;\ かつ\ \nu+q>0)$ である必要があった．従って $x,\ y$ に関する次数についても同様である．よって1次の不変式はない．また2次の不変式は

$$\alpha+\beta z\bar{z}=\alpha+\beta(x^2+y^2)\quad(\alpha,\ \beta\ は実数)$$

の形のものしかないことも，その時わかっていた．よって f,g はこの形になるから，f,g が生成する部分環は結局，$R=x^2+y^2$ の実係数の多項式となってしまう．従って，P も Q も R の多項式（実係数の）となるはずである．すると $P+iQ=z^k$ は，$R=z\bar{z}$ の複素係数の多項式となる：

$$z^k=c_0+c_1z\bar{z}+\cdots+c_l(z\bar{z})^l$$
$$(c_0,\ c_1,\ \cdots,\ c_l\ は複素数)$$

しかし，これは z に関する恒等式だから，両辺の $(z\bar{z})^j$ の係数を比べて，$c_0=c_1=\cdots=c_l=0$ となる．従って，$z^k=0$ が恒等的に成り立ち，矛盾を生ずる．これで $SO(2)$ の有限部分群 G に対して，　Gの位数$\geqq 3$なら

$$r(G)=3$$

が証明された．Gの位数が2つのときも，同様の論法で $r(G)=3$ が示せるが，これは読者に残そう．

全く同様にして，$O(2)$ の有限部分群 G（ただし $G\not\subset SO(2)$）に対しては

$$r(G)=2$$

となることが証明できる．その方法は全く同様であるから読者の演習問題としておく．

付記2　実は $E=\boldsymbol{R}^n$ においても，合同変換群 $I(E)$ の有限部分群 G について，もし G 中にいくつかの鏡映 $s_1,\ \cdots,\ s_n$ が存在して，G の各元がこれらの s_i 達の積に書けるならば（このような G を **“有限鏡映群”** (finite reflection group) という），G の不変多項式のなす環は，n 個の多項式で生成され，しかも実は，$r(G)=n$ が成り立つ (C. Chevalley の定理の一部である)．上記の付記1の後半は，これの $n=2$ の場合である．Chevalley の定理の逆も実は成り立つのであるが，本稿の程度よりは大分高級なので証明は割愛せざるを得ない．

2. $\boldsymbol{I}(\boldsymbol{R}^3)$ の有限部分群の決定問題

第6,7,8章にわたって，ユークリッド平面 $\boldsymbol{R}^2$ の合同変換群の有限部分群を決定する問題，

およびその各々に対して不変多項式を決定する問題について，かなり詳しくその解法を述べ，その答を述べた．これと同じ問題が一般に n 次元ユークリッド空間 $E=\boldsymbol{R}^n$ についても考えられるが，一般の n についてはその答は今の所では誰にも知られていない．n の小さい値だけが解決済であるが，それでも n が少し大きくなると，例えば $n=5$ 位でも，大分難しくなり，本稿の程度を越える．一般の n については，先程述べた有限鏡映群の場合だけについては，その分類や不変多項式の決定が解決されている．

以下本書の主題である n が 3 の場合のユークリッド空間 $E=\boldsymbol{R}^3$ の合同変換群 $I(\boldsymbol{R}^3)$ の有限部分群の分類問題の解説に入ることにしよう．$n=2$ のときは，これらは比較的容易に解決できたのであるが，その**原動力**は次の 2 点にあることを，注意深い読者は見抜かれたことと思う．

(i) $\boldsymbol{R}^2$ の合同変換の分類問題が，容易に解けること

(ii) $\boldsymbol{R}^2$ を複素平面 $\boldsymbol{C}$ と見做すことによって，複素数の使用が可能となり，合同変換が見易い形に書け，計算が著しく見通しよくなること

しかし，$n=3$ だと，こうは行かない．大体答の方が $n=2$ の時のように，単純な形にならないのである．複素数体 $\boldsymbol{C}$ の代りに，Hamilton の四元数体 $\boldsymbol{H}$ を使うことは出来るが，四元数では，乗法の交換律 $ab=ba$ が一般には成立しないので，複素数のようには都合よく行かないのである．

次元が 2 から 3 にたった一つ上るだけで，分類の方は大分複雑化する．以下その様子の解説に入ろう．

3. $SO(3)$ の有限部分群(その一)

今 G を $E=\boldsymbol{R}^3$ の合同変換群 $I(E)$ の有限部分群とする．G には共通の固定点 p が少なくも一つ存在する．$\boldsymbol{R}^2$ のときと同様に，G を共役な部分群でおきかえれば，p が原点 0 であるとしてよい．すると G の元は 3 次直交行列で表わされる．よって，G は 3 次直交行列の全体のなす群 $O(3)$ の有限部分群としてよい．更にもし G が $E=\boldsymbol{R}^3$ の運動群 $I^+(E)$ の部分群ならば，G の元の行列式は 1 に等しい．よっていま，$O(3)$ の元で行列式が 1 に等しいもの全体のなす集合を $SO(3)$ と書けば，$SO(3)$ は $O(3)$ の部分群であるが，$G\subset I^+(E)$ から，

$$G\subset SO(3)$$

が出る．まずこのような場合を考察しよう．

補題1　行列 A が $SO(3)$ に入るならば,

$$Ax=x, \quad x\neq 0$$

なる縦ベクトル $x\in \boldsymbol{R}^3$ が存在する.

（証明）　1が A の固有値であることさえいえば，そのようなベクトル $\boldsymbol{x}$ の存在はよく知られている．いま A の固有多項式を

$$f(t)=\det(tI-A)$$

とおく．$f(1)=0$ を示せばよい．まず，A の固有値 ω(複素数であり得る)は必ず絶対値が1に等しいことを示そう．実際，ω に対応する固有ベクトル（成分は一般に複素数）を z とすれば，

$$Az=\omega z \qquad \therefore \quad A\bar{z}=\bar{\omega}\bar{z}$$

$$\therefore \quad (Az|\bar{z})=(z|{}^tA\bar{z}) \quad ({}^tA=A \text{ の転置行列})$$

$$(*) \quad \therefore \quad (Az|\bar{z})=(z|A^{-1}\bar{z}) \quad (\because \ A=\text{直交行列})$$

さて,

$$A\bar{z}=\bar{\omega}\bar{z} \text{ より } A^{-1}(A\bar{z})=A^{-1}(\bar{\omega}\bar{z}) \quad \therefore \ \bar{z}=\bar{\omega}(A^{-1}\bar{z})$$

$$\therefore \quad A^{-1}\bar{z}=\bar{\omega}^{-1}\bar{z}$$

これを(*)に代入して,

$$(Az|\bar{z})=(z|\bar{\omega}^{-1}\bar{z})=\bar{\omega}^{-1}(z|\bar{z})$$

一方，$Az=\omega z$ だから

$$\therefore \quad (\omega z|\bar{z})=\bar{\omega}^{-1}(z|\bar{z}) \qquad \therefore \quad \omega(z|\bar{z})=\bar{\omega}^{-1}(z|\bar{z})$$

さて，$z\neq 0$ より $(z|\bar{z})=|z_1|^2+|z_2|^2+|z_3|^2>0$

$$\therefore \quad \omega=\bar{\omega}^{-1}$$

$$\therefore \quad \omega\bar{\omega}=1 \qquad \therefore \quad |\omega|^2=1 \qquad \therefore \quad |\omega|=1$$

よって，A の固有値の絶対値がすべて $=1$ なることがわかった．さて，固有値 ω が実数でないなら，$\bar{\omega}$ も

$$f(t)=0$$

の根である（$f(t)$ は実係数の多項式で $f(\omega)=0$ だから)．さて，A の固有値を

$$\omega_1, \ \omega_2, \ \omega_3$$

としよう．その中の少なくも一つ，例えば ω_1 が実数でないとすると，$\bar{\omega}_1\neq\omega_1$ で，かつ $\bar{\omega}_1$ も A の固有値である(上記！)．よって $\omega_2=\bar{\omega}_1$ とおく．すると

$$\omega_1\omega_2=\omega_1\bar{\omega}_1=|\omega_1|^2=1$$

である．さて，$1=\det(A)=\omega_1\omega_2\omega_3=|\omega_1|^2\omega_3=\omega_3$ であるから，$\omega_3=1$ となる．

次に，$\omega_1, \omega_2, \omega_3$ がすべて実数としよう．$|\omega_i|=1\ (i=1, 2, 3)$ だった(上記)から，ω_i はいずれも ±1 である．所が $1=\omega_1\omega_2\omega_3$ だから，$\omega_i=-1$ なる ω_i の個数は 0 か 2 である．よって少なくとも一つの ω_j は $=1$ とならねばならない．　(証明終)

注意　上の証明と全く同様にして次の一般化された補題も成り立つ．

補題2　次数 n が奇数である直交行列 A の行列式が 1 ならば，A は 1 を固有値にもつ．

(証明は補題1を参考にして読者で工夫して頂きたい．次数 n が偶数なら，補題2は偽である．例えば

$$A=\begin{pmatrix} -1 & 0 & 0 & 0 \\ 0 & -1 & 0 & 0 \\ 0 & 0 & \frac{1}{2} & \frac{\sqrt{3}}{2} \\ 0 & 0 & -\frac{\sqrt{3}}{2} & \frac{1}{2} \end{pmatrix}$$

は4次直交行列だが，その固有値は

$$-1,\ -1,\ \frac{1}{2}+\frac{\sqrt{3}}{2}i,\ \frac{1}{2}-\frac{\sqrt{3}}{2}i$$

となり，1は固有値でない．もっと簡単な例として

$$A=\begin{pmatrix} -1 & 0 \\ 0 & -1 \end{pmatrix}$$

でもよい．)

さて，原点 O を固定する運動 φ の場合に戻ろう．$\varphi(x_0)=x_0,\ x_0\neq0$ なるベクトル x_0 の存在(補題1)がわかったから，そのような x_0 をとり，

$$c=\frac{1}{\|x_0\|}x_0$$

とおくと，$\|c\|=1$，かつ $\varphi(c)=c$ となる．c を法線ベクトルとし，原点 O を通る超平面を H とする．従って，H の方程式は

$$H:\ (x|c)=0$$

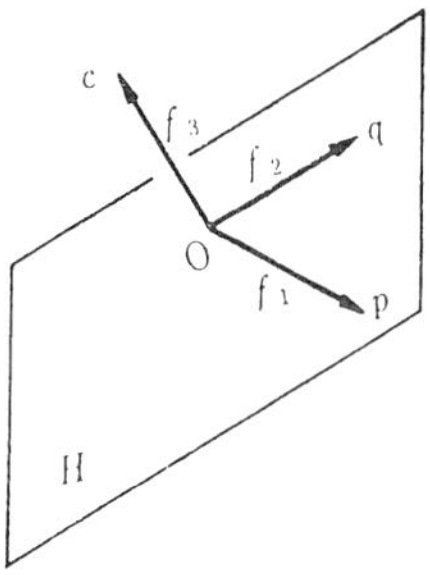

で与えられる．3次元空間 $E=\boldsymbol{R}^3$ の超平面だから，Hは2次元である．すなわち普通の平面である．H は2次元のユークリッド空間（2次元でも空間とはこれいかに？ —— 空集合でも集合というが如し）である．いま，H 上に点 p, q をとり

$$\overline{op}=\overline{oq}=1, \quad op\perp oq$$

ならしめる．$p=f_1$, $q=f_2$, $c=f_3$, $0=f_0$ とおくと$E=\boldsymbol{R}^3$ の座標系（f_0, f_1, f_2, f_3）が生ずる．

さて，平面 H は線型合同変換 φ によって（その個々の点は動くことはあっても）全体としては不変である．何故なら，$y\in H$ ならば $(y|c)=0$

$$(\varphi(y)|c)=(y|\varphi^{-1}(c))=(y|c)=0$$
$$\therefore\quad \varphi(y)\in H$$

よって，$\varphi(H)\subset H$．同様に，$\varphi^{-1}(H)\subset H$ もわかる($\varphi(c)=\varphi^{-1}(c)=c$ だから)．よって，$H\subset\varphi(H)$

$$\therefore\quad \varphi(H)=H$$

すなわち，H は φ-不変である．従って，$\varphi(f_1)$, $\varphi(f_2)$は H 中にある．よって，$\varphi(f_1)$, $\varphi(f_2)$ は f_1, f_2 の1次結合である（一般に，H 中にある点 z を

$$z=\alpha f_1+\beta f_2+\gamma f_3$$

と書くと，$(f_i|f_j)=\delta_{ij}$ により，

$$\alpha=(z|f_1), \quad \beta=(z|f_2), \quad \gamma=(z|f_3)$$

であるから，$(z|c)=(z|f_3)=0$ なら $\gamma=0$，よって

$$z=\alpha f_1+\beta f_2$$

となる)．これを

$$\begin{cases}\varphi(f_1)=af_1+bf_2\\ \varphi(f_2)=cf_1+df_2\end{cases}$$

とおく．(a, b, c, d は実数)．すると座標系

$$\Sigma=(f_0, f_1, f_2, f_3)$$

に関する運動 φ の行列は，

$$\tilde{A}_{\varphi,\Sigma}=\begin{pmatrix}a & c & 0 & 0\\ b & d & 0 & 0\\ 0 & 0 & 1 & 0\\ 0 & 0 & 0 & 1\end{pmatrix}$$

となる．φ が運動だから，$\det(\tilde{A}_{\varphi,\Sigma})=1$ である．よって，$ad-bc=1$ である．従って，

$$\begin{pmatrix} a & c \\ b & d \end{pmatrix}$$

は2次の直交行列で，符号が $=1$ である．よって，第5章で述べたことにより，実数 θ を適当にとれば，

$$\begin{pmatrix} a & c \\ b & d \end{pmatrix}=\begin{pmatrix} \cos\theta & \sin\theta \\ -\sin\theta & \cos\theta \end{pmatrix}$$

となる．従って，φ は平面 H 上に，0 を中心とする回転をひきおこす．このことを，$\boldsymbol{R}^3$ に戻って，**"運動 $\boldsymbol{\varphi}$ は，軸 $\boldsymbol{f_0f_3}$ のまわりの回転である"** という言葉で言い表わすことにする．軸 f_0f_3 上の点はすべて φ の不動点である．もし，$\varphi \neq id_E$ なら，上の θ は 2π の整数倍ではないから，φ の不動点は，軸 f_0f_3 上の点に限る．

よって，いま，$f_0=0$ を中心とし，半径が1である球面(いわゆる**単位球面**)を S^2 とおく

$$S^2=\{(x, y, z)\in\boldsymbol{R}^3\ ;\ x^2+y^2+z^2=1\}$$

すると，φ は合同変換で 0 を変えないから，$\varphi(S^2)\subset S^2$ 同様に，$\varphi^{-1}(S^2)\subset S^2$　$\therefore\ \varphi(S^2)\supset S^2$　$\therefore\ \varphi(S^2)=S^2$ となる．そして，$\varphi\neq id_E$ ならば，S^2 上の φ の不動点は，φ の回転軸たる直線 f_0f_3 と S^2 との交点，すなわち，

$$f_3,\quad -f_3$$

のちょうど2個である．これにより，次の補題が証明された．

補題3　$A\in SO(3)$，$A\neq I$ ならば，A は単位球面 S^2 上にちょうど二つの不動点をもつ．その不動点の一つを c とすれば，他は $-c$ となる．すなわち，二つの不動点は，球面 S^2 上で球の直径の両端となっている．.

さて，$SO(3)$ の有限部分群 G が与えられたとしよう．もし S^2 上に G が共通不動点 c をもてば，G の元は皆軸 $0c$ のまわりの回転となる．そして，0 を通り軸 $0c$ に垂直な平面 H 上に G は回転群をひきおこす．

従って，G は実は，平面の回転群を，空間の群と見做したものに過ぎない．このようなものはすべて分類されていたのであった．特に，G の位数を k とすれば，G は位数 k の巡回群となる．すなわち，G はある一つの元 A により生成される：

$$G=\{I, A, A^2, \cdots, A^{k-1}\}$$

逆に，$SO(3)$ の有限部分群 G が巡回群であったとしよう．そして A を G の一つの生成元とする．A の S 上の固定点 c は，$A^j(c)=c$ により，群 G の共通不動点である．これで次の補題が証明された

補題 4　$SO(3)$ の有限部分群 G が巡回群となるためには，G が単位球面 S^2 上に共通不動点をもつことが必要十分である．

さて，このような共通不動点をもつような二つの有限部分群 G, G' を $SO(3)$ の中に与えたとき，G, G' が $I(E)$ において共役となるための必要かつ十分な条件を求めよう．

補題 5　$SO(3)$ の有限部分群 G, G' が共に単位球面 S^2 上に共通不動点をそれぞれもつとする．このとき，G と G' とが合同変換群 $I(E)$ において共役となるための必要十分条件は，G と G' との位数が等しいことである．

（証明）G と G' とが共役ならば，同じ位数をもつことは明らかである．逆に G, G' とが同じ位数 k をもつとする．G の S^2 の共通不動点の一つを c, G' の S^2 上の共通不動点の一つを c' とする．$\|c\|=1=\|c'\|$ だから，合同変換 $\phi\in I(E)$ が存在して，$\phi(0)=0$, $\phi(c)=c'$ となる．すると，$\phi SO(3)\phi^{-1}=SO(3)$．さて，$\phi G\phi^{-1}=G^*$ とおくと，G^* も $SO(3)$ の有限部分群で，G^* の元 σ は，$\phi\varphi\phi^{-1}(\varphi\in G)$ の形に書けるから，

$$\sigma(c')=\phi\varphi\phi^{-1}(c')=\phi\varphi(c)=\phi(c)=c'$$

よって，c' は G^* の共通不動点である．さて，G^* と G とは共役だから，G^* と G' とが共役であることをいえばよい．よって，はじめから，共通不動点が一致しているとしてよい．そこで，常用の座標系において，z 軸を回転軸とする二つの回転群 G, G' において，その位数 k が共通であるならば，$G=G'$ であることを示せば，証明が完結する．さて，G の元は，常用座標系では行列

$$\begin{pmatrix} \cos\dfrac{2\pi}{k}j & -\sin\dfrac{2\pi}{k}j & 0 & 0 \\ \sin\dfrac{2\pi}{k}j & \cos\dfrac{2\pi}{k}j & 0 & 0 \\ 0 & 0 & 1 & 0 \\ 0 & 0 & 0 & 1 \end{pmatrix}$$

$(j=0, 1, \cdots, k-1)$ で表わされる（$I^+(\boldsymbol{R}^2)$ の位数 k の部分群の決定（第5章）で述べた）．同様に，G' の元も同じ行列で表わされる．よって，$G=G'$　（証明終）

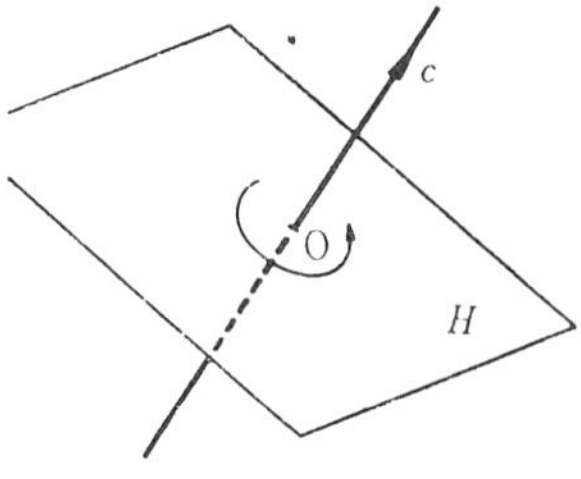

これらの補題4, 5により，$SO(3)$ の有限部分群のうち，巡回群をなすものの分類は完了した．すなわち，単位球面上に共通不動点をもつ有限部分群の分類は完了した．それは，結局，平面の運動群の有限部分群の決定に帰着し，既にわかっている低次元の場合から，自然に分類されてしまう —— というわけである．

第9章　軸点集合の G－軌道への分解（置換群的な見方）

1. $SO(3)$ の有限部分群(その二)

G を $SO(3)$ の有限部分群とする．単位球面 S^2 上に G の共通不動点がある場合の G の分類は前回に完了したから，以下，

（☆）　**G は S^2 上に共通不動点を持たない**

という仮定をおいて，G の分類にとりかかる．

単位球面 S^2 の部分集合 M を次のように定義する：

$$M=\{x\in S^2\ ;\ \text{ある}\ \sigma\in G-\{1\}\ \text{に対し}\ \sigma(x)=x\}$$

M の点は G に属するある回転運動 $\sigma(\neq 1)$ の軸が単位球面 S^2 と交わる交点に他ならないから，以下 M を G の**軸点集合**と呼ぶことにする．

さて，前回の補題3により，$G-\{1\}$ の各元 σ は丁度2個の不動点を S^2 上にもつ．その2点のなす集合を

$$M_\sigma=\{c_\sigma,\ -c_\sigma\}$$

とすると，

$$M=\bigcup_{\sigma\in G-\{1\}} M_\sigma$$

となる．よって，G の位数を k とすれば，軸点集合 M の元の個数 $|M|$ は，

$$|M|\leqq \sum_{\sigma\in G-\{1\}}|M_\sigma|\leqq 2(k-1)<\infty$$

を満たすから，M は有限集合である．しかも，M は G-不変な集合である．すなわち G の各元 σ に対して，$\sigma(M)=M$ が成り立つ．実際，$x\in M$ ならばある $\tau\in G-\{1\}$ が存在して，

$$\tau(x)=x$$

$$\therefore\quad (\sigma\tau\sigma^{-1})\sigma(x)=\sigma\tau(x)=\sigma(x)$$

よって，$\sigma(x)=y$ とおき，また $\theta=\sigma\tau\sigma^{-1}$ とおくと，

$$\theta(y)=y$$

である．しかも $\theta\neq 1$ である．実際もし $\theta=1$ ならば，$\sigma\tau\sigma^{-1}=\theta=1$ より，$\tau=\sigma^{-1}\sigma=1$ で，$\tau\neq 1$ に反する．よって，$y\in M$　∴ $\sigma(x)\in M$　∴ $\sigma(M)\subset M$.

さて，σ は単射で，M は有限集合であるから，$\sigma(M)\subset M$ から，実は，$\sigma(M)=M$ が出る．これで，M が G-不変な集合であることがわかった．

これで，有限群 G が，有限集合 M に（左から）作用する状態が出現した．

一般に，群 G と集合 M とが与えられたとする．直積集合 $G\times M$ から M 中への写像 Φ : $G\times M\to M$ が与えられていて，次の性質をもつとき，**群 G が集合 M に左から作用する**という．$\Phi(g,m)=gm$ と書く（$g\in G$, $m\in M$）とき：

(i)　各 $g_1\in G$, $g_2\in G$ と，各 $p\in M$ に対して

$$g_1(g_2p)=(g_1g_2)p \qquad \text{（結合律）}$$

(ii)　G の単位元 1 と，各 $p\in M$ に対して

$$1\cdot p=p \qquad \text{（恒等律）}$$

今の場合 Φ として，$\sigma\in G$, $x\in M$ に対して，$\Phi(\sigma,x)=\sigma(x)$ をとれば，(i), (ii) の成立が容易に確かめられるから，有限群 G が有限集合 M に左から作用するわけである．

2. G-同値類の個数

補題 1　有限群 G が有限集合 M に左から作用しているとし，M 中に同値関係 $x\sim y$ を

$x\sim y \iff$ ある $\sigma\in G$ が存在して，$\sigma\cdot x=y$

で定義し，これにより M を同値類（G-同値類，または **G-軌道**（G-orbit）という）に分割したものを

$$M=M_1\cup\cdots\cup M_r$$

とする．すると，G-軌道の個数 r は次の公式により与えられる．

$$r=\frac{1}{|G|}\sum_{\sigma\in G}f(\sigma)$$

ここで，$|G|$ は群 G の位数，また各 $\sigma\in G$ に対して σ が集合 M 中にもつ不動点の個数を $f(\sigma)$ とおく．かくして結論を短くいえば

[G-軌道の個数]＝[不動点の個数の G 上の平均値]

（証明）　まず $x \sim y$ が同値関係であることを確かめておこう．前節の条件(i), (ii)から，$\sigma x = y$ ならば，$\sigma^{-1}y = \sigma^{-1}(\sigma x) = (\sigma^{-1}\sigma)x = x$ であることに注意すれば，直ちに

（イ）　$x \sim x$　（$\because$　$1 \cdot x = x$）

（ロ）　$x \sim y \Rightarrow y \sim x$　（$\because$　$\sigma x = y \Rightarrow \sigma^{-1}y = x$）

（ハ）　$x \sim y,\ y \sim z \Rightarrow x \sim z$

　　　（$\because$　$\sigma x = y,\ \tau y = z \Rightarrow (\tau\sigma)x = z$）

を得る．よって，$\sim$ は同値関係である．点 $x \in M$ を含む同値類は，$G(x) = \{\sigma x : \sigma \in G\}$ で与えられることに注意しておく．従って，各 M_i はこの形を持つから，G の各元 σ と M_i の各元 x に対して，$\sigma x \in M_i$ となる．よって，乗法 $G \times M_i \to M_i$ を，$(\sigma, x) \longmapsto \sigma x$ により定義すれば G は M_i に左から作用する．そして，

$$M = M_1 \cup \cdots \cup M_r$$

において，どの二つの M_i, M_j も共有点を持たないから，$\sigma \in G$ が M_i 中にもつ不動点の個数を $f_i(\sigma)$ とおくと，

$$f(\sigma) = f_1(\sigma) + \cdots + f_r(\sigma)$$

が成り立つ．よって，

$$\frac{1}{|G|}\sum_{\sigma \in G} f(\sigma) = \frac{1}{|G|}\sum_{\sigma \in G} f_1(\sigma) + \cdots + \frac{1}{|G|}\sum_{\sigma \in G} f_r(\sigma)$$

が成り立つ．よって，左辺が r に等しいことをいうには，

$$\frac{1}{|G|}\sum_{\sigma \in G} f_i(\sigma) = 1 \qquad (i = 1, \cdots, r)$$

をいえば十分である．i が1から r まで変っても同様な証明でよいから，$i = 1$ として，これを証明しよう．いま積集合 $G \times M_1$ の部分集合 Γ を，

$$\Gamma = \{(\sigma, x) \in G \times M_1 \ ;\ \sigma x = x\}$$

で定義する．Γ 中の点の個数 $|\Gamma|$ を σ に着目する方法と，x に着目する方法との二通りで計算して，その結果を比較してみる．

（イ）　σ に着目する方法

$$|\Gamma| = \sum_{\sigma \in G} f_1(\sigma) \qquad (\because \quad (\sigma, x) \in \Gamma \Longleftrightarrow \sigma x = x)$$

（ロ）　x に着目する方法

$x \in M_1$ を決めたとき，$\sigma x = x$ なる $\sigma \in G$ がいくつあるかを調べねばならない．いま，

$$\{\sigma \in G \ ;\ \sigma x = x\} = G_x$$

とおくと，G_x は G の部分群になることが容易にわかる（この部分群 G_x を，点 x の，群 G における**固定化群** (stabilizer) または，**等方性部分群** (isotropy subgroup) という）．求める σ の個数は，部分群 G_x の位数 $|G_x|$ に他ならない．実は，$|G_x|$ は，点 $x \in M_1$ のとり方によらぬ一定数で，しかも

$$|G_x| = \frac{|G|}{|M_1|}$$

が成り立つ．実際，群 G を，部分群 G_x により右-coset に分割して，

$$G = \sigma_1 G_x \cup \cdots \cup \sigma_t G_x$$

とおく．そして，G から M_1 への写像 ψ を

$$\psi : \quad \sigma \longmapsto \sigma x$$

により定義する．このとき，G の元 σ, τ に対し

$$\psi(\sigma) = \psi(\tau) \iff \sigma G_x = \tau G_x$$

が成り立つ．実際，

$$\psi(\sigma) = \psi(\tau) \iff \sigma x = \tau x \iff x = \sigma^{-1}\tau x$$
$$\iff \sigma^{-1}\tau \in G_x$$
$$\iff \tau \in \sigma G_x$$
$$\iff \tau G_x = \sigma G_x$$

よって，$\psi(\sigma) = \psi(\tau)$ は，σ と τ とが G_x に関し同じ右-coset に属するとき，かつそのときに限り成り立つことがわかった．よって，

$$\psi(G) = \{\psi(\sigma_1), \cdots, \psi(\sigma_t)\}$$

は，丁度 t 個の元より成る．一方，$M_1 = G(x)$ であるから，ψ は**全射的** (surjective) である：$\psi(G) = M_1$．よって，

$$t = |\psi(G)| = |M_1|$$
$$\therefore \quad [G : G_x] = |M_1|$$
$$\therefore \quad |G| : |G_x| = |M_1|$$
$$\therefore \quad |G_x| = \frac{|G|}{|M_1|}$$

が成り立つ．よって，$|G_x|$ は $x \in M_1$ のとり方によらぬ右辺の値で与えられることがわかった．従って，

$$|\Gamma|=\sum_{x\in M_1}|G_x|=|M_1|\cdot\frac{|G|}{|M_1|}=|G|$$

よって，$|\Gamma|=|G|$ がわかった．

（イ），（ロ）を合わせると，

$$|G|=\sum_{\sigma\in G}f_1(\sigma)$$

となり，これは求める結果

$$1=\frac{1}{|G|}\sum_{\sigma\in G}f_1(\sigma)$$

に他ならない．　　　　（証明終）

3. SO(3) の有限部分群（その三）

さて，G を $SO(3)$ の有限部分群とし，G は単位球面 S^2 上に共通の不動点を持たぬとする．第一節に述べたように，S^2 の有限部分集合 M（軸点集合）上に G が左から作用する．よって，M はいくつかの G-同値類に分割される．これを

$$M=M_1\cup\cdots\cup M_r$$

とすれば，補題1により，

$$(*)\quad r=\frac{1}{|G|}\sum_{\sigma\in G}f(\sigma)=\frac{1}{|G|}(|M|+2(|G|-1))$$

となる．よって，

$$r=\frac{2|G|}{|G|}+\frac{|M|-2}{|G|}=2+\frac{|M|-2}{|G|}$$

を得るが，G の各元（$\neq 1$）が丁度2個の不動点をもつから，$|M|\geqq 2$ である．よって，

$$r\geqq 2$$

である．

まず $r=2$ の場合を考える．このときは，$|M|=2$ となるから，M_1, M_2 はそれぞれ1点よりなる．すると，例えば $c\in M_1$ とすると，$\{c\}=G(c)$ となり，c は G の共通の不動点となり，仮定に反する．よって，$r=2$ から矛盾が生じたから，

$$r>2$$

でなければならない．さて各 M_i 中に点 x_i をとり，点 x_i の G 中の固定化群 G_{x_i} を G_i とおく（第2節参照）と，

$$[G:G_i]=|M_i|$$

$$\therefore\quad \frac{|M_i|}{|G|}=\frac{1}{|G_i|}$$

となるが，ここで，$G_i \neq \{1\}$ である（$x_i \in M_i \subset M$ だから，M の定義により，$G_i \neq \{1\}$ となる！）．よって，$|G_i| \geqq 2$ となるから，

$$\frac{|M_i|}{|G|}=\frac{1}{|G_i|}\leqq\frac{1}{2}$$

$$\therefore\quad \frac{|M|}{|G|}=\sum_{i=1}^{r}\frac{|M_i|}{|G|}\leqq\frac{r}{2}$$

これを(*)に代入すると，

$$r\leqq\frac{r}{2}+2-\frac{2}{|G|}$$

$$\therefore\quad \frac{r}{2}+\frac{2}{|G|}\leqq 2$$

$$\therefore\quad r<4$$

かくして，結局，

$$4>r>2$$

がわかったから，

$$r=3$$

がわかったことになる．よって(*)より，

$$3=\frac{|M|}{|G|}+2-\frac{2}{|G|}$$

よって

$$(**)\qquad 1+\frac{2}{|G|}=\frac{1}{|G_1|}+\frac{1}{|G_2|}+\frac{1}{|G_3|}$$

を得る．いま

$$|G_1|\geqq|G_2|\geqq|G_3|$$

として一般性を失わない．すると，(**)より

$$\frac{3}{|G_3|}\geqq 1+\frac{2}{|G|}>1$$

$$\therefore\quad 3>|G_3|$$

一方，$|G_3|>1$ であったから，

$$|G_3|=2$$

となる．これを(**)に代入して

$$(***) \qquad \frac{1}{2}+\frac{2}{|G|}=\frac{1}{|G_1|}+\frac{1}{|G_2|}$$

$$\therefore \quad \frac{2}{|G_2|} \geqq \frac{1}{2}+\frac{2}{|G|} > \frac{1}{2}$$

$$\therefore \quad 4 > |G_2|$$

$$\therefore \quad |G_2| = 2 \text{ or } 3$$

ここで場合をわけよう．

(イ)　$|G_2|=2$ の場合

(***)より，

$$\frac{2}{|G|}=\frac{1}{|G_1|}$$

を得る．すなわち，

$$[G:G_1]=2$$

である．よって，$|G_1|=n$ とおくと，$|G|=2n$ となる．

(ロ)　$|G_2|=3$ の場合

(***)より，

$$\frac{1}{6}+\frac{2}{|G|}=\frac{1}{|G_1|}$$

$$\therefore \quad \frac{1}{|G_1|} > \frac{1}{6}$$

$$\therefore \quad |G_1| < 6$$

$$\therefore \quad |G_1| = 5 \text{ or } 4 \text{ or } 3$$

$|G_1|=5, 4, 3$ に応じて，上式より $|G|$ の値が次のようにわかる：

$$|G|=60,\ 24,\ 12$$

上に得られた $|G_1|$, $|G_2|$, $|G_3|$, $|G|$ の値を一覧表にすると次のようになる

位数 / 名称	$\lvert G_1\rvert$	$\lvert G_2\rvert$	$\lvert G_3\rvert$	$\lvert G\rvert$
D_{2n}	n	2	2	$2n$
A_4	3	3	2	12
S_4	4	3	2	24
A_5	5	3	2	60

4. D_{2n} 型の場合

$[G:G_1]=2$ より，G_1 は G の**不変部分群**（この用語は**正規部分群** normal subgroup と同じ）である．実際，$G-G_1 \ni a$ をとると，$G=G_1 \cup G_1a$ および $G=G_1 \cup aG_1$ がそれぞれ G の左-coset および右-coset への分割を与えるから，

$$G_1a=G-G_1=aG_1$$

$$\therefore \quad aG_1=G_1a \qquad \therefore \quad aG_1a^{-1}=G_1$$

また $G_1 \ni a$ ならもちろん，$aG_1a^{-1}=G_1$ となるから，結局 G の各元 a に対して

$$aG_1a^{-1}=G_1$$

が成り立つ．すなわち，G_1 は G の不変部分群である．

次に，$[G:G_1]=|M_1|$ より，$|M_1|=2$ である．いま

$$M_1=\{a, b\}$$

とおく．G_1 は点 a の固定化群としてよい．さて，G のある元 σ が存在して，

$$\sigma(a)=b$$

となるが，これにより，点 b の固定化群は，$\tau \in G$ に対し

$$\begin{aligned} \tau(b)=b &\iff \tau\sigma(a)=\sigma(a) \\ &\iff \sigma^{-1}\tau\sigma(a)=a \\ &\iff \sigma^{-1}\tau\sigma \in G_1 \\ &\iff \tau \in \sigma G_1 \sigma^{-1}=G_1 \end{aligned}$$

より，やはり部分群 G_1 であることがわかる．よって，点 a, b は G_1 の共通不動点である．さて，$G_1 \neq \{1\}$ だから，ある $\varphi \in G_1-\{1\}$ をとれば，a, b は φ の不動点であるから，

$$b=-a$$

となる．（すなわち，a, b は単位球面 S^2 において**直径の両端をなす！**）

軸 $0a$ に垂直な，0 を通る平面を H とすれば，群 G_1 は H 上の位数 n の回転群である．いつもやるように，群 G を共役な部分群でおきかえれば，軸 $0a$ は常用座標系における z 軸としてよい．また

$$a=(0, 0, 1) \qquad （北極）$$

$$b=(0, 0, -1) \qquad （南極）$$

としてよい．このとき，H は，xy-平面となる．

さて，

$$|M_2|=\frac{|G|}{|G_2|}=n, \qquad |M_3|=n$$

であるが，M_2, M_3 がどのような点集合になるかを考えよう．

$\sigma(a)=b(=-a)$ を満たす $\sigma\in G$ は，z 軸を全体として変えないから，σ の常用座標系での行列表示（3行3列の部分だけ書く）は

$$\begin{pmatrix} * & * & 0 \\ * & * & 0 \\ 0 & 0 & -1 \end{pmatrix}$$

の形である．$*$ の所は2次の直交行列であるが，σ の符号が $=1$ なることより，$*$ の所の行列式は $=-1$ である．従って，$*$ の部分は，xy-平面 $\boldsymbol{R}^2$ の裏返しであるが，原点 0 を不動点にもつから，実は 0 を通るある直線 l に関する鏡映である．従って，もう一度 G を共役な部分群でおきかえれば，直線 l は xy-平面の x 軸であるとしてよい．従って，σ の行列表示が

$$\begin{pmatrix} 1 & 0 & 0 \\ 0 & -1 & 0 \\ 0 & 0 & -1 \end{pmatrix}$$

であるとしてよい．

さて，xy 平面上の単位円周

$$T: \quad x^2+y^2=1$$

上には，群 G_1 の共通不動点は存在しない．今，基点 $(1, 0, 0)=e_1$ の G_1-軌道 $G_1(e_1)$ を考えると，G_1 が z 軸のまわりの位数 n の回転群であるから，$G_1(e_1)$ は，単位円に内接する正 n 辺形の頂点である．さて，$\sigma(e_1)=e_1$ かつ $\sigma\neq 1$ だから，$e_1\in M$ である．そして，$G_1(e_1)$ は実は e_1 の G-軌道である．

($n=8$ の図)

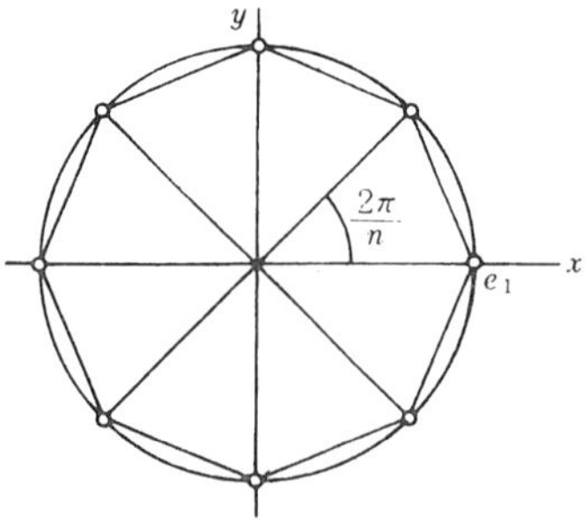

実際，$[G:G_1]=2$, $\sigma\notin G_1$ (∵ $\sigma(a)\neq a$) から，$G=G_1\cup G_1\sigma$ となる．

$$\therefore\quad G(e_1)=G_1(e_1)\cup G_1\sigma(e_1)=G_1(e_1)$$

$$(\because\quad \sigma(e_1)=e_1)$$

$|G(e_1)|=|G_1(e_1)|=n$ だから，これが例えば M_2 であるとしてよい．

さて，G_1 の生成元

$$A=\begin{pmatrix}\cos\frac{2\pi}{n} & -\sin\frac{2\pi}{n} & 0\\ \sin\frac{2\pi}{n} & \cos\frac{2\pi}{n} & 0\\ 0 & 0 & 1\end{pmatrix}$$

と σ との間には，

$$\sigma A\sigma^{-1}=A^{-1}$$

が成り立つ．これは実際，行列の計算で直ぐ出るから，読者の練習問題としておく．

群 G は，A と σ で生成される位数 $2n$ の群で，その生成系 A, σ が

$$A^n=1,\quad \sigma^2=1,\quad \sigma A\sigma^{-1}=A^{-1}$$

を満たすから，抽象群としては，G は既に $I(\boldsymbol{R}^2)$ の有限部分群の所で述べた**正二面体群**（位数 $2n$ の）に同型である．$SO(3)$ のこの D_{2n} 型の部分群（およびそれに共役な部分群）も，位数 $2n$ の正二面体群（詳しくは，位数 $2n$ の正二面体群の $SO(3)$ 中での表示）という．

以上から次の定理が得られた．

定理1　$SO(3)$ の D_{2n} 型の有限部分群は，位数 $2n$の正二面体群である．それらは，すべて次の2行列の生成する部分群 D_{2n} と共役である：

$$A=\begin{pmatrix}\cos\frac{2\pi}{n} & -\sin\frac{2\pi}{n} & 0\\ \sin\frac{2\pi}{n} & \cos\frac{2\pi}{n} & 0\\ 0 & 0 & 1\end{pmatrix}$$

$$\sigma=\begin{pmatrix}1 & 0 & 0\\ 0 & -1 & 0\\ 0 & 0 & -1\end{pmatrix}$$

この部分群 D_{2n} に対し，M_1, M_2, M_3 を求めておく．D_{2n} の元は，$A^j, \sigma A^j$ の形であるが，$A^j(\neq 1)$ の S^2 上の不動点は，$\pm e_3$ である．ただし，

$$e_3=\begin{pmatrix}0\\0\\1\end{pmatrix}$$

である．次に，σ の S^2 上の不動点は，$\pm e_1$ である．ただし，

$$e_1=\begin{pmatrix}1\\0\\0\end{pmatrix}$$

である．次に，σA^j の S^2 上の不動点を求めよう．

$$\sigma A^j=\begin{pmatrix}\cos\frac{2\pi}{n}j & -\sin\frac{2\pi}{n}j & 0\\ -\sin\frac{2\pi}{n}j & -\cos\frac{2\pi}{n}j & 0\\ 0 & 0 & -1\end{pmatrix}$$

であるから，方程式

$$\sigma A^j\begin{pmatrix}x\\y\\z\end{pmatrix}=\begin{pmatrix}x\\y\\z\end{pmatrix},\qquad x^2+y^2+z^2=1$$

を解いて，$z=0$，$x^2+y^2=1$，

$$\begin{cases}x\cos\frac{2\pi}{n}j-y\sin\frac{2\pi}{n}j=x\\ -x\sin\frac{2\pi}{n}j-y\cos\frac{2\pi}{n}j=y\end{cases}$$

に帰着する．複素数 $z=x+iy$ と，$\omega=e^{\frac{2\pi i}{n}j}$ を使えば，この関係は

$$\omega z=\bar{z}$$

と書ける．$z\bar{z}=x^2+y^2=1$ だから，これは，

$$\omega=\bar{z}^2$$

と書ける．よって，z としては，

$$\pm e^{\frac{-\pi i}{n}j}$$

をとればよい．これは

$$\pm e^{-\frac{2\pi i}{2n}j}\qquad(j=0,1,\cdots,n-1)$$

と書けるから，丁度1の **$2n$ 乗根の全部**である．

よって，M_1, M_2, M_3 は次のような点からなる：

M_1： 北極 e_3 と，南極 $-e_3$ の2点

M_2： xy-平面上の単位円周上の点 $(1,\ 0)$ から出発して，単位円周を順次 n 等分した点

M_3： xy-平面上の単位円周上の点 $\left(\cos\frac{2\pi}{2n},\ \sin\frac{2\pi}{2n}\right)$

から出発して，単位円周を順次 n 等分した点

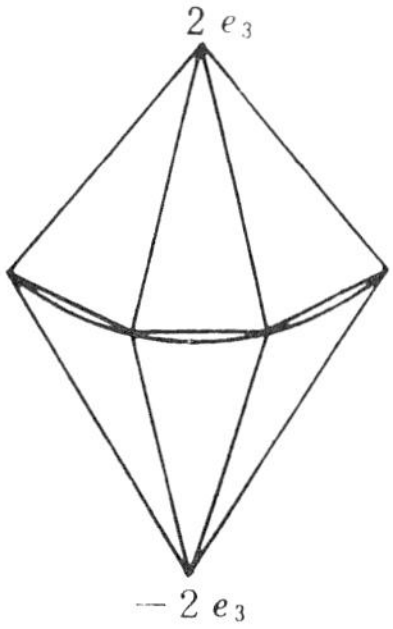

いま，M_2 中の n 個の点を順次結んだ正 n 辺形を北極および南極を2倍に延長した点 $2e_3$, $-2e_3$ から射影して生ずる多面体 P を**正二面体**（分割数 n に対応する）と呼ぶことにすれば，群 D_{2n} の各元は，この多面体を変えない．（$2e_3$, $-2e_3$ に変えたのは後述の正八面体群との混同を避けたのである．）

逆に，この多面体 P をかえない運動（$\boldsymbol{R}^3$ の）τ は，群 D_{2n} に属する．何故なら，$\tau(P)=P$ から，τ は P の頂点

$$p_1=2e_3,\ p_2=-2e_3,\ p_3=e_1,\ p_4=Ae_1,\ \cdots,\ p_{n+2}=A^{n-1}e$$

の置換をひきおこす．しかも，p_1, p_2 は**互いに最も遠く離れた頂点の対**として一意に定まるから，τ は $\{p_1, p_2\}$ を変えない．もし $\tau(p_1)=p_2$ なら，群 D_{2n} の元 σ により $\sigma\tau$ を考えれば，$\sigma\tau(p_1)=p_1$, $\sigma\tau(p_2)=p_2$ となる．よって，初めから，$\tau(p_1)=p_1$, $\tau(p_2)=p_2$ とすれば，τ は，原点を固定し，しかも z 軸のまわりの回転となる．しかも，

$$\tau\{p_3, \cdots, p_{n+2}\}=\{p_3, \cdots, p_{n+2}\}$$

であるから，τ の回転角は，$\dfrac{2\pi}{n}$ の倍数である．よって τ は A のある巾に等しい．

結局，τ は群 D_{2n} 中にある．かくして，群 D_{2n} は正二面体P を変えない運動のなす群に一致する．

注意　D_{2n} 型の有限運動群，すなわち正二面体群 G と，他のものとの相異は，単位球面 S^2 中の軸点集合

$$M=\{p\in S^2\ ;\ ある\ \sigma\in G-\{1\}\ に対し\ \sigma(p)=p\}$$

中に，2点よりなる G-軌道 $M_1=\{a, -a\}$ が存在する点である．実際，第三節の最後の表によれば，

$$|M_i|=\frac{|G|}{|G_i|}$$

の値は，D_{2n} 型のときだけは，$=2$ となることができるが，他の場合は，いつも必ず $\geqq 4$ となっている．上の G の軸点集合 M を，$M=M_G$ と書くことにする．すると，G を G の共役たる G'(容易に判るように，G' も $\subset SO(3)$ となる) でおきかえるとき，軸点集合 M_G は次のように変る．$G'=\theta G\theta^{-1}$　ただし，θ は原点 0 を変えない：$\theta\in O(3)$ とおく．すると，$\sigma\in G-\{1\}$ に対して，σ の不動点が，c, $-c$ ならば，$\theta\sigma\theta^{-1}$ の不動点は，$\theta(c)$, $-\theta(c)$ である．よって，

$$M_{G'}=\theta(M_G)$$

となる．すなわち，M_G は，合同図形 $M_{G'}$ に変るに過ぎない．

第10章　A_4 型，S_4 型，A_5 型運動群の構造

1.　$SO(3)$ の有限部分群（A_4 型の場合）

$SO(3)$ の有限部分群 G が，前章の表の名称でいう所の A_4, S_4, A_5 型のいずれかであったとしよう．すなわち G の**軸点集合** M が3個の **G-軌道** M_1, M_2, M_3 に分割され，そして M_1, M_2, M_3 中からそれぞれ点 x_1, x_2, x_3 をとり，点 x_i の G 中の**固定化群**を G_i $(i=1, 2, 3)$ とするとき，群 G_1, G_2, G_3, G の位数が次のようになるのに従って型の名称をつけたのであった．

名称＼位数	$\lvert G_1\rvert$	$\lvert G_2\rvert$	$\lvert G_3\rvert$	$\lvert G\rvert$
D_{2n}	n	2	2	$2n$
A_4	3	3	2	12
S_4	4	3	2	24
A_5	5	3	2	60

このうちで D_{2n} 型の決定は既に前章で済んでいるから今回は残りの A_4 型，S_4 型，A_5 型について述べる．まず G が A_4 型とする．M_1 は前回に述べたように，$[G:G_1]=\dfrac{12}{3}=4$ 個の点からなる．いま

$$M_1=\{p_1, p_2, p_3, p_4\} \qquad (p_1=x_1)$$

とおくと，G の各元 σ に対して，$\sigma(M_1)=M_1$ だから，$\sigma(p_1), \sigma(p_2), \sigma(p_3), \sigma(p_4)$ は，p_1, p_2, p_3, p_4 の並べかえに過ぎない．これを $\sigma(p_\nu)=p_{i_\nu}(\nu=1, 2, 3, 4)$ とおくと，i_1, i_2, i_3, i_4 は4文字 1, 2, 3, 4 の置換である．この置換

$$\begin{pmatrix} 1 & 2 & 3 & 4 \\ i_1 & i_2 & i_3 & i_4 \end{pmatrix}$$

を $\varphi(\sigma)$ とおく．$\varphi(\sigma)$ を σ のひきおこす置換という．すると，$\sigma \longmapsto \varphi(\sigma)$ は群 G から，4 文字 1, 2, 3, 4 の置換全体のなす群 $\mathfrak{S}_4$，すなわち 4 次対称群 $\mathfrak{S}_4$ の中への 写像である．この写像

$$\varphi : G \longrightarrow \mathfrak{S}_4$$

は準同型写像である．すなわち，G の任意の 2 元 σ, τ に対して，

$$\varphi(\sigma\tau)=\varphi(\sigma)\varphi(\tau)$$

が成り立つ．実際，$\sigma\tau=\theta$, $\varphi(\sigma)=\sigma'$, $\varphi(\tau)=\tau'$, $\varphi(\theta)=\theta'$ とおくと，$\sigma(p_\nu)=p_{\sigma'(\nu)}$, $\tau(p_\nu)=p_{\tau'(\nu)}$, $\theta(p_\nu)=p_{\theta'(\nu)}$ $(\nu=1, 2, 3, 4)$ であるから，$\nu=1, 2, 3, 4$ に対して

$$p_{\theta'(\nu)}=\theta(p_\nu)=\sigma(\tau(p_\nu))=\sigma(p_{\tau'(\nu)})=p_{\sigma'\tau'(\nu)}$$

$$\therefore\quad \theta'(\nu)=\sigma'\tau'(\nu) \qquad (1\leqq\nu\leqq4)$$

$$\therefore\quad \theta'=\sigma'\tau'$$

$$\therefore\quad \varphi(\sigma\tau)=\varphi(\sigma)\varphi(\tau).$$

この準同型写像 φ の**核**，すなわち $\varphi(\sigma)=1$ となるような $\sigma\in G$ のなす集合（それは G の**不変部分群**になることが容易にわかる）は，実は単位元のみよりなる．何故なら，$\sigma\in G$ が $\varphi(\sigma)=1$ を満たせば

$$\sigma(p_\nu)=p_\nu \qquad (1\leqq\nu\leqq4)$$

となり，σ は少くとも 4 個の不動点 p_1, p_2, p_3, p_4 を持つことになる．所が G の元（$\neq 1$）は丁度 2 つの不動点を持つのであったから，$\varphi(\sigma)=1$ なる $\sigma\in G$ は単位元（＝恒等写像）に限るのである．

よって，$\varphi: G\rightarrow\mathfrak{S}_4$ は**単射**である．（念の為に証明を書けば，$\varphi(\sigma)=\varphi(\tau) \Rightarrow \varphi(\sigma^{-1}\tau)=\varphi(\sigma^{-1})\varphi(\tau)=\varphi(\sigma)^{-1}\varphi(\tau)=1 \Rightarrow \sigma^{-1}\tau=1 \Rightarrow \sigma=\tau$ である．ここで $\varphi(\sigma^{-1})=\varphi(\sigma)^{-1}$ を用いたが，これは準同型写像ということから出るのである．すなわち，まず $\sigma\cdot1=\sigma$ から

$$\varphi(\sigma)\varphi(1)=\varphi(\sigma) \qquad \therefore\quad \varphi(1)=1$$

次に，$\sigma\cdot\sigma^{-1}=1$ から $\varphi(\sigma)\varphi(\sigma^{-1})=\varphi(1)=1$

$$\therefore\quad \varphi(\sigma^{-1})=\varphi(\sigma)^{-1}$$

となる．）しかも G の φ による像

$$\varphi(G)=\{\varphi(\sigma)\ ;\ \sigma\in G\}$$

は $\mathfrak{S}_4$ の部分群である．（何故なら，$\varphi(G)\ni\varphi(1)=1$，$\varphi(\sigma)\varphi(\tau)=\varphi(\sigma\tau)$，$\varphi(\sigma^{-1})=\varphi(\sigma)^{-1}$

により，$\varphi(G)$ が部分群の条件を満していることがわかるから)．φ が単射であるから，$\varphi(G)$ は12個の元よりなる．すなわち，$\varphi(G)$ は $\mathfrak{S}_4$ の部分群で，その位数は12である．そして，φ の核が $=\{1\}$ であるから，群 G はその像 $\varphi(G)$ と同型である．

さて，$\varphi(G)$ の位数が12であることから，実は $\varphi(G)$ は $\mathfrak{S}_4$ 中の偶置換(＝偶数個の互換の積に表わせるような置換)の全体からなる部分群，すなわち **4 次交代群** $\mathfrak{A}_4$ に一致する．実はもっと一般に次の補題が成り立つ．

補題1　$\mathfrak{S}_n$ を n 次対称群とし，Γ を $\mathfrak{S}_n$ の部分群とする．もし $[\mathfrak{S}_n : \Gamma]=2$ ならば，Γ は n 次交代群 $\mathfrak{A}_n$ と一致する：$\Gamma=\mathfrak{A}_n$

(証明)　前章で述べたように，Γ は $\mathfrak{S}_n$ の不変部分群となる．($\because$ $[\mathfrak{S}_n : \Gamma]=2$) よって**商群** (quotient group) $\mathfrak{S}_n/\Gamma$ が考えられ，商群の位数は2である．よって，商群を $1, -1$ のなす乗法群 $\{1, -1\}$ と見做すことが出来る：$\mathfrak{S}_n/\Gamma=\{1, -1\}$．従って，$\Gamma$ を核にもつような準同型写像 $\phi : \mathfrak{S}_n \to \{1, -1\}$ が存在する．ϕ が次の性質をもつことを示せばよい．

(*)　$\mathfrak{S}_n$ の各元 σ に対し，$\phi(\sigma)$ は置換 σ の符号 $\varepsilon(\sigma)$ に等しい

何故なら，各 $\sigma \in \mathfrak{S}_n$ に対して $\phi(\sigma)=\varepsilon(\sigma)$ がいえたとすれば，偶置換 σ は偶数個の互換 $\tau_1, \tau_2, \cdots, \tau_{2\nu}$ の積に書けるから，$\sigma=\tau_1\tau_2\cdots\tau_{2\nu}$

$$\begin{aligned}\therefore\quad \phi(\sigma)&=\phi(\tau_1)\phi(\tau_2)\cdots\phi(\tau_{2\nu})\\&=\varepsilon(\tau_1)\varepsilon(\tau_2)\cdots\varepsilon(\tau_{2\nu})\\&=(-1)^{2\nu}=1\\ \therefore\quad &\sigma\in\Gamma\end{aligned}$$

よって，$\mathfrak{A}_n \subset \Gamma$．一方 $\mathfrak{A}_n$ と Γ の位数が一致するから，$\mathfrak{A}_n \subset \Gamma$ から $\mathfrak{A}_n=\Gamma$ となり目的を達する．

よって(*)を示そう．(*)をいうには，それよりも若干弱い次の性質を示せばよい：

(**)　$\mathfrak{S}_n$ の各互換 τ に対して，$\phi(\tau)=\varepsilon(\tau)$．

何故なら，$\mathfrak{S}_n$ の各元 σ はいくつかの互換 $\tau_1, \cdots, \tau_r$ の積 $\sigma=\tau_1\cdots\tau_r$ と表わせるから

$$\begin{aligned}\phi(\sigma)&=\phi(\tau_1)\cdots\phi(\tau_r)\\&=\varepsilon(\tau_1)\cdots\varepsilon(\tau_r)\\&=(-1)^r=\varepsilon(\sigma)\end{aligned}$$

となり，(*)を得るからである．

さて，互換 $\tau=(i, j)$ は互換 $(1, 2), (2, 3), (3, 4), \cdots, (n-1, n)$ のいくつかの積に書ける．実際 $(i, j)=(j, i)$ だから $i<j$ として一般性を失なわないが，

(☆)　$(i, j)=(i, i+1)(i+1, i+2)\cdots(j-2, j-1)(j-1, j)(j-2, j-1)\cdots(i, i+1)$

が成り立つからである．よって，(*)を(**)に帰着させたのと同様にして，(**)は次の(***)に帰着することがわかる：

(***)　$\tau_i=(i, i+1)$ $(i=1, 2, \cdots, n-1)$ に対して $\phi(\tau_i)=\varepsilon(\tau_i)$ が成り立つ．

そこで(***)を示そう．そのため

$$\phi(\tau_i)=\varepsilon_i=\pm 1 \quad (i=1, 2, \cdots, n-1)$$

とおく．すると，$\tau_1\tau_2=(1\ 2)(2\ 3)=(1\ 2\ 3)$ だから

$$(\tau_1\tau_2)^3=1$$
$$\therefore\ \phi(\tau_1\tau_2)^3=1$$
$$\therefore\ \{\phi(\tau_1)\phi(\tau_2)\}^3=1$$
$$\therefore\ (\varepsilon_1\varepsilon_2)^3=1$$

所が ε_1 も ε_2 も ± 1 であるから $\varepsilon_1\varepsilon_2$ も ± 1 である．その3乗が $=1$ であるから $\varepsilon_1\varepsilon_2=1$

$$\therefore\ \varepsilon_1=\varepsilon_2$$

以下同様にして，$\varepsilon_2=\varepsilon_3$, $\varepsilon_3=\varepsilon_4$, $\cdots$, $\varepsilon_{n-2}=\varepsilon_{n-1}$ となる．結局

$$\varepsilon_1=\varepsilon_2=\cdots=\varepsilon_{n-1}\ (=\varepsilon \text{ とおく})$$

を得る．さて，もし $\varepsilon=1$ であれば，任意の互換 $\tau=(i, j)$ に対して上の式（☆）より $\phi(\tau)=1$ を得る．よって，任意の置換 $\sigma\in\mathfrak{S}_n$ に対して $\phi(\sigma)=1$ を得る．従って，ϕ の核は $\mathfrak{S}_n$ となり，一方 Γ が ϕ の核であったことを想起すれば，$\Gamma=\mathfrak{S}_n$ となる．これは $[\mathfrak{S}_n : \Gamma]=2$ に反する．よって，$\varepsilon=-1$．すなわち，$\phi(\tau_i)$ はすべて -1 に等しいから，$\phi(\tau_i)=-1=\varepsilon(\tau_i)$．よって(***)を得る．これで補題1が証明された．

そこで A_4 型の部分群 $G\subset SO(3)$ の場合に戻って，次の定理を得る．

定理1　$SO(3)$ の有限部分群 G が A_4 型ならば，G は4次交代群 $\mathfrak{A}_4$ に同型である．（A_4 型という名称は $\mathfrak{A}_4$ に同型なることに基づくのである．）

2. S_4 型の場合

一般に有限群 H とそのシロー部分群に関する次の3つの有名な事実を以下で使うことにする．これは群論の常識ともいうべき有名な基本事項で，有限群論のどんな入門書にもその証明が出ているから，ここでは証明抜きで結果のみを定理として述べておこう．これらの定理群は一括して**シローの定理**と呼ばれている．

定理A　Hを有限群，その位数をhとし，pをhの素因数とする．そして，$h=p^e h'$（pとh'とは互いに素），と分解したとする．このとき，Hは位数p^eの部分群S_pをもつ．（このようなS_pをHの**p-シロー部分群**（p-Sylow subgroup）という）また，Hの部分群Γの位数がpの巾ならば，Γを含むHのp-シロー部分群が必ず存在する．

定理B　S_pおよびS'_pが有限群Hの2つのp-シロー部分群ならば，S_pとS'_pとはHにおいて共役である．すなわち，Hのある元σが存在して，

$$\sigma S_p \sigma^{-1} = S'_p$$

となる．

定理C　有限群Hの相異なるp-シロー部分群を

$$S_p,\ S'_p,\ S''_p,\ \cdots,\ S^{(\nu-1)}{}_p$$

とすれば，その個数νは

$$\nu \equiv 1 \pmod{p}$$

を満足する．すなわち，$\nu-1$はpで割り切れる．

定理Cは次の形に換言される．すなわち，

$$N = N_H(S_p) = \{\sigma \in H\,;\ \sigma S_p \sigma^{-1} = S_p\}$$

とおくと，NがHの部分群で，しかもNはS_pを含むことが容易にわかる．NをS_pのHにおける**正規化群**(normalizer)という．さて，定理Cは正規化群を使って，次のように述べかえられるのである：

定理D　有限群Hのp-シロー部分群S_pの，Hにおける正規化群をNとすれば，$[H:N]$は，H中のp-シロー部分群の個数νに等しく，従って

$$[H:N] \equiv 1 \pmod{p}$$

が成り立つ．

（証明）Hのp-シロー部分群の全体からなる集合をXとおく：$X=\{S_p, S_p', \cdots\}$．すると，Hは集合Xに次のように**左から作用する**．すなわち，$\sigma \in H$と$S \in X$に対して，$\sigma(S)=\sigma S \sigma^{-1}$とおくのである．定理Bにより，$H$は$X$上に可移的，すなわち$X$は一つの$H$-軌道になる．よって，前章述べたこと（前章の補題1の証明を参照されたい）により，Xの任意の元，例えばS_pのHにおける固定化群$N=N(S_p)$は

$$[H:N] = (X\text{の元の個数}) = \nu$$

を満たす．よって，$\nu \equiv 1 \pmod{p}$（∵ 定理C）を得る．　（証明終）

さて，G を $SO(3)$ の有限部分群で，しかも G は S_4型であるとする．第一節の表から，G の位数は $24=3\cdot 2^3$で，部分群 G_2 の位数は 3 であるから，G_2 は G の一つの 3-シロー部分群である．いま N を G_2 の G における正規化群とすると，$G\supset N\supset G_2$,かつ定理D により

(☆☆)　　$[G:N]\equiv 1 \pmod 3$

である．N の位数は 24 の約数で，しかも G_2 の位数 3 の倍数であるから，3, 6, 12, 24 のいずれかである．従って，$[G:N]$ は 8, 4, 2, 1 のいずれかであるが，(☆☆)により，8 と 2 は失格する．よって，$[G:N]$ は 4 か 1 かのいずれかである．

いま仮に $[G:N]=1$ であったとしてみよう．すると $G=N$ となる．従って G_2 は Gの不変部分群となる．これから，軸点集合 M の部分集合である M_2 の各点が 群 G_2 の共通不動点となることがわかる．実際，$y\in M_2$なら，$\sigma(x_2)=y$ なる $\sigma\in G$ があるから，$g\in G_2$に対して，$g(y)=g\sigma(x_2)=\sigma((\sigma^{-1}g\sigma)(x_2))$．所が G_2 が G の 不変部分群であるから，$\sigma^{-1}g\sigma \in G_2$

$$\therefore\quad (\sigma^{-1}g\sigma)(x_2)=x_2$$
$$\therefore\quad g(y)=\sigma(x_2)=y$$

よって，各 $y\in M_2$ が各 $g\in G_2$ の不動点になる．所がM_2 中の点の個数 $|M_2|$は$=[G:G_2]=\frac{24}{3}=8$ である．よって，各 $g\in G_2$ は少くとも 8 個の不動点をもつから $G_2=\{1\}$．これは G_2 の位数が $=3$ であることに反する．

これで $[G:N]=1$ と仮定すると矛盾に到着することがわかった．よって

$$[G:N]=4$$

が成り立つ．従って，N の位数 $|N|$ は，$\frac{24}{4}=6$ に等しい．

さて，次に進む前に，**G の元 $\sigma(\neq 1)$ の位数は 2, 3, 4 のいずれかに一致する**ことを注意しよう．それには，σ が G_1, G_2, G_3 の元のいずれかに共役であることをいえばよい．いま x を単位球面 S^2 中の σ の不動点とすれば，x は G の軸点集合 M に属し，従って，M_1, M_2, M_3 のいずれかに属する．いま $x\in M_i$ とすれば，$\tau(x_i)=x$ なる $\tau\in G$ が存在するから，

$$(\tau^{-1}\sigma\tau)(x_i)=\tau^{-1}\sigma(x)=\tau^{-1}(x)=x_i$$
$$\therefore\quad \tau^{-1}\sigma\tau\in G_i$$
$$\therefore\quad \sigma\in\tau G_i\tau^{-1}.$$

よって，σ の位数は 2, 3, 4 のいずれかとなる．

さて次に，N は**アーベル群（可換群）ではない**．何故ならば，いま N がアーベル群とする．$|N|=6$ により，N 中には位数 2 の元 a と，位数 3 の元 b とが存在する（∵ 定理A）．積 ab の位数は 6 である．実際，$(ab)^6=1$ であり，かつ 6 の約数 μ $(1\leqq\mu<6)$ に対しては

$$ab \neq 1 \quad (\because \quad ab=1 \Rightarrow b=a^{-1}=a \Rightarrow \text{矛盾})$$
$$(ab)^2=a^2b^2=b^2=b^{-1}\neq 1$$
$$(ab)^3=a^3b^3=a^3=a\neq 1$$

となるからである．よって，G が位数6の元を含むことになり，上述と矛盾する．

さて，次に，N は3次対称群 $\mathfrak{S}_3$ と同型であることを示そう．実は一般に次の形の補題が成り立つ．

補題2　位数6の有限群 Γ は次のいずれかに同型である：

(i)　位数6の巡回群（Γ がアーベル群のとき）

(ii)　3次対称群　　（Γ がアーベル群でないとき）

（証明）Γ がアーベル群ならば，上述のように Γ 中に位数2の元 a と位数3の元 b が存在し，それらの積 ab の位数は6である．よって，$c=ab$ とおけば

$$\Gamma=\{1, c, c^2, c^3, c^4, c^5\}$$

となり，Γ は位数6の巡回群になる．

次に Γ がアーベル群でないとする．やはり定理Aにより $6=2\cdot 3$ により Γ 中に位数2の元 a および位数3の元 b が存在する．b の生成する Γ の部分群を $\Delta=\{1, b, b^2\}$ とすると，Δ の位数は3であるから，$[\Gamma:\Delta]=2$．よって Δ は Γ の不変部分群である．Δ の元の位数は1か3であるから，a は Δ には含まれない．よって Γ を右 Δ-coset に分割すると

$$\Gamma=\Delta\cup a\Delta \quad (a\Delta=\Delta a)$$

となる．よって，

$$\Gamma=\{1, b, b^2\}\cup\{a, ab, ab^2\}$$

である．さて，aba^{-1} を考えよう．$a\Delta a^{-1}=\Delta$ であるから，$aba^{-1}\in\Delta$．しかも $b\neq 1$ だから $aba^{-1}\neq 1$．よって，aba^{-1} は b か $b^2(=b^{-1})$ かのいずれかである．実は

$$aba^{-1}=b^{-1}$$

が成り立つ．何故ならば，もし，$aba^{-1}=b$ ならば

$$ab=ba$$

となり，従って a と b とは交換可能となる．所が Γ の元は a と b の巾の積の形をしているから，a と b の交換可能性から，Γ 中の任意の2元が交換可能になり，Γ はアーベル群となってしまう．これは仮定に反するから，$aba^{-1}=b$ は成立しない．よって $aba^{-1}=b^{-1}$ がわかった．

さて，非アーベル群 Γ が3次対称群 $\mathfrak{S}_3$ に同型であることを証明しよう．Γ から $\mathfrak{S}_3$ への写像

$$\varphi: \Gamma \longrightarrow \mathfrak{S}_3$$

を次のように定義する．

$$\varphi(1)=1,\ \varphi(a)=(1\,2),\ \varphi(b)=(1\,2\,3),$$
$$\varphi(b^2)=(1\,3\,2),\ \varphi(ab)=(1\,2)(1\,2\,3)=(2\,3),$$
$$\varphi(ab^2)=(1\,2)(1\,3\,2)=(1\,3)$$

すると，明らかに φ は全単射である．しかも φ は準同型写像である．すなわち，Γ の任意の2元 x, y に対して

$$\varphi(xy)=\varphi(x)\varphi(y)$$

が成り立つ．これは Γ 中から2元 x, y の対 (x, y) をとるえらび方（総数36通り）に対して全部確かめてみればわかる． そのため積 $z=xy$ を表わす表（Γ の群表と呼ばれる）と，$\mathfrak{S}_3$ の群表を書き上げておけば，検証が容易となる．

x \ y	1	b	b^2	a	ab	ab^2
1	1	b	b^2	a	ab	ab^2
b	b	b^2	1	ab^2	a	ab
b^2	b^2	1	b	ab	ab^2	a
a	a	ab	ab^2	1	b	b^2
ab	ab	ab^2	a	b^2	1	b
ab^2	ab^2	a	ab	b	b^2	1

Γ の群表

この群表の作製には，$a^2=1,\ b^3=1,\ aba^{-1}=b^{-1}$ すなわち $ba=ab^2$ を fullに使わねばならない．例えば，$b\cdot ab=ab^2\cdot b=a,\ b\cdot ab^2=ab^2\cdot b^2=ab$ etc. である．一方 $\mathfrak{S}_3$ の群表は $\rho=\sigma\tau$ を計算して

σ \ τ	1	(1 2 3)	(1 3 2)	(1 2)	(2 3)	(1 3)
1	1	(1 2 3)	(1 3 2)	(1 2)	(2 3)	(1 3)
(1 2 3)	(1 2 3)	(1 3 2)	1	(1 3)	(1 2)	(2 3)
(1 3 2)	(1 3 2)	1	(1 2 3)	(2 3)	(1 3)	(1 2)
(1 2)	(1 2)	(2 3)	(1 3)	1	(1 2 3)	(1 3 2)
(2 3)	(2 3)	(1 3)	(1 2)	(1 3 2)	1	(1 2 3)
(1 3)	(1 3)	(1 2)	(2 3)	(1 2 3)	(1 3 2)	1

となる．これらから，φ により積には積が対応することがわかる．よって，Γ は $\mathfrak{S}_3$ と同型となる．（証明終）

注意１　Γ の群表を６行６列の正方行列と見れば，**魔法陣**のような性質がある．すなわち，Γ のどの元も各行各列に丁度一回ずつ登場する．これは一般の群 Γ でも成り立つことが容易にわかる．（証明はわざと省く．ヒントは，Γ の元 a を固定すると，Γ から Γ への２つの写像 $x \longmapsto ax$ および，$x \longmapsto xa$ が全単射となることを用いるのである．）

注意２　上記の証明のうち，Γ が非アーベル群の時の部分は，群表の話に触れたかったので長くなったが，短い証明を望む人には，次のような証明法もあることを付記しておく．

$$\Gamma = \{1, b, b^2\} \cup \{a, ab, ab^2\}$$
$$a^2 = 1,\ b^3 = 1,\ aba^{-1} = b^{-1}$$

までは上と同様である．さて，Γ の部分群 $\{1, a\}$ を Σ として，右 Σ-coset の全体のなす集合を Γ/Σ と書く：

$$\Gamma/\Sigma = \{x_1\Sigma,\ x_2\Sigma,\ x_3\Sigma\}$$

Γ/Σ は，３つの元よりなる集合であるが，これに Γ が左から作用する：$\gamma \in \Gamma$ と $x_i\Sigma \in \Gamma/\Sigma$ に対して

$$\gamma(x_i\Sigma) = \gamma x_i \cdot \Sigma$$

とおくのである．これにより，Γ の元 γ は Γ/Σ の置換 $\varphi(\gamma)$ をひきおこす．よって，Γ から Γ/Σ の置換全体のなす３次対称群 $\mathfrak{S}_3$ への写像 $\varphi : \Gamma \to \mathfrak{S}_3$ が生ずる．前にも述べたのと同様にして，φ は準同型写像になることがわかる．よって，Γ と $\mathfrak{S}_3$ とが同型になることを示すには φ が全単射になることを示せばよい．それには，Γ も $\mathfrak{S}_3$ も位数６だから，φ が単射になることを示しさえすればよい．すなわち，φ の核が $=\{1\}$ なることをいえばよい．いま $\varphi(\gamma) = 1$ とすれば，

$$\gamma x_i \Sigma = x_i \Sigma \qquad (i = 1, 2, 3)$$
$$\therefore\ x_i^{-1}\gamma x_i \Sigma = \Sigma \qquad (i = 1, 2, 3)$$
$$\therefore\ x_i^{-1}\gamma x_i \in \Sigma \qquad (i = 1, 2, 3)$$
$$\therefore\ \gamma \in x_i \Sigma x_i^{-1} \qquad (i = 1, 2, 3)$$
$$\therefore\ \gamma \in \bigcap_{i=1}^{3} x_i \Sigma x_i^{-1}$$

さて，いま，例えば $b \in x_i\Sigma$ とすれば，$b = x_i y$，$y \in \Sigma$ と書けるから，

$$b\Sigma b^{-1} = x_i y \Sigma y^{-1} x_i^{-1} = x_i \Sigma x_i^{-1}$$

所が $\Sigma = \{1, a\}$ だから，$b\Sigma b^{-1} = \{b \cdot 1 \cdot b^{-1},\ bab^{-1}\} = \{1, bab^{-1}\}$ である．ここで $ba = ab^2$ を用いて

$$bab^{-1}=ab^2b^{-1}=ab \quad \therefore \quad bab^{-1}\neq a$$

$$\therefore \quad b\Sigma b^{-1}\cap\Sigma=\{1\}$$

$$\therefore \quad \gamma=1$$

これで $\varphi(\gamma)=1\Rightarrow\gamma=1$ が示されたから，φ の核は $=\{1\}$ となる．　　　　（証明終）

ここで元へ戻って，S_4 型の群 G の部分群 N の**交換子群** $[N, N]$ を考える．すなわち，$[N, N]$ は

$$xyx^{-1}y^{-1} \quad (x\in N,\ y\in N)$$

の形の元（**交換子**）から生成される N の部分群である．ここで

$$[N, N]=G_2$$

となることを証明しよう．N と同型な群 $\mathfrak{S}_3$ の交換子群の計算を実行して見ると，

$$[\mathfrak{S}_3, \mathfrak{S}_3]=\mathfrak{A}_3=(3\text{次交代群})$$

となる．よって，N に戻れば，$[N, N]$ の位数は 3 である．よって，$[N, N]=M$ とおくと

$$[N:M]=2$$

所が N は $\mathfrak{S}_3$ に同型だから $[N:P]=2$ を満たすような部分群 P は N 中に唯一つである．そして $[N:G_2]=2$ であるから，$M=G_2$ となる．よって $[N, N]=G_2$ が証明された．

さて，既述のように G_2 は G の不変部分群ではない．このことと，$[N, N]=G_2$ とから，N も G の不変部分群ではないことがわかる．実際，もし N が G の不変部分群ならば，各 $x\in N,\ y\in N$ と各 $g\in G$ に対して，

$$g(xyx^{-1}y^{-1})g^{-1}$$
$$=(gxg^{-1})(gyg^{-1})(gxg^{-1})^{-1}(gyg^{-1})^{-1}$$

しかも $gxg^{-1}\in N,\ gyg^{-1}\in N$ だから，

$$g(xyx^{-1}y^{-1})g^{-1}\in[N, N]$$

よって，いくつかの交換子の積

$$\begin{cases} z=z_1\cdots z_r \\ z_i=x_iy_ix_i^{-1}y_i^{-1} \quad (x_i\in N,\ y_i\in N;\ i=1,\cdots,r) \end{cases}$$

に対しても

$$gzg^{-1}=gz_1g^{-1}\cdot gz_2g^{-1}\cdot\ \cdots\ gz_rg^{-1}\in[N, N]$$

$$\therefore \quad g[N, N]g^{-1}\subset[N, N] \quad (\text{for all } g\in G)$$

$$\therefore \quad g[N, N]g^{-1}=[N, N] \quad (\text{for all } g\in G)$$

よって，$G_2=[N, N]$ が G の不変部分群となり矛盾を生ずるから，N は G の不変部分群ではない．

さて，$[G:N]=4$ だから，$gN(g\in G)$ の形の右 coset 全体のなす集合を Y とおくと，Y は4個の元よりなる．さてさっきのように G は Y に左から作用するから，G から Y の置換全体のなす4次対称群 $\mathfrak{S}_4$ の中への準同型写像 $\psi: G\to\mathfrak{S}_4$ が生ずる．ψ が全単射であることがいえれば，G と $\mathfrak{S}_4$ とは同型になる．G も $\mathfrak{S}_4$ も同じ位数24をもつことに注意すれば，ψ が単射であることさえいえばよい．そこで ψ の核を K とおく．$K=\{1\}$ をいえばよい．さて，G の元 σ に対して

$$\begin{aligned}\sigma\in K &\iff \psi(\sigma)=1 \iff \sigma xN=xN \quad (\text{for all } x\in G)\\ &\iff x^{-1}\sigma xN=N \quad (\text{for all } x\in G)\\ &\iff x^{-1}\sigma x\in N \quad (\text{for all } x\in G)\\ &\iff \sigma\in xNx^{-1} \quad (\text{for all } x\in G)\\ &\therefore\ K=\bigcap_{x\in G} xNx^{-1}\end{aligned}$$

K は G の不変部分群で，N は G の不変部分群ではなかったから，$K\neq N$

$$\therefore\ K \subsetneqq N$$

よって K の位数は6の真の約数 1, 2, 3 のいずれかである．さて N は $\mathfrak{S}_3$ に同型な群だから，位数2の不変部分群をもたない．よって K の位数 $|K|$ は $=1$ 又は $=3$ である．もし $|K|=3$ なら，

$$[N:K]=2 \quad \therefore\ K=G_2.$$

よって，G_2 が G の不変部分群となり，上述と矛盾する．よって，$|K|=1$，すなわち $K=\{1\}$ が示された．従って次の定理が証明されたわけである．

定理 2　$SO(3)$ の有限部分群 G が S_4 型ならば，G は4次対称群 $\mathfrak{S}_4$ に同型である．(名称 S_4 型の由来もこの定理から来ているのである．)

3. A_5 型の場合

$SO(3)$ の有限部分群が A_5 型とする．S_4 型のときと同様にして，G の任意の元は G_1, G_2, G_3 のいずれかの中の元と共役である．$|G_1|=5$, $|G_2|=3$, $|G_3|=2$ (第一節の表参照) だから，

　　G の元の位数は 1, 2, 3, 5 のいずれかである．

さて，G の位数60の因数分解は

$$60=2^2\cdot 3\cdot 5$$

である．よって，G の 2-シロー群の位数は 4 である．さて次の補題から始めよう．

補題 3　有限群 $\Gamma(\neq\{1\})$ の位数が，素数 p の巾 p^e であれば(このような有限群を **p-群**と呼ぶ)，Γ の**中心**は $\neq\{1\}$．(ここで Γ の中心とは，Γ のあらゆる元と交換可能であるような $\gamma\in\Gamma$ の全体のなす集合 Z をいう．Z は容易にわかるように，Γ の不変部分群である．)

(証明)　Γ を共役類に分割する：

$$\Gamma=\mathfrak{K}_1\cup\mathfrak{K}_2\cup\cdots\cup\mathfrak{K}_r \quad (\mathfrak{K}_1=\{1\})$$

ここで，各 $\mathfrak{K}_i$ は，ある $x_i\in\Gamma$ により

$$\mathfrak{K}_i=\{\gamma x_i\gamma^{-1}\ ;\ \gamma\in\Gamma\}$$

と書ける．今，Γ を $\mathfrak{K}_i$ に次のように左から作用させる：$\gamma\in\Gamma$ と $k\in\mathfrak{K}_i$ に対して

$$\gamma(k)=\gamma k\gamma^{-1}$$

すると，$\mathfrak{K}_i$ は丁度一つの Γ-軌道からなる．そして，x_i の Γ における固定化群を Γ_i とおくと

$$\Gamma_i=\{\gamma\in\Gamma\ ;\ \gamma x_i\gamma^{-1}=x_i\}$$

である．よって，毎度やるように(第 9 章補題 1 参照)

$$[\Gamma:\Gamma_i]=|\mathfrak{K}_i|$$

となる．よって，$|\mathfrak{K}_i|=p^{e_i}$ (e_i は $\geqq 0$ なる整数) の形となる．さて，$\Gamma=\mathfrak{K}_1\cup\cdots\cup\mathfrak{K}_r$ から

$$|\Gamma|=|\mathfrak{K}_1|+\cdots+|\mathfrak{K}_r|$$

$$\therefore\quad p^e=p^{e_1}+\cdots+p^{e_r}$$

$\mathfrak{K}_1=\{1\}$ だから，$e_1=0$

$$\therefore\quad p^e=1+p^{e_2}+\cdots+p^{e_r}$$

ここで，左辺は p で割り切れるから，右辺も p で割り切れねばならない．そのためには，$e_2>0, \cdots, e_r>0$ であってはならない．よって，ある e_i ($2\leqq i\leqq r$) は 0 となる．そのとき $|\mathfrak{K}_i|=1$

$$\therefore\quad \gamma x_i\gamma^{-1}=x_i \quad (\text{for all } \gamma\in\Gamma)$$

よって，x_i は Γ の中心 Z に属する．しかも $2\leqq i\leqq r$ より，$x_i\neq 1$．　$\therefore$　$Z\neq\{1\}$．

(証明終)

補題 4　p-群 Γ の位数が p^2 ならば，Γ はアーベル群である．

（証明）Γ の中心 Z は $\neq \{1\}$ である（補題3）. もし $\Gamma=Z$ ならば, Z は明らかにアーベル群だから, Γ もアーベル群になる. いま $\Gamma \neq Z$ としよう. Γ の不変部分群 Z による商群 Γ/Z を $\bar{\Gamma}$ と書く. Γ から $\bar{\Gamma}$ への準同型写像 $\gamma \longmapsto \gamma Z$ を π と書く. π は全射である. さて

$$\Gamma \supsetneqq Z \supsetneqq \{1\}$$
$$\therefore \quad |Z|=p$$
$$\therefore \quad |\bar{\Gamma}|=[\Gamma : Z]=\frac{p^2}{p}=p$$

よって, $\bar{\Gamma}$ は巡回群である. $\bar{\Gamma}$ の一つの生成元を ξ とし, $\pi(x)=\xi$ なる $x \in \Gamma$ をとる. ($\pi(\Gamma)=\bar{\Gamma}$ だから, このような x は存在する) すると,

$$\bar{\Gamma}=\{1, \xi, \xi^2, \cdots, \xi^{p-1}\}$$

により,

$$\Gamma=Z \cup xZ \cup x^2Z \cup \cdots \cup x^{p-1}Z$$

となる. $|Z|=p$ により, Z も巡回群である. z を Z の一つの生成元とすると,

$$Z=\{1, z, z^2, \cdots, z^{p-1}\}$$

よって, Γ の任意の元は, x^iz^j (i, j は整数で $\geqq 0$) の形に書ける. さて $z \in Z$ は中心の元だから

$$xz=zx$$

よって, Γ の任意の2つの元は交換可能となり, $\Gamma=Z$ となって矛盾を生ずる. (証明終)

さて, A_5 型の群 G に戻ろう. G 中に位数2の元 a をとり, a の G における**中心化群** (centralizer), すなわち, a と交換可能であるような G の元全体よりなる G の部分群を $C_G(a)$ と書く. すなわち

$$C_G(a)=\{x \in G \; ; \; xa=ax\}$$

である. ($C_G(a)$ が G の部分群をなすことは容易に確かめられる) さてシローの定理（定理A）により, G の部分群 $\{1, a\}$ を含むような G の2-シロー部分群 S が存在する. S の位数は4だから, 補題4により, S はアーベル群である. よって, S の各元は a と交換可能となる.

$$\therefore \quad S \subset C_G(a)$$

実は $S=C_G(a)$ であることを示そう. 実際, もし

$$S \subsetneqq C_G(a)$$

とすれば，群 $C_G(a)$ の位数は 4ν (ν は奇数) の形をもつ．よって，ν の一つの素因数を p とすると，p は奇数である．さて 4ν は 60 の約数だから，ν は 15 の約数である．よって，p は 3 か 5 のはずである．よって，$C_G(a)$ の p-シロー群 T は巡回群である．いま T の生成元 b を一つとれば，$ab=ba$ により，ab の位数は $2p$ となる．(実際 $(ab)^{2p}=a^{2p}b^{2p}=1$ だから，ab の位数は $2p$ の約数であるが，$(ab)^2=a^2b^2=b^2\neq 1$，$(ab)^p=a^pb^p=a^p=a\neq 1$. よって，$2p$ が ab の位数である) よって，ab の位数は 6 か 10 である．

一方，既に述べたように，G の元の位数は 1, 2, 3, 5 のいずれかに限るから，矛盾が生じた．よって

$$S=C_G(a)$$

が示された．言葉でいえば，“**G の任意の位数 2 の元 a に対して，a の G における中心化群は，G の 2-シロー群になる．**” しかも，a を含むような G の 2-シロー群は，上に見た通り，必ず $C_G(a)$ に一致する．よって，“**G の任意の位数 2 の元 a に対し，a を含むような G の 2-シロー群は唯一つしかない．**”

このことから，次のことがいえる．すなわち，“**G の相異なる 2 つの 2-シロー群 S_1, S_2 に対して，$S_1\cap S_2$ は $=\{1\}$ である．**” 何故ならば，$S_1\cap S_2=Q$ とおくと，$S_1\neq S_2$ により $Q\subsetneqq S_1$, $Q\subsetneqq S_2$. よって，もし $Q\neq\{1\}$ なら，$|Q|=2$ となる．Q の生成元を a とすれば，a の位数は 2 であって，しかも S_1 と S_2 とは a を含む 2 つの相異なる 2-シロー群となる．これは上述の事項に反する．

さて，G の位数 2 の元 a は，G_3 の元に共役である．(何故なら，a は G_1 の元にも G_2 の元にも共役にはなれないし，しかも G_1, G_2, G_3 中のある元とは共役のはずであるから) $G_3=\{1, c\}$ とおくと，a は 1 とは共役でないから，c と共役になる．これにより次のことがわかった．

“**G の位数 2 の元は互いに共役である．**”

いま，G 中の位数 2 の元の全体のなす集合を X とする．G は次のように X に左から作用する：

$$\sigma\in G \text{ と } x\in X \text{ に対して，} \sigma(x)=\sigma x\sigma^{-1}$$

このとき，X は唯一つの G-軌道よりなる (上記)．よって，$c\in X$ の G における固定化群を C とすれば

$$|X|=[G:C]$$

である．さて，G の X への作用の形から

$$C=C_G(c)$$

となる．従って，上述により，C は G の一つの 2-シロー群である．∴ $|C|=4$　∴ $|X|=15$．すなわち，

“G 中にある位数 2 の元の総数は 15 である．”

さて，G の相異なる 2-シロー群の全体を

$$S_1,\ S_2,\ \cdots,\ S_r$$

とする．シローの定理により，各 $x\in X$ はある $S_i-\{1\}$ に属するから，

$$X\subset\bigcup_{i=1}^{r}(S_i-\{1\})$$

である．一方，$S_i-\{1\}$ の中の元の位数は 2 か 4 であるが，4 は禁止されていた（既述！）から，2 でなければならない．よって，

$$S_i-\{1\}\subset X \qquad (i=1,\cdots,r)$$

$$\therefore\quad \bigcup_{i=1}^{r}(S_i-\{1\})\subset X$$

$$\therefore\quad X=\bigcup_{i=1}^{r}(S_i-\{1\}).$$

さて，$i\neq j$ なら $S_i\cap S_j=\{1\}$ であったから

$$(S_i-\{1\})\cap(S_j-\{1\})=\phi \quad (\text{空集合})$$

$$\therefore\quad |X|=\sum_{i=1}^{r}(|S_i|-1)=3r$$

$$\therefore\quad 15=3r$$

$$\therefore\quad r=5$$

さて，G の 2-シロー群 C の G における正規化群を

$$N=N_G(C)$$

とおくと，$[G:N]$ が r に等しいのであった（定理D）．よって，

$$[G:N]=5 \qquad (\text{従って } |N|=12)$$

を得る．

そこで例のように，$gN\ (g\in G)$ の形の右-coset 全体のなす集合を G/N とすれば，G が G/N に左から作用する．G/N は 5 個の元よりなるから，この作用により，G から 5 次対称群 $\mathfrak{S}_5$ の中への準同型写像 φ が生ずる．

$$\varphi: G \longrightarrow \mathfrak{S}_5$$

我々の次の目標は，φ の核の決定である．N の定義から，各 $x\in N$ は $xCx^{-1}=C$ を満たす．よって，C は N の不変部分群で，$[N:C]=\dfrac{12}{4}=3$ であるから，商群 N/C は位数 3 の巡回群である．従って，N/C はアーベル群である．よって，N の元 x,y に対して，群

N/C において

$$xC \cdot yC = yC \cdot xC$$
$$\therefore \quad xyC = yxC$$
$$\therefore \quad x^{-1}y^{-1}yxC = C$$
$$\therefore \quad x^{-1}y^{-1}xy \in C \quad (\text{for all } x \in N,\ y \in N)$$
$$\therefore \quad [N,\ N] \subset C$$

よって，N の交換子群 $[N,N]$ $(=M$ とおく）の位数 $|M|$ は

1, 2, 4

のいずれかである．$|M|=4$ を証明しよう．それには $|M|=1$ からも，また $|M|=2$ からも矛盾が生ずることをいえばよい．

まず $|M|=1$ としてみよう．すると $M=\{1\}$．すなわち $[N,\ N]=\{1\}$ となる．これは

$$x^{-1}y^{-1}xy=1 \qquad (\text{for all } x \in N,\ y \in N)$$

を意味するから，

$$xy=yx \qquad (\text{for all } x \in N,\ y \in N)$$

よって，N はアーベル群である．上述の如く，N の位数は12だから，N 中に位数2の元 x_0 と，位数3の元 y_0 が存在する．すると，x_0y_0 の位数は何度もやったように6となる．これは G の元の位数が 1, 2, 3, 5 のいずれかであるという既述事項と反し，矛盾が生じた．

次に $|M|=2$ としてみる．$M=\{1,\ z\}$ とおくと，z の位数は2である．さて，$M=[N,\ N]$ は N の不変部分群であるから，N の各元 x に対して

$$xMx^{-1}=M$$
$$\therefore \quad xzx^{-1}=z \quad (\because \quad xzx^{-1} \neq 1)$$
$$\therefore \quad xz=zx$$
$$\therefore \quad x \in C_G(z)$$
$$\therefore \quad N \subset C_G(z)$$
$$\therefore \quad |N| \leqq |C_G(z)|$$

所が，既にわかっているように，$|C_G(z)|=4$．よって，

$$|N| \leqq 4$$

となる．これと $|N|=12$ とから矛盾が生じた．かくして $|M|=4$ が示された．さて上述のように

$$M \subset C, \quad |M|=|C|=4$$

であるから，$M=C$．よって，次のことがわかった．

"C は N の交換子群と一致する： $C=[N, N]$"

次に，**N は G の不変部分群ではない**．何故ならば，もし N が G の不変部分群なら，$C=[N, N]$ も G の不変部分群となる．従って，

$$N=N_G(C)=G$$

となり，矛盾を生ずるからである．

さて，上述の準同型写像 $\varphi: G \to \mathfrak{S}_5$ の核を K とおく．$g\in G$ に対して，前のように

$$\begin{aligned} g\in K &\iff gxN=xN \quad (\text{for all } x\in G)\\ &\iff x^{-1}gx\in N \quad (\text{for all } x\in G)\\ &\iff g\in xNx^{-1} \quad (\text{for all } x\in G)\end{aligned}$$

であるから，

$$K=\bigcap_{x\in G} xNx^{-1}$$

である．$K\subset N$ で，K はもちろん G の不変部分群で N はそうでないから，$K \subsetneqq N$ である．従って $|K|$ は 12 の真の約数

1, 2, 3, 4, 6

のいずれかである．

さて，実は $K=\{1\}$ であること，すなわち準同型写像 $\varphi: G\to\mathfrak{S}_5$ が単射であることを証明しよう．そのためには，$|K|=2, 3, 4, 6$ のいずれからも矛盾が生ずることを示せばよい．

まず $|K|=2$ としてみる．$K=\{1, \sigma\}$ とおくと，σ の位数は 2 で，しかも K が G の不変部分群だから，G の各元 g に対して，さっきの論法で，$g\sigma g^{-1}=\sigma$ となる．

$$\therefore \quad C_G(\sigma)=G$$

これは，$|C_G(\sigma)|=4$ に反する．

次に $|K|=3$ としてみる．すると K も C も N の不変部分群で，しかも $K\cap C=\{1\}$ である．

$$(\because \quad |K|=3, \ |C|=4)$$

さて，各 $x\in K$ と各 $y\in C$ に対して，

$$\begin{aligned} &xyx^{-1}y^{-1}=(xyx^{-1})y^{-1}\in C\\ &xyx^{-1}y^{-1}=x(yx^{-1}y^{-1})\in K\\ &\therefore \quad xyx^{-1}y^{-1}\in C\cap K\\ &\therefore \quad xyx^{-1}y^{-1}=1\end{aligned}$$

$$\therefore \quad xy=yx$$

よって，$c \in C$ により，（c は G_3 の生成元であった！）

$$K \subset C_G(c)=C$$

となる．これは $K \cap C=\{1\}$ に反する．

次に $|K|=4$ としてみる．すると，K と C とは共に N の 2-シロー群だから，ある $x \in N$ が存在して

$$xKx^{-1}=C$$

となる（∵ 定理B）．一方 K は N の不変部分群だから，

$$xKx^{-1}=K$$
$$\therefore \quad K=C$$

よって，C が G の不変部分群となり，上述に反する．

最後に，$|K|=6$ としてみる．すると商群 N/K の位数は 2 だから，N/K はアーベル群である．よってさっきのように

$$xK \cdot yK=yK \cdot xK \quad (\text{for all } x \in N,\ y \in N)$$
$$\therefore \quad xyK=yxK \quad (\text{for all } x \in N,\ y \in N)$$
$$\therefore \quad x^{-1}y^{-1}xy \in K \quad (\text{for all } x \in N,\ y \in N)$$
$$\therefore \quad [N,\ N] \subset K$$
$$\therefore \quad C \subset K \qquad (\because \quad C=[N,\ N]).$$

所が K の部分群である C の位数 $|C|=4$ は，$|K|=6$の約数ではないから，これは矛盾である．

以上で，結論として，$K=\{1\}$，すなわち準同型写像

$$\varphi : G \longrightarrow \mathfrak{S}_5$$

が単射であることがわかった．よって，$\varphi(G)$ は $\mathfrak{S}_5$ の部分群でその位数は $=|G|=60$ である．

$$\therefore \quad [\mathfrak{S}_5 : \varphi(G)]=\frac{120}{60}=2.$$

よって，補題 1 により

$$\varphi(G)=\mathfrak{A}_5 \quad (\text{5 次交代群})$$

となる．これで次の定理が証明された．

定理 3　$SO(3)$ の有限部分群 G が A_5 型ならば，G は 5 次交代群 $\mathfrak{A}_5$ に同型である．

（名称 A_5 の由来もこの定理から来ているのである.）

さて，以上で $SO(3)$ の有限部分群 G で A_4 型，S_4型，A_5 型のものが**もしあるならば**，それはそれぞれ群 $\mathfrak{A}_4$, $\mathfrak{S}_4$, $\mathfrak{A}_5$ と同型であることが判明したのである．しかし，そのような G が存在するか否かはまだ明らかにされていないわけである．またあるとしても，共役を除いて何通りあるかも明らかでない.

次章に，これらが存在すること，ならびに，共役を除いて一通りであることを述べよう．これら3つの群は次回で述べるように $\boldsymbol{R}^3$ の5種類の正多面体（正四面体，正六面体，正八面体，正十二面体，正二十面体）と密接な関係にあり，総括して正多面体群と呼ばれている.

第11章　有限運動群の構成法

1. $SO(3)$ の A_4, S_4, A_5 型 有限部分群の存在問題

前章までに $\boldsymbol{R}^3$ の有限運動群の決定問題，すなわち $SO(3)$ の有限部分群の決定問題（共役を除いて）について述べて来たことを，一寸復習してみよう．そのような部分群 G がもし存在したとすれば，G は次の性質のいずれかを持つのであった．

(i) 位数 n の巡回群 $\boldsymbol{Z}_n$ に同型となる．($n \geqq 1$)

(ii) 位数 $2n$ の正二面体群 D_{2n} に同型となる．($n \geqq 2$)

(iii) 4次交代群 $\mathfrak{A}_4$ と同型となる．

(iv) 4次対称群 $\mathfrak{S}_4$ と同型となる．

(v) 5次交代群 $\mathfrak{A}_5$ と同型となる．

次に考えるべき問題は，では，(i)～(v)の各々の場合に対して，そのような群が**果して存在するか否か**，またもし存在したとしても，共役を除いて**何通りも存在するのか**，それとも共役を除けば唯一通りなのか——という諸点である．

このうち，(i)と(ii)については，各自然数 n に対して存在することも，また，共役を除けば唯一通りしか存在しないことも既に述べた．では(iii)～(v)については答がどうなるか——というのが残った問題である．これにとりかかる前に，念のために，(i)～(v)の5種の群は決して互いに同型にならないことを注意しておこう．すなわち

補題1　(i)～(v)の5種の群は互いに非同型である．

（証明）(iii)，(iv)，(v)の群の位数はそれぞれ 12, 24. 60だから互いに相異なり，従って(iii)，(iv)，(v)は互いに非同型である．次に(i)の $\boldsymbol{Z}_n$ はアーベル群で，他の(ii)～(v)の群は D_4 以外はどれもアーベル群ではないから，(i)の $\boldsymbol{Z}_n$ は(ii)～(v)の D_4 以外のどれにも同型ではない．さて，$\boldsymbol{Z}_4$ は位数4の元を持つが D_4 の元の位数は1か2であるから $\boldsymbol{Z}_n$ と D_4 とは同型ではない．結局，(ii)の群 D_{2n} が $\mathfrak{A}_4$, $\mathfrak{S}_4$, $\mathfrak{A}_5$ のいずれにも同型でないことを示せば証明が

完了する．

（イ）D_{2n} は $\mathfrak{S}_4$ と同型ではない．

何故なら，D_{2n} 中には指数 2 の部分群 H が存在して，H は位数 n の巡回群となるが，一方 $\mathfrak{S}_4$ の指数 2 の部分群は既に述べたように，4 次交代群 $\mathfrak{A}_4$ に限る．$\mathfrak{A}_4$ はアーベル群でないから，H と同型ではあり得ない．よって，D_{2n} は $\mathfrak{S}_4$ と同型ではない．

（ロ）D_{2n} は $\mathfrak{A}_4$, $\mathfrak{A}_5$ と同型ではない．

これをいうには，D_{2n} が指数 2 の部分群をもつことに注意すれば，次の一般的事実を示せばよい．

補題 2　n 次交代群 $\mathfrak{A}_n$ $(n=1, 2, \cdots)$ は決して指数 2 の部分群を持たない．

（証明）$\mathfrak{A}_n$ 中に指数 2 の部分群 Γ があったとすれば，Γ は不変部分群となる（既述）から，商群 $\mathfrak{A}_n/\Gamma$ が考えられる．$\mathfrak{A}_n/\Gamma$ の位数は 2 であるから，$\mathfrak{A}_n/\Gamma$ は，乗法群$\{1, -1\}$と同型である．よって準同型写像

$$\varphi : \mathfrak{A}_n \longrightarrow \{1, -1\}$$

が存在して，φ の核が Γ となる．（ここまでの論法は，n 次対称群 $\mathfrak{S}_n$ の指数 2 の部分群が $\mathfrak{A}_n$ に限るという補題（第10章）の証明のときと全く同じである！）

さて，$\mathfrak{A}_n$ は 3 項巡回置換

$$(*)\qquad (i\ j\ k)\qquad (i \neq j \neq k \neq i)$$

で生成される．すなわち，任意の偶置換 σ は，$(*)$ 中の元の積になる．何故ならば，偶置換 σ は，偶数個の互換 $\tau_1, \tau_2, \cdots, \tau_{2\nu}$ の積となる：

$$\sigma = \tau_1 \tau_2 \cdots \tau_{2\nu-1} \tau_{2\nu}$$

よって，$\tau_1\tau_2=\theta_1$，$\tau_3\tau_4=\theta_2$，$\cdots$，$\tau_{2\nu-1}\tau_{2\nu}=\theta_\nu$ とおけば

$$\sigma = \theta_1 \theta_2 \cdots \theta_\nu$$

となる．よって，各 θ_i が 3 項巡回置換 $(*)$ の積になることをいえばよい．$\theta_1=\tau_1\tau_2$ だけ考えれば他も同じである．いま

$$\tau_1=(i\ j),\quad \tau_2=(k\ l)\qquad (i \neq j,\ k \neq l)$$

とおく．場合をわけて考えよう．

(α)　$\{i, j\}=\{k, l\}$ のとき

$\tau_1=\tau_2$ となるから $\theta_1=\tau_1\tau_1=1=(1\ 2\ 3)^3$

(β)　$\{i, j\}\cap\{k, l\}=\{$唯一つの元$\}$ のとき

$\{i, j\}\cap\{k, l\}=\{j\}$，$j=k$，としてよい．すると，$\theta_1=(i\ j)(j\ l)=(i\ j\ l)=$ 3 項巡回

置換

(γ)　$\{i, j\} \cap \{k, l\} = \phi$ (空集合) のとき

$$\theta_1 = (i\ j)(k\ l) = (i\ j)(j\ k)(j\ k)(k\ l)$$
$$= (j\ i\ k)(j\ k\ l)$$

これで，任意の偶置換 σ は

$$\sigma = \rho_1 \cdots \rho_r, \quad \rho_i \text{ は } (*) \text{ の元 } (1 \leqq i \leqq r)$$

となる．さて，$\rho_i^3 = 1$ だから，準同型写像

$$\varphi : \mathfrak{A}_n \longrightarrow \{1, -1\}$$

に対して，$\varphi(\rho_i)^3 = 1$ となる．一方 $\varphi(\rho_i) = \varepsilon = \pm 1$．よって，$\varepsilon^3 = 1$ から，$\varepsilon = 1$ が出る．よって，

$$\varphi(\rho_i) = 1 \quad (i = 1, \cdots, r)$$
$$\therefore \quad \varphi(\sigma) = \varphi(\rho_1)\varphi(\rho_2)\cdots\varphi(\rho_r) = 1$$

よって，$\mathfrak{A}_n$ の各元 σ に対し $\varphi(\sigma) = 1$ となるから，φ の核は $\mathfrak{A}_n$ となる．これは，Γ が φ の核であることに反する．よって，補題 2 が証明された．

従って，上述のように，補題 1 の証明も完了した．

次へ進む前にもう一つ一般的補題を準備する．

補題 3　n 次元ユークリッド空間 $E = \boldsymbol{R}^n$ の中に有限個の相異なる点 $p_1, p_2, \cdots, p_k$ があり，これらは同一の超平面上にないとする．すると，

(i)　ベクトル系 $p_2 - p_1, p_3 - p_1, \cdots, p_k - p_1$ は $\boldsymbol{R}^n$ を張る．すなわち，$\boldsymbol{R}^n$ 中の任意のベクトルは，$p_2 - p_1, \cdots, p_k - p_1$ の一次結合である．

(ii)　$\varphi(p_i) = p_i$ $(i = 1, \cdots, k)$ を満たすような合同変換 φ は恒等変換に限る．

(iii)　$P = \{p_1, \cdots, p_k\}$ とおき，E の合同変換群 $I(E)$ の部分集合 G を

$$G_P = \{\varphi \in I(E) \,;\, \varphi(P) = P\}$$

で定義すれば，G_P は $I(E)$ の有限部分群である．(有限部分群の構成原理！)

(証明)　(i)　$p_2 - p_1, p_3 - p_1, \cdots, p_k - p_1$ の一次結合の全体を M とおくと，M は $\boldsymbol{R}^n$ の部分空間である．すなわち，$x \in M, y \in M$ ならば，$x + y \in M$ となる．また任意の実数 $\lambda \in \boldsymbol{R}$ に対して，$\lambda x \in M$ となる．$M = \boldsymbol{R}^n$ をいえばよい．それには M の次元 m が n に等しいことをいえばよい．$m < n$ として矛盾を導びこう．このとき，$p_2 - p_1, \cdots, p_k - p_1$ の中からとった一次独立なベクトル系中のベクトルの個数の最大値が m である．よって，例えば

$$p_2 - p_1 = a_1, p_3 - p_1 = a_2, \cdots, p_{m+1} - p_1 = a_m$$

が一次独立とすれば，他の $p_i - p_1$ は $a_1, \cdots, a_m$ の一次結合である．さて，

$$(c|a_1)=(c|a_2)=\cdots=(c|a_m)=0$$

を満たすようなベクトル $c\neq 0$ が存在する．実際

$$a_i=(\alpha_{i1}, \alpha_{i2}, \cdots, \alpha_{in}) \quad (1\leqq i\leqq m)$$

とおけば，$m<n$ により，連立一次方程式

$$\begin{cases} \alpha_{11}x_1+\cdots+\alpha_{1n}x_n=0 \\ \alpha_{21}x_1+\cdots+\alpha_{2n}x_n=0 \\ \cdots\cdots\cdots\cdots\cdots\cdots\cdots \\ \alpha_{m1}x_1+\cdots+\alpha_{mn}x_n=0 \end{cases}$$

は自明でない解 $(\gamma_1, \cdots, \gamma_n)\neq(0, \cdots, 0)$ をもつ．よって，$c=(\gamma_1, \cdots, \gamma_n)$ とおけばよい．

このベクトル c は，他の p_i-p_1 が $p_2-p_1, \cdots, p_{m+1}-p_1$ の一次結合であることにより，

$$(c|p_i-p_1)=0 \quad (i=1, \cdots, k)$$

を満足する．よって，

$$(c|p_1)=(c|p_2)=\cdots=(c|p_k) \quad (=\alpha \text{ とおく})$$

とすれば，超平面

$$H:(c|x)=\alpha$$

上に点 $p_1, \cdots, p_k$ があることになり，仮定に反する．よって，$m=n$，従って $M=\boldsymbol{R}^n$ となり，(i) の証明が完了した．

(ii) 合同変換 $\varphi\in I(E)$ が

$$\varphi(p_i)=p_i \quad (i=1, \cdots, k)$$

を満たしたとする．このとき，E の各点 x に対して，

$$\varphi(x)=x$$

となることをいえばよい．さて，(i) により $x-p_1$ は $p_2-p_1, \cdots, p_k-p_1$ の一次結合の形に書ける：

$$\begin{cases} x-p_1=\lambda_2(p_2-p_1)+\cdots+\lambda_k(p_k-p_1) \\ (\lambda_2\in\boldsymbol{R}, \cdots, \lambda_k\in\boldsymbol{R}) \end{cases}$$

よって，いま，$1-\lambda_2-\cdots-\lambda_k=\lambda_1$ とおくと，

$$\begin{cases} x=\lambda_1p_1+\lambda_2p_2+\cdots+\lambda_kp_k \\ \lambda_1\in\boldsymbol{R}, \lambda_2\in\boldsymbol{R}, \cdots, \lambda_k\in\boldsymbol{R} \\ \lambda_1+\lambda_2+\cdots+\lambda_k=1 \end{cases}$$

となる．よって，合同変換の性質（第6章）により，

$$\begin{aligned}\varphi(x)&=\lambda_1\varphi(p_1)+\cdots+\lambda_k\varphi(p_k)\\&=\lambda_1 p_1+\cdots+\lambda_k p_k\\&=x\end{aligned}$$

となり，(ii)が証明された．

(iii)　$P=\{p_1,\cdots,p_k\}$，$G_P=\{\varphi\in I(E)\,;\,\varphi(P)=P\}$ とおいたのだから，$id_E\in G_P$．また，$\varphi\in G_P$，$\psi\in G_P$ ならば，$\varphi(P)=P$，$\psi(P)=P$

$$\therefore\ \psi(\varphi(P))=\psi(P)=P\qquad\therefore\ \psi\varphi\in G_P$$

また，$\varphi(P)=P$ から，両辺に φ^{-1} を左から施して，

$$\varphi^{-1}\varphi(P)=\varphi^{-1}(P)\quad\therefore\ P=\varphi^{-1}(P)\quad\therefore\ \varphi^{-1}\in G_P$$

かくして，G_P は合同変換群 $I(E)$ の部分群であることがわかった．次に，G_P が有限群であることを示そう．各 $\sigma\in G_P$ に対して，$\sigma(P)=P$ により，σ は集合 $P=\{p_1,\cdots,p_k\}$ 上に一つの置換をひきおこす．この置換を σ^* とおくと，σ^* は k 文字 $p_1,\cdots,p_k$ の置換だから，k 次対称群 $\mathfrak{S}_k$ の元と見做してよい．そして写像 $\sigma\longmapsto\sigma^*$ は G_P から $\mathfrak{S}_k$ の中への写像である．これを π とする：

$$\pi:G_P\longrightarrow\mathfrak{S}_k$$

π は容易にわかるように（前章にも類似事項をやったから参照されたい），準同型写像となる．

さて，(ii)により準同型写像 π の核は $=\{1\}$ である．よって，π は単射となり，G_P は $\mathfrak{S}_k$ の部分群と同型になる．よって G_P は有限群である．　　（証明終）

注意1　G_P の位数 $|G|$ は，$\mathfrak{S}_k$ の位数 $k!$ の約数である．従って，$|G_P|\leqq k!$ が成り立つ．

注意2　点集合 P のもつ"対称性の大きさ"が群 G_P の大きさにより計られる——と思ってよい．例えば $P=\{p_1,p_2,p_3\}$ で三角形 $p_1p_2p_3$ の各辺の長さが違えば，$G_P=\{1\}$ である．

2.　$SO(3)$ の A_4 型部分群の構成

$\boldsymbol{R}^3$ 中に4点 p_1,p_2,p_3,p_4 をとり，これらが**正四面体の4頂点になっているようにする．**4点 p_1,p_2,p_3,p_4 は同一平面上にないから，補題3が使える．そこで，

$$P=\{p_1,p_2,p_3,p_4\}$$

とおく．そして

$$G^*=\{\sigma\in I(\boldsymbol{R}^3)\,;\,\sigma(P)=P\}$$

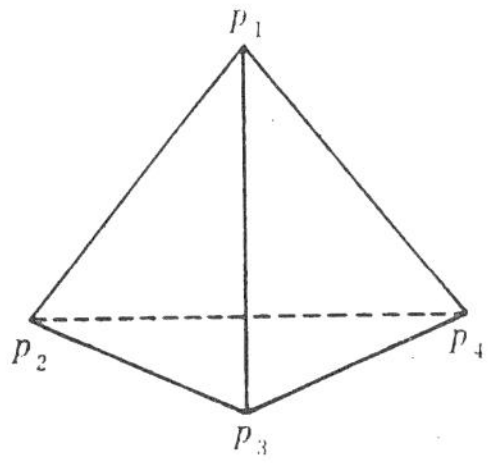

とおくと，G^* は $I(\boldsymbol{R}^3)$ の有限部分群である．G^* の位数は $4!=24$ の約数である．従って，

$$G^* \cap I^+(\boldsymbol{R}^3)=G$$

とおくと，G は運動からなる有限群である．G が4次交代群 $\mathfrak{A}_4$ に同型であることがいえれば，補題1により，G は A_4 型たらざるを得ない．従って，

$$G \cong \mathfrak{A}_4 \qquad (\cong \text{ は同型の意})$$

をいえば，A_4 型有限運動群の存在がわかる．$G \cong \mathfrak{A}_4$ をいうには，

$$G^* \cong \mathfrak{S}_4$$

および

$$[G^*:G]=2$$

をいえばよい．さて，$[G^*:G]=2$ の方は，

$$G^* \neq G$$

をいえばよい．何故なら，$G^* \neq G$ から，G^*-G は空集合ではない．よって，G^*-G の元 σ をとることができる．σ の符号 $\varepsilon(\sigma)$ は $=-1$ である．よって，G^*-G の任意の元 τ に対して，$\sigma\tau$ の符号は

$$\varepsilon(\sigma\tau)=\varepsilon(\sigma)\varepsilon(\tau)=(-1)(-1)=1$$
$$\therefore\quad \sigma\tau \in G^* \cap I^+(\boldsymbol{R}^3)=G$$
$$\therefore\quad \tau \in \sigma^{-1}G$$
$$\therefore\quad G^*-G \subset \sigma^{-1}G$$
$$\therefore\quad G^* \subset G \cup \sigma^{-1}G$$
$$\therefore\quad G^* = G \cup \sigma^{-1}G$$

しかも，$\sigma^{-1}G$ の各元の符号は $=-1$ だから，

$$G \cap \sigma^{-1}G=\phi$$
$$\therefore\quad [G^*:G]=2$$

となる．

そこで $G^* \neq G$ を示そう．いま p_3 と p_4 の中点を m とすると，点 $p_3 p_4$ の垂直二等分面 H は m, p_1, p_2 を

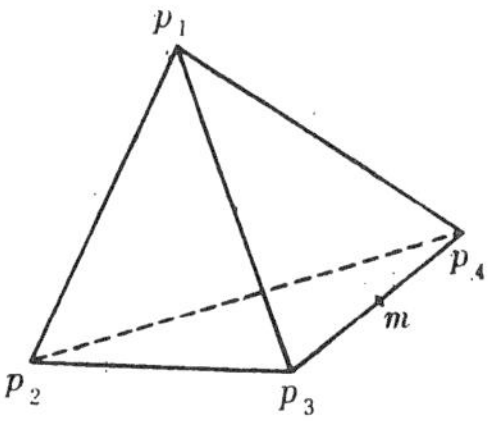

通る．しかも p_1, p_2, m は同一直線上にない．よって3 点 m, p_1, p_2 を通る平面は H に一致する．そして，鏡映 s_H は，

$$s_H(p_1)=p_1,\quad s_H(p_2)=p_2,$$
$$s_H(p_3)=p_4,\quad s_H(p_4)=p_3$$

を満たす．∴ $s_H \in G^*$．しかも s_H の符号は $=-1$ であるから，$s_H \notin G$．よって，$G^* \neq G$ がわかった．

次に，$G^* \cong \mathfrak{S}_4$ を示そう．それには，$G^* \ni \sigma$ のひきおこす $\{p_1, p_2, p_3, p_4\}$ の置換を σ^* として，準同型写像

$$\begin{cases} \pi : G^* \longrightarrow \mathfrak{S}_4 \\ \pi : \ \sigma \longmapsto \sigma^* \end{cases}$$

が全単射になることをいえばよい．π が単射であることは，上述の補題3，(ii) によりわかっているから，π が全射であることをいえばよい．すなわち

$$\pi(G^*)=\mathfrak{S}_4$$

をいえばよい．所が，上に述べた鏡映 $\sigma=s_H$ に対しては，そのひきおこす置換 σ^* は，p_3 と p_4 の互換になっている：

$$\sigma^*=(p_3, p_4)$$

よって，互換 (p_3, p_4) は，像群 $\pi(G^*)$ に属する．同様に，任意の2頂点 p_i, p_j $(i \neq j)$ に対して，互換(p_i, p_j) が像群 $\pi(G^*)$ に属する．所が，任意の置換は互換の積であるから，$\pi(G^*)=\mathfrak{S}_4$ となる．

以上をまとめて次の定理が得られた．

定理 1　p_1, p_2, p_3, p_4 を $\boldsymbol{R}^3$ 中の正四面体の4頂点とし，$P=\{p_1, p_2, p_3, p_4\}$ とおく．そして

$$G^* = \{\varphi \in I(\boldsymbol{R}^3)\ ;\ \varphi(P) = P\}$$
$$G = G^* \cap I^+(\boldsymbol{R}^3)$$

とおけば，群 G^* は $\mathfrak{S}_4$ に同型，群 G は $\mathfrak{A}_4$ に同型である．（群 G を正四面体 P の定める**正四面体群**という.）群 G は $SO(3)$ の A_4 型有限部分群である．

3. $SO(3)$ の S_4 型部分群の構成

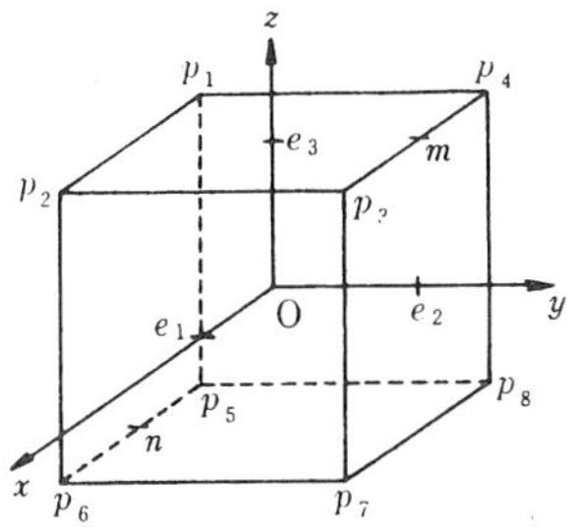

こんどは点集合 $P=\{p_1, \cdots, p_8\}$ として，図の如く**正六面体の 8 頂点**をとる．常用座標系で表わせば，

$p_1 = (-1,\ -1,\ 1)$,　　$p_2 = (1,\ -1,\ 1)$,
$p_3 = (1,\ 1,\ 1)$,　　$p_4 = (-1,\ 1,\ 1)$,
$p_5 = (-1,\ -1,\ -1)$,　　$p_6 = (1,\ -1,\ -1)$,
$p_7 = (1,\ 1,\ -1)$,　　$p_8 = (-1,\ 1,\ -1)$

である．点 $p_1, \cdots, p_8$ は同一平面上にないから，補題 3 が使える．よって，有限群

$$G^* = \{\varphi \in I(\boldsymbol{R}^3)\ ;\ \varphi(P) = P\}$$

および，その部分群

$$G = G^* \cap I^+(\boldsymbol{R}^3)$$

が生ずる．G が S_4 型であることがいいたい．それには，$G \cong \mathfrak{S}_4$ がいえればよい．

まず，$G^* \neq G$ を示そう．実際，原点に関する点対称

$$\rho\ :\ x \longmapsto -x$$

は，$\rho(P) = P$ を満たすから，$\rho \in G^*$ であり，しかも ρ の符号は $= -1$ であるから，$\rho \notin G$ $\therefore$ $G^* \neq G$．以下さっきと同様に

$$[G^* : G] = 2$$

を得る．

次に，群 G^* の**位数が 48 である**ことを示そう．そのために，正六面体の 6 つの面（正方形である）の中心を考えると，それらは，

$$\pm e_1,\ \pm e_2,\ \pm e_3$$

となる．ただし，e_1, e_2, e_3 は常用座標系の基点である：

$$e_1=(1, 0, 0),\ e_2=(0, 1, 0),\ e_3=(0, 0, 1).$$

注意　$\pm e_1, \pm e_2, \pm e_3$ なる 6 点は，**正八面体**の 6 頂点をなす．

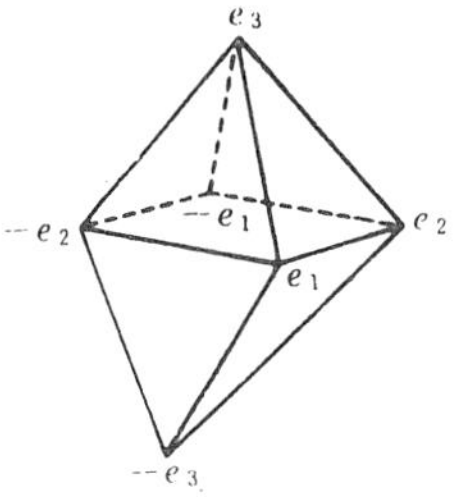

さて，G^* の各元 σ は，P を変えないから，

$$Q=\{e_1, e_2, e_3, -e_1, -e_2, -e_3\}$$

をも変えない：$\sigma(Q)=Q$．よって，常用座標系では，σ の行列は，$\sigma(e_i)=\pm e_j$ より，各行各列に ± 1 が丁度 1 ケ所あるような 3 次直交行列となる．

逆に，そのような直交行列で表わされる合同変換 σ は，$\sigma(Q)=Q$ を満たす．従って，σ は正八面体 Q に外接している正六面体 P を変えない．よって σ は $\sigma(P)=P$ を満たすから，$\sigma\in G^*$ となる．よって，G^* をこのような行列全体のなす群と同一視する．G^* の元の例として，例えば

$$\begin{pmatrix} 0 & 0 & -1 \\ -1 & 0 & 0 \\ 0 & 1 & 0 \end{pmatrix}$$

がある．行列群 G^* は次のように分解する．すなわち，G^* の各元 σ は，**対角行列**

$$d=\begin{pmatrix} \varepsilon_1 & 0 & 0 \\ 0 & \varepsilon_2 & 0 \\ 0 & 0 & \varepsilon_3 \end{pmatrix},\quad \varepsilon_1=\pm 1,\ \varepsilon_2=\pm 1,\ \varepsilon_3=+1$$

と，**置換行列**（すなわち各行，各列に 1 が丁度 1 ケ所あるような行列）π との積の形に書ける：

$$\sigma=d\pi$$

いま，d の形の行列全体のなす群を D とし，3次の置換行列全体のなす群を S とすれば，明らかに D, S は G^* の部分群で，しかも上述より，

$$G^* = DS$$

となる．さて明らかに，$D \cap S = \{1\}$ である．このことから，G^* の元 σ を $\sigma = d\pi$ の形に表わす仕方は一意的である．何故なら，

$$\sigma = d\pi = d_1\pi_1 \quad (d \in D,\ d_1 \in D,\ \pi \in S,\ \pi_1 \in S)$$

とすれば，

$$d^{-1}d_1 = \pi{\pi_1}^{-1} \in D \cap S = \{1\}$$
$$\therefore \quad d^{-1}d_1 = 1,\ \pi{\pi_1}^{-1} = 1$$
$$\therefore \quad d = d_1,\ \pi = \pi_1$$

よって，積集合 $D \times S$ から，G^* への写像（準同型ではないが）$(d, \pi) \longmapsto d\pi$ は全単射である．よって，G^* の位数 $|G^*|$ は，D の位数 $|D|$ と S の位数 $|S|$ との積に等しい：

$$|G^*| = |D| \cdot |S|.$$

所が $|D| = 8,\ |S| = 3! = 6$ であるから

$$|G^*| = 8 \cdot 6 = 48$$

を得る．

よって，$[G^* : G] = 2$ より，群 G の位数 $|G|$ は24に等しいことがわかる：

$$|G| = 24$$

さて，最後に，$G \cong \mathfrak{S}_4$ を示そう．そのためには，G から $\mathfrak{S}_4$ 上への準同型写像 Φ が存在することをいえばよい．何故なら，Φ の核を Γ とするとき，$\Phi(G) = \mathfrak{S}_4$ から，$G/\Gamma \cong \mathfrak{S}_4$

$\therefore \quad [G : \Gamma] = |\mathfrak{S}_4| = 24$

$\therefore \quad |G|/|\Gamma| = 24.$　これと $|G| = 24$ より

$$|\Gamma| = 1$$

すなわち

$$\Gamma = \{1\}$$

となり，Φ は全単射となる．よって，Φ は同型写像となり，$G \cong \mathfrak{S}_4$ となる．

そこで Φ を作ろう．そのために，正6面体の相異なる2つの頂点 p_i, p_j 間の距離 $\overline{p_ip_j}$ を調べてみると

$$2,\ 2\sqrt{2},\ 2\sqrt{3}$$

のいずれかである．しかも $\overline{p_ip_j} = 2\sqrt{3}$ となるような組 p_i, p_j は（2点の順序を無視すれ

ば) 4組ある．すなわち

$$\{p_1, p_7\},\ \{p_2, p_8\},\ \{p_3, p_5\},\ \{p_4, p_6\}$$

である．このとき，4つの閉線分

$$a=[p_1, p_7],\ b=[p_2, p_8],\ c=[p_3, p_5],\ d=[p_4, p_6]$$

を，はじめの正六面体の対角線と呼ぶことにする．さて，いま，$\sigma \in G^*$ に対して，$[p_i, p_j]$ が対角線ならば

$$\overline{\sigma(p_i), \sigma(p_j)}=\overline{p_i p_j}=2\sqrt{3}$$

だから，$[\sigma(p_i), \sigma(p_j)]$ も対角線である．よって，σ は，4つの対角線のなす集合 $\{a, b, c, d\}$ の置換 σ^* をひきおこす．これにより，準同型写像

$$\begin{cases} f: G^* \longrightarrow \mathfrak{S}_4 \\ f: \ \sigma \longmapsto \sigma^* \end{cases}$$

が生ずる．f を G 上に制限することにより，準同型写像

$$\begin{cases} \Phi: G \longrightarrow \mathfrak{S}_4 \\ \Phi: \sigma \longmapsto \sigma^* \end{cases}$$

が得られる．$\Phi(G)=\mathfrak{S}_4$ がいえればよい．

いま p_3p_4 の中点を m とし，p_5p_6 の中点を n とすると，軸 mn のまわりの 180° 回転σは，

$$\begin{aligned} &\sigma(p_1)=p_7, \quad \sigma(p_7)=p_1, \\ &\sigma(p_2)=p_8, \quad \sigma(p_8)=p_2, \\ &\sigma(p_3)=p_4, \quad \sigma(p_4)=p_3, \\ &\sigma(p_5)=p_6, \quad \sigma(p_6)=p_5 \end{aligned}$$

を満たすから，$\sigma \in G$ である．しかも σ が $\{a, b, c, d\}$ にひきおこす置換 σ^* は，

$$\begin{aligned} &\sigma^*(a)=a, \quad \sigma^*(b)=b, \\ &\sigma^*(c)=d, \quad \sigma^*(d)=c \end{aligned}$$

となる．すなわち，σ^* は互換 (c, d) に等しい．よって互換 (c, d) は像群 $\Phi(G)$ に属する．全く同様にして，$\{a, b, c, d\}$ の任意の互換は $\Phi(G)$ に属することがわかる．一方，$\{a, b, c, d\}$ の任意の置換は互換の積として表わされるから，

$$\Phi(G)=\mathfrak{S}_4$$

となる．これで $G \cong \mathfrak{S}_4$ がわかった．よって有限運動群G は，補題1により，S_4 型である．かくして次の定理がわかった．

定理 2 $p_1, \cdots, p_8$ を $\boldsymbol{R}^3$ 中の正六面体の 8 頂点とし，$P=\{p_1, \cdots, p_8\}$ とおく．そして

$$G^*=\{\varphi\in I(\boldsymbol{R}^3)\ ;\ \varphi(P)=P\},$$
$$G=G^*\cap I^+(\boldsymbol{R}^3)$$

とおけば，群 G^* の位数は 48 であり，群 G は $\mathfrak{S}_4$ に同型である．（群 G を正六面体 P の定める**正六面体群**という．）群 G は $SO(3)$ の S_4 型有限部分群である．

注意 $q_1, \cdots, q_6$ を $\boldsymbol{R}^3$ 中の上述の正八面体の 6 頂点 $\pm e_1, \pm e_2, \pm e_3$ とし，$Q=\{q_1, \cdots, q_6\}$ とおく．そして，

$$G_Q{}^*=\{\varphi\in I(\boldsymbol{R}^3)\ ;\ \varphi(Q)=Q\},$$
$$G_Q=G_Q{}^*\cap I^+(\boldsymbol{R}^3)$$

とおくと，上に述べたように，$G_Q{}^*, G_Q$ と定理 2 の G^*, G との間には，

$$G_Q{}^*=G^*$$
$$G_Q=G$$

が成り立つ．よって，$G_Q\cong\mathfrak{S}_4$ となり，G_Q も $SO(3)$ の S_4 型有限部分群となる．G_Q を，正八面体 Q の定める**正八面体群**という．これは実は正六面体群 G と一致しているというわけである．

4. $SO(3)$ の A_5 型部分群の構成

こんどは点集合 $P=\{p_1, \cdots, p_{20}\}$ として，**正十二面体の 20 個の頂点**（次図参照）**をとる**．

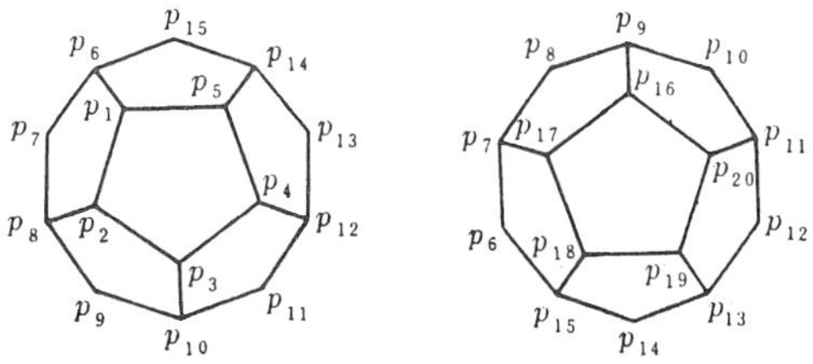

（真上から見た図）　（真下から見た図）

そして，例によって，

$$G^*=\{\varphi\in I(\boldsymbol{R}^3)\ ;\ \varphi(P)=P\}$$
$$G=G^*\cap I^+(\boldsymbol{R}^3)$$

とおく．$p_1, \cdots, p_{20}$ は同一平面上にないから，G^* と G とは有限群である(補題3)．G が A_5 型であることをいいたい．そのために次のようにする．

まずこの正十二面体の中心 O は原点であり，また頂点 $p_1, \cdots, p_{20}$ は単位球面 S^2 上にあるとしても一般性を失わない．いま，正十二面体の 12 個の面（正五角形である)の中心を $q_1^*, \cdots, q_{12}^*$ とし，半直線 $\{\lambda q_i^* ; \lambda>0\}$ と S^2 との交点を q_i $(1 \leqq i \leqq 12)$ とする．そして

$$Q=\{q_1, \cdots, q_{12}\}$$

とおく．また正十二面体の 30 個の稜の中点を $r_1^*, \cdots, r_{30}^*$ とし，半直線 $\{\lambda r_i^* ; \lambda>0\}$ と S^2 との交点を r_i $(1 \leqq i \leqq 30)$ とする．そして

$$R=\{r_1, \cdots, r_{30}\}$$

とおく．すると，$\sigma \in G^*$ ならば，$\sigma(P)=P$ であるから，$\sigma(Q)=Q$, $\sigma(R)=R$ が成り立つ．

さて，P, Q, R はそれぞれ一つの G-軌道をなすことを示そう．

実際，ある面とその対面(図でいえば，正五角形 $p_1p_2p_3p_4p_5$ と $p_{16}p_{17}p_{18}p_{19}p_{20}$ の如く)の中心を結ぶ直線を回転軸とし，回転角 $\frac{2\pi}{5}$ なる回転を ρ とすれば，面上の 5 頂点は ρ を逐次施すことにより互に移り合う．（例えば $p_1 \overset{\rho}{\longmapsto} p_2 \overset{\rho}{\longmapsto} p_3 \overset{\rho}{\longmapsto} p_4 \overset{\rho}{\longmapsto} p_5 \overset{\rho}{\longmapsto} p_1$ の如く)．しかも $\rho \in G$ だから，

“一つの面上の 5 頂点は同一の G-軌道に属する”

よって，どの 2 頂点も同一の G-軌道に属する．しかも上の ρ が，考えている面の中心を変えないから，$q_1, \cdots, q_{12}$ は G の軸点集合 M に属することがわかる．

同様にして，二つの対面の中心を結ぶ回転軸を種々にとり，回転角 $\frac{2\pi}{5}$ なる回転をすべて考えて，これらを，稜の中点，面の中心に施せば，Q, R がそれぞれ一つの G-軌道に属することがわかる．

次に P, R が軸点集合 M に含まれることを見よう．例えば，頂点 p_1 と相対する頂点 p_{19}（すなわち p_1 より最も遠い距離にある頂点：p_1 と p_{19} とは S^2上で直径の両端になっている）とを結ぶ直線 p_1p_{19} を回転軸として，回転角 $\frac{2\pi}{3}$ なる回転 θ が G に属し，かつ p_1 を固定するから，p_1 は G の軸点集合 M に属する．同様にして，P 中の他の頂点 p_i も M に属するから，$P \subset M$.

次に，頂点 p_ip_j の中点 r_k^* の場合を考える．p_i, p_j と相対する頂点をそれぞれ p_α, p_β とし，$p_\alpha p_\beta$ の中点を r_γ^* とする．すると，直線 $r_k^*r_\gamma^*$ を回転軸とし，回転角 π の回転 τ は G に属し，かつ r_k^* を変えない．よって，$\tau(r_k)=r_k$ となり，$r_k \in M$ を得る．従って，$R \subset M$ となる．

さて，G に共通不動点がないことは上の回転達の考察から明らかである．よって軸点集合 M は 3 個の G-軌道 M_1, M_2, M_3 に分割され，一方 P, Q, R は M 中にあって互いに相異なる G-軌道である．

よって，(M_1, M_2, M_3) と (P, Q, R) とは順序を除いて一致する．P, Q, R 中の点の個数はそれぞれ

$$|P|=20,\ |Q|=12,\ |R|=30$$

だから，$|M_1|\leqq|M_2|\leqq|M_3|$ の順に並べたとすれば

$$M_1=Q,\ M_2=P,\ M_3=R$$

となる．これと前回の表から，G は A_5 型でなければならないことがわかる．

ついでに，$G^*\neq G$ に注意しておく．何故なら原点に関する点対称

$$\sigma : x \longmapsto -x$$

は G^* に属し，かつ符号が $=-1$ だから．よって $G^*\neq G$ となり，前と同様に

$$[G^* : G]=2$$

がわかる．よって，G^* の位数は 120 である．

これで次の定理がわかった．

定理 3　$p_1, \cdots, p_{20}$ を $\boldsymbol{R}^3$ 中の正十二面体の 20 個の頂点とし，$P=\{p_1, \cdots, p_{20}\}$ とおく．そして

$$G^*=\{\varphi\in I(\boldsymbol{R}^3)\ ;\ \varphi(P)=P\}$$
$$G=G^*\cap I^+(\boldsymbol{R}^3)$$

とおけば，群 G^* の位数は 120 であり，群 G は $\mathfrak{A}_5$ に同型である（群 G を正十二面体 P の定める**正十二面体群**という．）群 G は $SO(3)$ の A_5 型部分群である．

注意　上述の正十二面体の 12 個の面の中心 $q_1^*, \cdots, q_{12}^*$ は，一つの正二十面体の頂点をなす．従って，$q_1, \cdots, q_{12}$ も一つの正二十面体の頂点をなす．よって，$Q=\{q_1, \cdots, q_{12}\}$ として，

$$G_Q^*=\{\varphi\in I(\boldsymbol{R}^3)\ ;\ \varphi(Q)=Q\}$$
$$G_Q=G_Q^*\cap I^+(\boldsymbol{R}^3)$$

を考えると，$G^*\subset G_Q^*$, $G\subset G_Q$ である．しかし，逆に正二十面体 Q の面（正三角形である）の中心を $s_1^*, \cdots, s_{20}^*$ とすれば，半直線 $\{\lambda s_i^* : \lambda>0\}$ と単位球面 S^2 の交点は，はじめの正十二面体の頂点となる．よって逆に

$$G_Q^*\subset G^*,\ G_Q\subset G$$

を得る．よって

$$G_Q{}^*=G^*,\ G_Q=G$$

となる．G_Q を，正二十面体 Q の定める**正二十面体群**というが，これは実は正十二面体群 G に一致しているわけで，本質的に新しいものではない．

5. 一意性の問題

これで $SO(3)$ が実際に A_4 型，S_4 型，A_5 型の部分群をもつことがわかった．ここで生ずる問題は，上記の構成法以外にも，A_4 型，S_4 型，A_5 型の部分群を作ることが出来るであろうか？ということである．上記では正四面体，正六面体，正十二面体を用いたが，これはもしかすると一つの偶然で，$P=\{p_1, \cdots, p_k\}$ として，他に適当な点集合から出発すると，例えば，A_5 型ではあるが，上記の A_5 型部分群 G とは共役ではないような群が作れるのではないか？—— という不安がまだ残っている．実は次の定理により，そんなことが起らないことが保証されるのである．（紙数が尽きたので証明は次章にのばし，定理のみ書いておく．）

定理 4　$SO(3)$ の有限部分群 G_1, G_2 が互いに同型ならば，$\sigma\in SO(3)$ が存在して，$\sigma G_1\sigma^{-1}=G_2$ となる．

第12章　一意性の定理

1.　一意性の定理の証明

今回の目的は，前章で定理4として予告した一意性の定理：

“$SO(3)$ の有限部分群 G_1, G_2 が互いに同型ならば，実は G_1 と G_2 とは $SO(3)$ において共役である．すなわち $\sigma\in SO(3)$ が存在して，$\sigma G_1\sigma^{-1}=G_2$ となる”

の証明を述べることである．

さて前章までにわかっていたように，これは次の5つの場合について証明すればよいのであった．

(i)　$G_1\cong G_2\cong \mathbf{Z}_n$（位数 n の巡回群）のとき

(ii)　$G_1\cong G_2\cong D_{2n}$（位数 $2n$ の正二面体群）のとき

(iii)　$G_1\cong G_2\cong \mathfrak{A}_4$（4次交代群）のとき

(iv)　$G_1\cong G_2\cong \mathfrak{S}_4$（4次対称群）のとき

(v)　$G_1\cong G_2\cong \mathfrak{A}_5$（5次交代群）のとき

しかも(i)，(ii)の場合には，$\sigma\in O(3)$ を適当にとれば

$$(*)\qquad \sigma G_1\sigma^{-1}=G_2$$

となることが前章までにわかっていたのであった．すると **σ をさらに $SO(3)$ の中からえらんで，$(*)$ を満たすようにすることができる**こともわかる．何故ならば，σ の符号が $=1$ なら，$\sigma\in SO(3)$ だからよいし，もし σ の符号が $=-1$ なら，σ の代りに次の σ_1 を考える．まず

$$\rho=\begin{pmatrix}-1 & 0 & 0\\ 0 & -1 & 0\\ 0 & 0 & -1\end{pmatrix}$$

とおくと，$\rho\in O(3)$ かつ ρ の符号は $=-1$ である．よって，

$$\sigma_1=\sigma\rho$$

の符号 $\varepsilon(\sigma_1)$ は

$$\varepsilon(\sigma_1)=\varepsilon(\sigma)\varepsilon(\rho)=(-1)(-1)=1$$

となる．しかも ρ はあらゆる3次行列と交換可能であるから，G_1 の任意の元 g に対して，

$$\rho g=g\rho$$
$$\therefore\quad \rho g\rho^{-1}=g$$
$$\therefore\quad \sigma_1 g\sigma_1{}^{-1}=\sigma\rho g\rho^{-1}\sigma^{-1}=\sigma g\sigma^{-1}$$
$$\therefore\quad \sigma_1 G_1\sigma_1{}^{-1}=\sigma G_1\sigma^{-1}=G_2$$

このようにして，G_1 と G_2 とが $O(3)$ において共役ならば，共役を実現する元 $\sigma\in O(3)$: $\sigma G_1\sigma^{-1}=G_2$ を修正して，$\sigma\in SO(3)$ となるようにいつも直せる．この論法は (iii)～(v) の場合でも同様にして成立しているから，結局，G_1 と G_2 とが $O(3)$ において共役であることを示せば，目的の定理に達するわけである．

2. 準同型 $\mathfrak{S}_4\to\mathfrak{S}_3$ と Klein の四元群

4次対称群 $\mathfrak{S}_4$ を，前に述べたように正六面体

$$P=\{p_1, \cdots, p_8\}$$

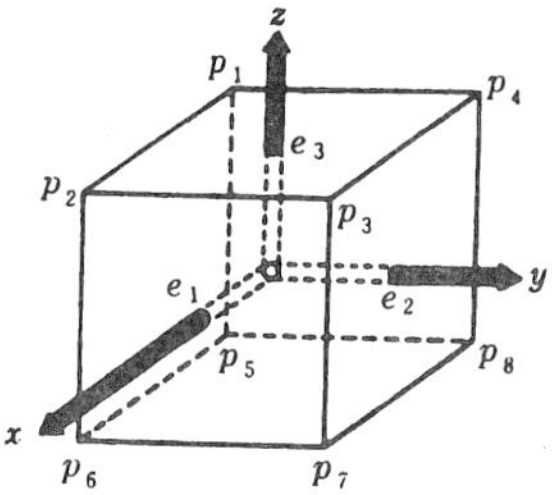

の定める正六面体群

$$G=\{\sigma\in I^+(\boldsymbol{R}^3)\ ;\ \sigma(P)=P\}$$

として実現しておく．念のためにこの意味を思い出しておこう．それは正六面体 P の4つの対角線

$$a=[p_1, p_7],\ b=[p_2, p_8],\ c=[p_3, p_5],\ d=[p_4, p_6]$$

のなす集合を $X=\{a, b, c, d\}$ とすれば，各 $\sigma\in G$ が $\sigma(P)=P$ を満たすから，$\sigma(X)=X$ となる．よって，σ は X の置換 σ^* をひきおこす．そして対応 $\sigma\longmapsto\sigma^*$ によって生ずる準同型写像

$$G \longrightarrow \mathfrak{S}_4$$

を φ とすれば，実は φ が全単射になることが証明されて，

$$G \cong \mathfrak{S}_4$$

となるのであった.

さて，正六面体 P の相対する面の対（順序は無視）は全部で次の 3 個である：

α： 面 $p_1p_2p_3p_4$ と面 $p_5p_6p_7p_8$ の対

β： 面 $p_1p_2p_6p_5$ と面 $p_3p_7p_8p_4$ の対

γ： 面 $p_1p_5p_8p_4$ と面 $p_2p_6p_7p_3$ の対

そして，G の元 σ は，$\sigma(P)=P$ を満たすから，α, β, γ の 3 元からなる集合 Y を変えない $\sigma(Y)=Y$．よって，σ は，Y の置換 $\hat{\sigma}$ をひきおこす．これにより，G から 3 次対称群 $\mathfrak{S}_3$ 中への準同型写像

$$\begin{cases} f: G \longrightarrow \mathfrak{S}_3 \\ f: \sigma \longmapsto \hat{\sigma} \end{cases}$$

が生ずる.

常用座標系の原点を 0, 基点を e_1, e_2, e_3 とするとき，考えている正六面体の 6 個の面の中心が，$\pm e_1$，$\pm e_2$, $\pm e_3$ の 6 個の点であるとしてよい．すると，α, β, γ は次の対と見做してよい：

α： e_3，$-e_3$

β： e_2，$-e_2$

γ： e_1，$-e_1$

さてこの準同型写像 $f: G \to \mathfrak{S}_3$ の性質を調べよう．まず f は全射である．すなわち $f(G)=\mathfrak{S}_3$ が成り立つ.それには，$\mathfrak{S}_3$ が互換達から生成されるから，α, β, γ なる 3 元の任意の互換が $f(G)$ に属することをいえばよい．他も同じことだから，互換 (α, β) が $\in f(G)$ となることだけ示そう．それには x-軸のまわりの回転(ただし回転角は y-軸から z-軸へ向かって $270°$（$-90°$ といってもよい）とする）を ρ とすると，$\rho \in G$，かつ，

$$\rho(e_1)=e_1,\ \rho(e_2)=-e_3,\ \rho(e_3)=e_2$$

$$\rho(-e_1)=-e_1,\ \rho(-e_2)=e_3,\ \rho(-e_3)=-e_2$$

であるから，ρ のひきおこす Y 上の置換 $\hat{\rho}$ は

$$\hat{\rho}(\alpha)=\beta,\ \hat{\rho}(\beta)=\alpha,\ \hat{\rho}(\gamma)=\gamma$$

よって，$\hat{\rho}$ は互換 (α, β) と一致する：$\hat{\rho}=(\alpha,\beta)$ よって $\hat{\rho} \in f(G)$ となり，同様に全互換が $f(G)$ に属して，$f(G)=\mathfrak{S}_3$ となる.

次に準同型写像 f の核 Γ を求めよう．まず $f(G)=\mathfrak{S}_3$ により商群 G/Γ は $\mathfrak{S}_3$ と同型

である．よって位数を比べて，$24=|\Gamma|\cdot 6$．よって Γ の位数 $|\Gamma|$ は

$$|\Gamma|=4$$

となる．

さて，前にも述べたように，常用座標系で G の元 σ の行列は，各行各列に ± 1 が丁度1か所あって他は0で，しかも σ の符号，すなわち行列式の値が $=1$ なるものである．一方，σ が準同型写像 f の核に属するための必要十分条件は，$\hat{\sigma}(\alpha)=\alpha$, $\hat{\sigma}(\beta)=\beta$, $\hat{\sigma}(\gamma)=\gamma$ となること，すなわち，

$$\sigma(e_1)=\varepsilon_1 e_1,\ \sigma(e_2)=\varepsilon_2 e_2,\ \sigma(e_3)=\varepsilon_3 e_3 \quad (\varepsilon_1,\ \varepsilon_2,\ \varepsilon_3 \text{ は } \pm 1)$$

となること，すなわち，σ の行列が対角行列

$$\begin{pmatrix} \varepsilon_1 & 0 & 0 \\ 0 & \varepsilon_2 & 0 \\ 0 & 0 & \varepsilon_3 \end{pmatrix}$$

の形になることである．しかも行列式 $\varepsilon_1\varepsilon_2\varepsilon_3$ の値が $=1$ であるから，結局 Γ は行列の形でいえば，次の4個の元よりなることがわかる．

$$1=\begin{pmatrix} 1 & 0 & 0 \\ 0 & 1 & 0 \\ 0 & 0 & 1 \end{pmatrix},\quad \tau_1=\begin{pmatrix} 1 & 0 & 0 \\ 0 & -1 & 0 \\ 0 & 0 & -1 \end{pmatrix},$$

$$\tau_2=\begin{pmatrix} -1 & 0 & 0 \\ 0 & 1 & 0 \\ 0 & 0 & -1 \end{pmatrix},\quad \tau_3=\begin{pmatrix} -1 & 0 & 0 \\ 0 & -1 & 0 \\ 0 & 0 & 1 \end{pmatrix}$$

これらの元が，正六面体の対角線の集合 $X=\{a, b, c, d\}$ にひきおこす置換 $1^*, \tau_1^*, \tau_2^*, \tau_3^*$ を考察しよう．1^* はもちろん恒等置換である．次に，$p_1=-e_1-e_2+e_3$ より，$\tau_1(p_1)=-e_1+e_2-e_3=p_8$．また $p_7=e_1+e_2-e_3$ より，$\tau_1(p_7)=e_1-e_2+e_3=p_2$．よって，合同変換 τ_1 により，対角線 $a=[p_1, p_7]$ は，対角線 $b=[p_2, p_8]$ に写される．すなわち，τ_1 が対角線の集合 X にひきおこす置換 τ_1^* は $\tau_1^*(a)=b$ を満たす．$\tau_1^2=1$ だから，$(\tau_1^*)^2=1$．従って，$\tau_1^*(a)=b$ の両辺に左から τ_1^* を施して，$\tau_1^*(b)=a$ を得る．同様な計算で

$$\begin{cases} \tau_1(p_3)=\tau_1(e_1+e_2+e_3)=e_1-e_2-e_3=p_6 \\ \tau_1(p_5)=\tau_1(-e_1-e_2-e_3)=-e_1+e_2+e_3=p_4 \end{cases}$$

$$\therefore\quad \tau_1([p_3, p_5])=[p_6, p_4]$$

$$\therefore\quad \tau_1^*(c)=d,\qquad \therefore\quad \tau_1^*(d)=c$$

よって，置換 $\tau_1^*\in\mathfrak{S}_4$ の巡回置換表示は

$$\tau_1^* = (ab)(cd)$$

となる．全く同様な計算で

$$\tau_2^* = (ad)(bc)$$
$$\tau_3^* = (ac)(bd)$$

となる．よって，同型写像 $\varphi: G \to \mathfrak{S}_4$ により，Γ の像は，

$$\varphi(\Gamma) = \{1, (ab)(cd), (ac)(bd), (ad)(bc)\}$$

となる．Γ が G の不変部分群だから，$\varphi(\Gamma)$ も $\mathfrak{S}_4$ の不変部分群である．Γ の元 $(\neq 1)$ の位数はすべて 2 に等しい．4 文字 a, b, c, d の対称群 $\mathfrak{S}_4$ 中のこの不変部分群 $\varphi(\Gamma)$ を $\mathfrak{V}_4$ と書き，これを **Klein の四元群**という．上に述べたように，商群 $\mathfrak{S}_4/\mathfrak{V}_4$ は，3 次対称群 $\mathfrak{S}_3$ に同型である．Klein の四元群 $\mathfrak{V}_4$ は位数 4 の正二面体群 D_4 に同型であることに注意しておく．何故ならば，D_4 の元は単位元 1 および x, y, z 軸をそれぞれ回転軸とする 180° 回転 $\sigma_1, \sigma_2, \sigma_3$ からなり，次のような乗法の表（群表）をもつ（乗法における因子の順序は，D_4 がアーベル群だから問題にならない）．

	1	σ_1	σ_2	σ_3
1	1	σ_1	σ_2	σ_3
σ_1	σ_1	1	σ_3	σ_2
σ_2	σ_2	σ_3	1	σ_1
σ_3	σ_3	σ_2	σ_1	1

一方 Klein の四元群 $\mathfrak{V}_4 = \{1, \tau_1^*, \tau_2^*, \tau_3^*\}$ の群表を計算してみると，

	1	τ_1^*	τ_2^*	τ_3^*
1	1	τ_1^*	τ_2^*	τ_3^*
τ_1^*	τ_1^*	1	τ_3^*	τ_2^*
τ_2^*	τ_2^*	τ_3^*	1	τ_1^*
τ_3^*	τ_3^*	τ_2^*	τ_1^*	1

となる．よって，対応

$$1 \longleftrightarrow 1,\ \tau_1^* \longleftrightarrow \sigma_1,\ \tau_2^* \longleftrightarrow \sigma_2,\ \tau_3^* \longleftrightarrow \sigma_3$$

により，Klein の四元群 $\mathfrak{V}_4$ と正二面体群 D_4 の間の同型対応が生ずるから，$\mathfrak{V}_4 \cong D_4$ である．

最後に，Klein の四元群 $\mathfrak{V}_4$ の元はいずれも偶置換であるから，$\mathfrak{V}_4$ は実は 4 次交代群 $\mathfrak{A}_4$ に含まれる．従って，$\mathfrak{V}_4$ は $\mathfrak{A}_4$ の不変部分群でもある．

3. 軸点集合の一性質

補題 1　群 $SO(3)$ の部分群 H と K とがあって，$K \neq \{1\}$ かつ K は H の不変部分群であるとする（H, K は無限群であってもよい）．このとき単位球面 S^2 の部分集合 M_K を

$$M_K = \{p \in S^2 ;\ K-\{1\} \text{ のある元 } \sigma \text{ に対して，}\quad \sigma(p)=p\}$$

により定義する（K が有限群なら，M_K は前に K の軸点集合と呼んだ点集合である．だから，一般に，M_K を K の軸点集合と呼ぶことにする）．すると，M_K は H で不変である．すなわち，H の各元 h に対して，

$$h(M_K) = M_K.$$

（証明）$p \in M_K, h \in H$ とする．ある $\sigma \in K-\{1\}$ に対して，$\sigma(p)=p$ である．よって，いま $h\sigma h^{-1}=\tau$ とおくと，$hKh^{-1}=K$（$\because$ K は H の不変部分群）だから，$\tau \in K$．かつ $\sigma \neq 1$ だから $\tau \neq 1$．よって $\tau \in K-\{1\}$ である．しかも $h(p)=q$ とおくと

$$\tau(q) = \tau h(p) = h\sigma h^{-1}h(p) = h\sigma(p) = h(p) = q$$

よって，$q \in M_K$ となる．すなわち，$h(M_K) \subset M_K$ の成立がわかった．従って，$h^{-1} \in H$ に対しても $h^{-1}(M_K) \subset M_K$ となる．両辺に h を施せば，$M_K \subset h(M_K)$．よって，求める等式 $h(M_K)=M_K$ を得る．（証明終）

4. $G_1 \cong G_2 \cong \mathfrak{S}_4$ の場合

$\mathfrak{S}_4$ 中の Klein の四元群を $\mathfrak{V}_4$ とし，同型対応 $G_1 \cong \mathfrak{S}_4$ および $G_2 \cong \mathfrak{S}_4$ によって，$\mathfrak{V}_4$ に対応する G_1, G_2 の部分群をそれぞれ Γ_1, Γ_2 とすれば，$\Gamma_1 \cong \Gamma_2$，かつ Γ_1, Γ_2 は位数 4 の正二面体群 D_4 に同型であるから，既にわかっている第一節の (ii) の場合により，Γ_1 と Γ_2 とは $SO(3)$ 中で共役である．すなわち，ある $\sigma \in SO(3)$ が存在して，

$$\sigma \Gamma_1 \sigma^{-1} = \Gamma_2$$

となる．よって，群 G_1 の代りに，共役群 $\sigma G_1 \sigma^{-1}$ を考えれば，はじめから，$\Gamma_1 = \Gamma_2$ としてよい．さらに G_1, G_2 を共役群でおきかえれば，$\Gamma_1 = \Gamma_2$ は次の 4 個の行列からなる標準的な位数 4 の正二面体群 D_4 に一致するとしても一般性を失わない．

$$\begin{pmatrix}1&0&0\\0&1&0\\0&0&1\end{pmatrix},\quad \begin{pmatrix}1&0&0\\0&-1&0\\0&0&-1\end{pmatrix};$$
$$\begin{pmatrix}-1&0&0\\0&1&0\\0&0&-1\end{pmatrix},\quad \begin{pmatrix}-1&0&0\\0&-1&0\\0&0&1\end{pmatrix}$$

結局，$G_1 \cong G_2 \cong \mathfrak{S}_4$ なる仮定から，$SO(3)$ における G_1 と G_2 の共役性をいうには，次の仮定をおいてもよいことがわかったのである．

（☆）　**G_1, G_2 は D_4 を不変部分群として含む**

さて，群 D_4 の軸点集合 M は，直ちにわかるように

$$e_1,\ -e_1,\ e_2,\ -e_2,\ e_3,\ -e_3$$

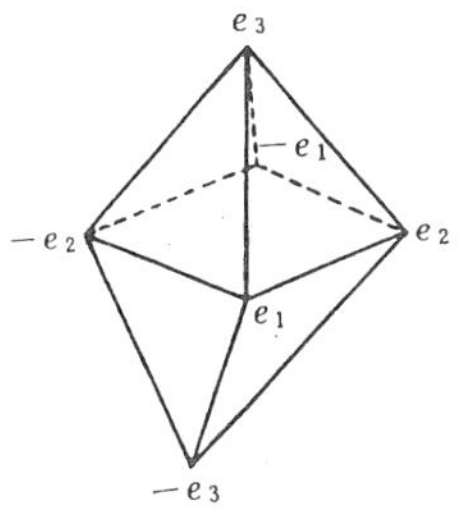

の6個の点からなる．これらは一つの正八面体の6頂点をなしている．いま，正八面体 M の定める正八面体群を G とおく：

$$G = \{\sigma \in SO(3)\ ;\ \sigma(M) = M\}$$

すると，既にわかっているように，G は $\mathfrak{S}_4$ と同型で，従って，G の位数 $|G|$ は24である．

一方，D_4 が G_1 の不変部分群である（∵（☆））から，補題1により，G_1 の各元 ρ は，D_4 の軸点集合 M を変えない：$\rho(M) = M$.　∴　$\rho \in G$

$$\therefore\ G_1 \subset G$$

よって，G_1 は G の部分群であるが，G_1 も G も共に位数24であるから，実は両者は一致する：

$$G_1 = G$$

全く同様にして，$G_2 = G$ を得るから，$G_1 = G_2$ を得る．よって，結局次のことが証明されたのである．

“$SO(3)$ の二つの有限部分群 G_1, G_2 に対して，$G_1 \cong G_2 \cong \mathfrak{S}_4$ ならば，実は G_1 と G_2 とは $SO(3)$ において共役である．”（これが第1節の(iv)の場合である.）

5.　$G_1\cong G_2\cong\mathfrak{A}_4$ の場合

Klein の四元群 $\mathfrak{V}_4\subset\mathfrak{A}_4$ を考え，同型対応 $G_1\cong\mathfrak{A}_4$ および $G_2\cong\mathfrak{A}_4$ によって，$\mathfrak{V}_4$ に対応する G_1, G_2 の部分群をそれぞれ Γ_1, Γ_2 とする．すると，第4節と同じ論法により，G_1 と G_2 とを $SO(3)$ における共役群でおきかえることにより，

$$\Gamma_1=\Gamma_2=D_4$$

としてよい．第4節で述べたように，正二面体群 D_4 の軸点集合 M は6点 $\pm e_1, \pm e_2, \pm e_3$ よりなり，正八面体の6頂点をなす．M の定める正八面体群 G を考えると，G は4次対称群 $\mathfrak{S}_4$ に同型で，しかも，D_4 が G_1 の不変部分群であることから，第4節同様に補題1により

$$G_1\subset G$$

である．しかも G_1 の位数は12であるから，

$$[G:G_1]=2$$

である．同様に，$G_2\subset G$ かつ

$$[G:G_2]=2$$

となる．所が $G\cong\mathfrak{S}_4$ だから，既に述べた（第10章，補題1）ように G は指数2の部分群を唯一つしかもたない（すなわち同型対応 $G\cong\mathfrak{S}_4$ において，4次交代群 $\mathfrak{A}_4$ に対応する G の部分群がそれである）．よって

$$G_1=G_2$$

を得る．これで次のことが証明されたのである．

“$SO(3)$ の二つの有限部分群 G_1, G_2 に対して，$G_1\cong G_2\cong\mathfrak{A}_4$ ならば，実は G_1 と G_2 とは $SO(3)$ において共役である．”（これが第1節の(iii)の場合である．）

6.　$SO(3)$ 中の位数2の合同変換について

次に $G_1\cong G_2\cong\mathfrak{A}_5$ の場合に進む前に，準備としてまず $SO(3)$ 中の位数2の元について少し述べておく．いま $\sigma\in SO(3)$ の位数を $=2$ とすれば，$\sigma\neq id_{R^3}$ であるから，σ は原点Oを通る或る回転軸 l のまわりの回転であって，その回転角は180° に等しい．

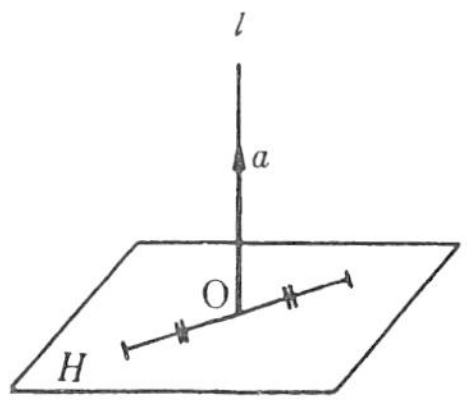

原点 O を通って，l に垂直な平面を H とすれば，σ は H 上では点 O のまわりの 180° 回転，すなわち，点 Oに関する点対称である．

従って，いま直線 l 上に方向ベクトル a ($\|a\|=1$) をとる．すなわち，l 上に点 a (ただし $\|a\|=1$) をとると，σ は次のように表わされる．$\boldsymbol{R}^3$ の点 x を，ベクトルとして l に平行な部分 y と H に平行な部分 z とに分解する：

$$x=y+z$$

ここで，y は

$$y=\lambda a \qquad (\lambda \text{ は実数})$$

の形であり，z は H に平行という条件，すなわち

$$(z|a)=0$$

から定まる．実際

$$\begin{aligned}(x|a)&=(y|a)+(z|a)\\&=\lambda(a|a)=\lambda\end{aligned}$$

により，

$$\lambda=(x|a)$$

となる．すると，

$$y=\lambda a$$

および

$$z=x-y=x-\lambda a$$

が決まる．さて，

$$\begin{aligned}\sigma(x)&=\sigma(y)+\sigma(z)\\&=y-z\end{aligned}$$

$$\begin{aligned}\therefore\quad \sigma(x)&=\lambda a-(x-\lambda a)=-x+2\lambda a\\&=-x+2(x|a)a\end{aligned}$$

これは，第 1 章の H に関する鏡映 s_H の公式を用いて

$$=-s_H(x)$$

と書ける (何故なら，H の方程式が $(a|x)=0$ で与えられるからである)．

よって，いま，原点Oに関する点対称

$$x \longmapsto -x$$

として得られる合同変換を，-1 と表わせば，

$$\sigma=(-1)\circ s_H$$

となる．$(-1)\circ s_H$ を $-s_H$ と略記すれば，

$$\sigma=-s_H$$

と書ける．

逆に，原点Oを通る任意の平面 H に対し，$\sigma=-s_H$ とおくと，$\sigma=(-1)\circ s_H\in SO(3)$ かつ，

$$\sigma^2=s_H{}^2=id_{\boldsymbol{R}^3},\qquad \sigma\neq id_{\boldsymbol{R}^3}$$

となり，σ の位数は2である．原点O を通り H に垂直な直線 l 上の各点が σ の不動点となる．そして，σ は l を回転軸とする180°の回転になっている．

この σ は，原点Oを通る直線 l または平面 H のいずれを与えても確定する．特に，l の方向ベクトル a $(\|a\|=1)$ を与えれば，l が決まり，従って σ が決まる．このようにして，ベクトル a $(\|a\|=1)$ の定める位数2の元 $\sigma\in SO(3)$ を，

$$\sigma_a$$

と書くことにすると，

$$\sigma_a=\sigma_{-a}$$

である．そして，上述のように

$$\sigma_a(x)=-x+2(x|a)a$$

が成り立つ．この記号の下で次の補題を証明しよう．

補題2　$\boldsymbol{R}^3$ のベクトル $a, b(\|a\|=1, \|b\|=1)$ のなす角を θ とすれば，自然数 k に対して，

$$(\sigma_a\sigma_b)^k=1 \Longleftrightarrow k\theta \quad が\ \pi\ の整数倍$$

（証明）$a=\pm b$ のときは，$\theta=0$ または π であるが一方，$\sigma_a=\sigma_b$ となるから，$\sigma_a\sigma_b=1$．よって，任意の自然数 k に対して，$(\sigma_a\sigma_b)^k=1$ であるが，一方 $k\theta$ は π の整数倍になっているから，この場合には我々の主張は成り立つ．

よって，$a\neq\pm b$ とする．このとき，a にも b にも垂直なベクトル c，$\|c\|=1$，が ±1 倍を除いて定まる．実際

$$a=(\alpha_1, \alpha_2, \alpha_3)$$
$$b=(\beta_1, \beta_2, \beta_3)$$
$$c=(\gamma_1, \gamma_2, \gamma_3)$$

とすれば,

$$\begin{cases} \alpha_1\gamma_1+\alpha_2\gamma_2+\alpha_3\gamma_3=0 \\ \beta_1\gamma_1+\beta_2\gamma_2+\beta_3\gamma_3=0 \end{cases}$$

より,

$$\gamma_1:\gamma_2:\gamma_3=\begin{vmatrix} \alpha_2 & \alpha_3 \\ \beta_2 & \beta_3 \end{vmatrix}:\begin{vmatrix} \alpha_3 & \alpha_1 \\ \beta_3 & \beta_1 \end{vmatrix}:\begin{vmatrix} \alpha_1 & \alpha_2 \\ \beta_1 & \beta_2 \end{vmatrix}$$

である. これと $\gamma_1{}^2+\gamma_2{}^2+\gamma_3{}^2=1$ より, $(\gamma_1, \gamma_2, \gamma_3)$ は ± 1 倍を除いて定まる. さて $\sigma_a(c)=-c$, $\sigma_b(c)=-c$ であるから,

$$(\sigma_a\sigma_b)(c)=\sigma_a(-c)=-\sigma_a(c)=c$$

よって, $\sigma_a\sigma_b$ は c を方向ベクトルにもつ直線 m を回転軸とする回転である.

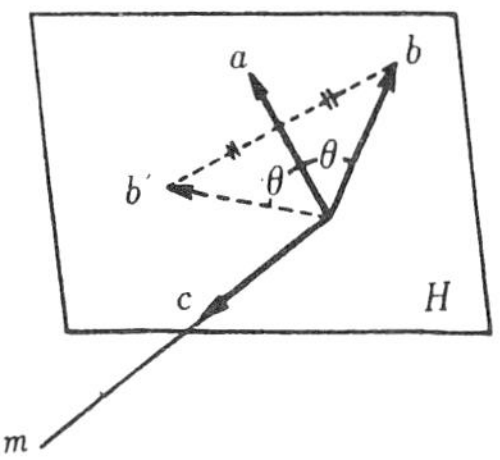

原点 O を通り, c に垂直な平面を H とすると, $\sigma_a\sigma_b$ は H 上に回転をひきおこす. この回転の回転角 φ を求めてみよう. 平面 H 上に点 a も点 b もあるから,

$$\begin{aligned} \sigma_a\sigma_b(b)&=\sigma_a(b) \\ &=-b+2(b|a)a \ (=b' \text{ とおく}). \end{aligned}$$

すると,

$$b'=-b+2\cos\theta\cdot a$$

であるから, b と b' とのなす角 φ は

$$\begin{aligned} \cos\varphi&=(b|b')=-(b|b)+2\cos\theta(b|a) \\ &=-1+2\cos^2\theta=\cos 2\theta \end{aligned}$$

よって, **H 上では $\sigma_a\sigma_b$ は, b から a に向かって, 角 2θ の回転である**. 従って,

$$\begin{aligned} (\sigma_a\sigma_b)^k=1 &\iff 2k\theta \text{ が } 2\pi \text{ の整数倍} \\ &\iff k\theta \text{ が } \pi \text{ の整数倍} \end{aligned}$$

となる.　(証明終)

補題 3　$\boldsymbol{R}^3$ の単位ベクトル e_1, e_2, e_3 を用いて, 上述の記号で

$$\sigma_1=\sigma_{e_1},\quad \sigma_2=\sigma_{e_2},\quad \sigma_3=\sigma_{e_3}$$

とおく．すなわち

$\sigma_1=x$ 軸のまわりの 180° 回転

$\sigma_2=y$ 軸のまわりの 180° 回転

$\sigma_3=z$ 軸のまわりの 180° 回転

とする．このとき，自然数 p, q, r を任意に与え，$SO(3)$ の位数 2 の元 σ で

$$(\sigma\sigma_1)^p=1,\quad (\sigma\sigma_2)^q=1,\quad (\sigma\sigma_3)^r=1$$

を満たすものの全体の集合を $I_{p,q,r}$ と書く．すると $I_{p,q,r}$ は高々 $\frac{1}{2}(p+1)(q+1)(r+1)$ 個の元しか含まない．

（証明）$\sigma=\sigma_a\ (\|a\|=1)$ が $I_{p,q,r}$ 中に属するための条件を調べよう．a と e_1, e_2, e_3 のなす角をそれぞれ $\theta_1, \theta_2, \theta_3$ とすると，$a=(\cos\theta_1, \cos\theta_2, \cos\theta_3)$である．さて補題 2 により

$$\sigma_a\in I_{p,q,r} \Longleftrightarrow p\theta_1,\ q\theta_2,\ r\theta_3 \text{ が } \pi \text{ の整数倍}$$

ここで，$0\leqq\theta_1, \theta_2, \theta_3\leqq\pi$ であるから

$$\sigma_a\in I_{p,q,r} \Longleftrightarrow \theta_1=\frac{\pi}{p}\lambda,\ \theta_2=\frac{\pi}{q}\mu,\ \theta_3=\frac{\pi}{r}\nu$$

$(\lambda, \mu, \nu$ は整数で $0\leqq\lambda\leqq p,\ 0\leqq\mu\leqq q,\ 0\leqq\nu\leqq r)$

よって，角 $(\theta_1, \theta_2, \theta_3)$ のとり方は高々 $(p+1)(q+1)(r+1)$ 通りである．($\theta_1, \theta_2, \theta_3$ は独立にはとれない．$\cos^2\theta_1+\cos^2\theta_2+\cos^2\theta_3=1$ を満たさねばならないから.) しかし，$(\theta_1, \theta_2, \theta_3)$ と $(\pi-\theta_1, \pi-\theta_2, \pi-\theta_3)$ とに対応するベクトル $a=(\cos\theta_1, \cos\theta_2, \cos\theta_3)$ と $a'=(\cos(\pi-\theta_1), \cos(\pi-\theta_2), \cos(\pi-\theta_3))$ の間には

$$a'=-a$$

なる関係があるから，$\sigma_a=\sigma_{a'}$ となる．よって，証明された．

補題 4　上の補題 3 の記号の下で，$p=5,\ q=3,\ r=5$ の場合を考えると，$I_{5,3,5}$ は丁度 8 個の元からなる．

（証明）$a=(\cos\theta_1, \cos\theta_2, \cos\theta_3)\ (\|a\|=1)$ が $I_{5,3,5}$ に属する条件は，$\cos^2\theta_1+\cos^2\theta_2+\cos^2\theta_3=1$，かつ

$$\begin{cases} \theta_1=0,\ \frac{\pi}{5},\ \frac{2\pi}{5},\ \frac{3\pi}{5},\ \frac{4\pi}{5},\ \pi \text{ のいずれか} \\ \theta_2=0,\ \frac{\pi}{3},\ \frac{2\pi}{3},\ \pi \text{ のいずれか} \\ \theta_3=0,\ \frac{\pi}{5},\ \frac{2\pi}{5},\ \frac{3\pi}{5},\ \frac{4\pi}{5},\ \pi \text{ のいずれか} \end{cases}$$

となることである．さて，

$$\theta_1=0 \quad \text{または} \quad \pi$$

ならば，$\cos^2\theta_1=1$ だから，$\cos\theta_2=\cos\theta_3=0$ となり $a=\pm e_1$. 従って，$\sigma_a=\sigma_1$ となるが，これは $(\sigma_1\sigma_2)^3=\sigma_1\sigma_2=\sigma_3\neq 1$ となり，$I_{5,3,5}$ に属さない．同様にして，$\theta_2=0$ または π なら，$\sigma_a=\sigma_2$ となり，

$$\sigma_a \notin I_{5,3,5}$$
$$(\because \quad (\sigma_2\sigma_1)^5=\sigma_3\neq 1)$$

また $\theta_3=0$ または π のときも，$\sigma_a=\sigma_3$ となり，

$$\sigma_a \notin I_{5,3,5}$$
$$(\because \quad (\sigma_3\sigma_1)^5=\sigma_2\neq 1)$$

よって，$\theta_1, \theta_2, \theta_3$ のとり得る値は

$$\begin{cases} \theta_1: \dfrac{\pi}{5}, \dfrac{2\pi}{5}, \dfrac{3\pi}{5}, \dfrac{4\pi}{5} \text{ のいずれか} \\ \theta_2: \dfrac{\pi}{3}, \dfrac{2\pi}{3} \text{ のいずれか} \\ \theta_3: \dfrac{\pi}{5}, \dfrac{2\pi}{5}, \dfrac{3\pi}{5}, \dfrac{4\pi}{5} \text{ のいずれか} \end{cases}$$

となる．さて，

$$\cos\frac{\pi}{5}=\frac{\sqrt{5}+1}{4}, \qquad \cos\frac{2\pi}{5}=\frac{\sqrt{5}-1}{4}$$

$$\cos\frac{3\pi}{5}=-\cos\frac{2\pi}{5}, \quad \cos\frac{4\pi}{5}=-\cos\frac{\pi}{5}$$

$$\cos\frac{\pi}{3}=-\cos\frac{2\pi}{3}=\frac{1}{2}$$

であるから(*)，

(*) $$\omega=e^{\frac{2\pi i}{5}}=\cos\frac{2\pi}{5}+i\sin\frac{2\pi}{5}$$

とおくと，$\omega^5=1$. よって，ω は

$$z^5-1=0$$

の根である．よって

$$z^5-1=(z-1)(z^4+z^3+z^2+z+1)$$

と $\omega\neq 1$ とから，ω は

(☆) $$z^4+z^3+z^2+z+1=0$$

の根である．さて，

$$\omega+\frac{1}{\omega}=\omega+\omega=2\cos\frac{2\pi}{5}$$

だから，$2\cos\frac{2\pi}{5}$ は，$z+\frac{1}{z}=u$ とおいて，(☆) より出る等式

$$z^2+z+1+\frac{1}{z}+\frac{1}{z^2}=0$$

すなわち

$$u^2+u-1=0$$

の根である．

$$\therefore\quad 2\cos\frac{2\pi}{5}=\frac{-1\pm\sqrt{5}}{2}$$

$$\therefore\quad \cos\frac{2\pi}{5}=\frac{-1\pm\sqrt{5}}{4}$$

$\frac{2\pi}{5}$ は第一象限の角だから

$$\cos\frac{2\pi}{5}=\frac{\sqrt{5}-1}{4}$$

を得る．同様に

$$\zeta=e^{\frac{2\pi i}{10}}=\cos\frac{\pi}{5}+i\sin\frac{\pi}{5}$$

とおくと，$\zeta^{10}=1$ から，ζ は

$$z^{10}-1=(z^5-1)(z^5+1)=0$$

の根である．$\zeta^5=-1\neq1$ だから，ζ は

$$z^5+1=0$$

の根となる．従って

$$z^4-z^3+z^2-z+1=0$$

の根となる．よって，以下上と同様に，$2\cos\frac{\pi}{5}=\zeta+\bar{\zeta}$ は

$$v^2-v-1=0$$

の根となり，結局

$$\cos\frac{\pi}{5}=\frac{1+\sqrt{5}}{4}$$

を得る．

$$\cos^2\frac{\pi}{5}+\cos^2\frac{\pi}{3}+\cos^2\frac{2\pi}{5}=1$$

である．よって，$a=(\cos\theta_1,\ \cos\theta_2,\ \cos\theta_3)$ として許される値は，

$$a_1=\left(\cos\frac{\pi}{5},\ \cos\frac{\pi}{3},\ \cos\frac{2\pi}{5}\right)$$

$$a_2=\left(\cos\frac{\pi}{5},\ \cos\frac{\pi}{3},\ \cos\frac{3\pi}{5}\right)$$

$$a_3=\left(\cos\frac{\pi}{5},\ \cos\frac{2\pi}{3},\ \cos\frac{2\pi}{5}\right)$$

$$a_4=\left(\cos\frac{\pi}{5},\ \cos\frac{2\pi}{3},\ \cos\frac{3\pi}{5}\right)$$

$$a_5=\left(\cos\frac{2\pi}{5},\ \cos\frac{\pi}{3},\ \cos\frac{\pi}{5}\right)$$

$$a_6=\left(\cos\frac{2\pi}{5},\ \cos\frac{\pi}{3},\ \cos\frac{4\pi}{5}\right)$$

$$a_7=\left(\cos\frac{2\pi}{5},\ \cos\frac{2\pi}{3},\ \cos\frac{\pi}{5}\right)$$

$$a_8=\left(\cos\frac{2\pi}{5},\ \cos\frac{2\pi}{3},\ \cos\frac{4\pi}{5}\right)$$

の 8 通り，およびそれらの符号を同時に -1 倍して得られる 8 通り，計16通りである．$a_i \neq \pm a_j$ $(1 \leqq i \neq j \leqq 8)$ かつ $\sigma_{a_i} = \sigma_{-a_i}$ であるから，結局 $I_{5,3,5}$ は丁度 8 個の元からなる．

（証明終）

さて補題 4 の証明中の記号を用いて，長さ 1 の 8 個のベクトル $a_1, \cdots, a_8$ から生じる $SO(3)$ 中の 8 個の位数 2 の元 $\tau_i = \sigma_{a_i}$ $(i=1, \cdots, 8)$ について，積 $\tau_i \tau_j$ の位数を調べよう．例えば，$\tau_1\tau_2$ の位数を考える．$\tau_1\tau_2$ は，a_1 と a_2 とに垂直で原点 O を通る直線 m のまわりの回転で，回転角は a_1 と a_2 のなす角 θ の 2 倍であることは既に述べた．さて

$$
\begin{aligned}
(a_1|a_2) &= \cos^2\frac{\pi}{5} + \cos^2\frac{\pi}{3} + \cos\frac{2\pi}{5}\cos\frac{3\pi}{5} \\
&= \frac{(\sqrt{5}+1)^2}{16} + \frac{1}{4} - \frac{(\sqrt{5}-1)^2}{16} \\
&= \frac{1}{16}\{6+2\sqrt{5}+4-6+2\sqrt{5}\} = \frac{\sqrt{5}+1}{4} \\
&= \cos\frac{\pi}{5}
\end{aligned}
$$

であるから，$\tau_1\tau_2$ の回転角は $\dfrac{2\pi}{5}$ である．よって，$\tau_1\tau_2$ の位数は 5 である．

また $\tau_1\tau_5$ の回転角も同様に

$$
\begin{aligned}
(a_1|a_5) &= \cos\frac{\pi}{5}\cos\frac{2\pi}{5} + \cos^2\frac{\pi}{3} + \cos\frac{2\pi}{5}\cos\frac{\pi}{5} \\
&= 2\,\frac{(\sqrt{5}-1)(\sqrt{5}+1)}{16} + \frac{1}{4} \\
&= \frac{1}{2} + \frac{1}{4} = \frac{3}{4}
\end{aligned}
$$

から求められる．すなわち，$\cos\varphi = \dfrac{3}{4}$，$0 \leqq \varphi \leqq \pi$，から定まる角 φ の 2 倍である．さて，このような角 φ に対して，$2\varphi, 3\varphi, 5\varphi$ は π の整数倍ではあり得ない．実際

$$
\begin{aligned}
&\cos 2\varphi = \pm 1 \Rightarrow 2\varphi = 0,\ \pi \Rightarrow \\
&\qquad \varphi = 0,\ \frac{\pi}{2} \Rightarrow \cos\varphi = 1,\ 0 \Rightarrow \text{矛盾} \\
&\cos 3\varphi = \pm 1 \Rightarrow 3\varphi = 0,\ \pi,\ 2\pi \Rightarrow \\
&\qquad \varphi = 0,\ \frac{\pi}{3},\ \frac{2}{3}\pi \Rightarrow \cos\varphi = 1,\ \pm\frac{1}{2} \Rightarrow \text{矛盾} \\
&\cos 5\varphi = \pm 1 \Rightarrow 5\varphi = 0,\ \pi,\ 2\pi,\ 3\pi,\ 4\pi \\
&\qquad \Rightarrow \varphi = 0,\ \frac{\pi}{5},\ \frac{2\pi}{5},\ \frac{3\pi}{5},\ \frac{4\pi}{5} \\
&\qquad \Rightarrow \cos\varphi = 1,\ \frac{\sqrt{5}+1}{4},\ \frac{\sqrt{5}-1}{4},\ \frac{1-\sqrt{5}}{4},\ \frac{-1-\sqrt{5}}{4} \\
&\qquad \Rightarrow \text{矛盾}
\end{aligned}
$$

よって，$\tau_1\tau_2$ の位数は 2, 3, 5 のいずれでもない．（実は，$\tau_1\tau_2$ の位数は有限ではない．すなわち，どんな自然数 n に対しても，$(\tau_1\tau_2)^n \neq 1$ がいえる．それを示すには，$\cos\varphi = \frac{3}{4}$ なる φ が π の有理数倍でないことをいえばよいが，以下にはそれを使わぬので，このことの証明は省く．）

以下同様にして，内積 $(a_i|a_j)$ の表を作って $\tau_i\tau_j$ の位数を調べれば左の結果が得られる．これにより $1\leqq i\leqq 4,\ 5\leqq j\leqq 8$ ならば $\tau_i\tau_j$ の位数（それは $\tau_i^{-1}(\tau_i\tau_j)\tau_i=\tau_j\tau_i$ により $\tau_j\tau_i$ の位数に等しい）は 2, 3, 5 のいずれでもないことが上と同様にしてわかる．他の組合せに対して $\tau_i\tau_j$ の位数は次の表の通り

$(a_i\|a_j)$の表	a_1	a_2	a_3	a_4
a_1	1	$\cos\frac{\pi}{5}$	$\cos\frac{\pi}{3}$	$\cos\frac{2\pi}{5}$
a_2	$\cos\frac{\pi}{5}$	1	$\cos\frac{2\pi}{5}$	$\cos\frac{\pi}{3}$
a_3	$\cos\frac{\pi}{3}$	$\cos\frac{2\pi}{5}$	1	$\cos\frac{\pi}{5}$
a_4	$\cos\frac{2\pi}{5}$	$\cos\frac{\pi}{3}$	$\cos\frac{\pi}{5}$	1
a_5	$\frac{3}{4}$	$\frac{1}{4}$	$\frac{1}{4}$	$-\frac{1}{4}$
a_6	$\frac{1}{4}$	$\frac{3}{4}$	$-\frac{1}{4}$	$\frac{1}{4}$
a_7	$\frac{1}{4}$	$-\frac{1}{4}$	$\frac{3}{4}$	$\frac{1}{4}$
a_8	$-\frac{1}{4}$	$\frac{1}{4}$	$\frac{1}{4}$	$\frac{3}{4}$

$(a_i\|a_j)$の表	a_5	a_6	a_7	a_8
a_1	$\frac{3}{4}$	$\frac{1}{4}$	$\frac{1}{4}$	$-\frac{1}{4}$
a_2	$\frac{1}{4}$	$\frac{3}{4}$	$-\frac{1}{4}$	$\frac{1}{4}$
a_3	$\frac{1}{4}$	$-\frac{1}{4}$	$\frac{3}{4}$	$\frac{1}{4}$
a_4	$-\frac{1}{4}$	$\frac{1}{4}$	$\frac{1}{4}$	$\frac{3}{4}$
a_5	1	$\cos\frac{3\pi}{5}$	$\cos\frac{\pi}{3}$	$\cos\frac{4\pi}{5}$
a_6	$\cos\frac{3\pi}{5}$	1	$\cos\frac{4\pi}{5}$	$\cos\frac{\pi}{3}$
a_7	$\cos\frac{\pi}{3}$	$\cos\frac{4\pi}{5}$	1	$\cos\frac{3\pi}{5}$
a_8	$\cos\frac{4\pi}{5}$	$\cos\frac{\pi}{3}$	$\cos\frac{3\pi}{5}$	1

	τ_1	τ_2	τ_3	τ_4
τ_1	1	5	3	5
τ_2	5	1	5	3
τ_3	3	5	1	5
τ_4	5	3	5	1

	τ_5	τ_6	τ_7	τ_8
τ_5	1	5	3	5
τ_6	5	1	5	3
τ_7	3	5	1	5
τ_8	5	3	5	1

そこでいま，$I_{5,3,5}=\{\tau_1, \cdots, \tau_8\}$ の空でない部分集合 S であって，S のどの相異なる

二元 a, b に対しても ab の位数が 2, 3, 5 のいずれかになっているものを，**合格系**と呼ぶことにしよう．合格系 S の空でない部分集合 S_1 も必らず合格系になる．さて上述により，次の補題が示されたわけである．

補題5　$I_{5,3,5}$ のどの合格系も高々4個の元よりなる．$I_{5,3,5}$ 中には4個の元よりなる合格系が丁度2組あり，それらは

$$S_1=\{\tau_1, \tau_2, \tau_3, \tau_4\}$$

および

$$S_2=\{\tau_5, \tau_6, \tau_7, \tau_8\}$$

で与えられる（これらを $I_{5,3,5}$ の**極大合格系**と呼ぶ）．

最後に，これら2つの合格系 S_1, S_2 について

補題6　$I_{5,3,5}$ の二つの極大合格系 S_1, S_2 に対して，原点 O を通り e_1-e_3 を法線ベクトルにもつ平面 H に関する鏡映 s_H を σ とおくと，$\sigma S_1\sigma^{-1}=S_2$ となる．この σ は，補題3中の3つの合同変換 $\sigma_1, \sigma_2, \sigma_3$ に対して，$T=\{\sigma_1, \sigma_2, \sigma_3\}$ とおくと

$$\sigma T\sigma^{-1}=T$$

を満たす．

（証明）

$$\sigma(e_1)=e_1-\frac{2(e_1|e_1-e_3)}{(e_1-e_3|e_1-e_3)}(e_1-e_3)=e_3,$$

$$\sigma(e_2)=e_2-\frac{2(e_2|e_1-e_3)}{(e_1-e_3|e_1-e_3)}(e_1-e_3)=e_2,$$

$$\sigma(e_3)=e_3-\frac{2(e_3|e_1-e_3)}{(e_1-e_3|e_1-e_3)}(e_1-e_3)=e_1$$

となるから，

$$\sigma\sigma_1\sigma^{-1}=\sigma_3,\quad \sigma\sigma_2\sigma^{-1}=\sigma_3,\quad \sigma\sigma_3\sigma^{-1}=\sigma_1$$

を得る（一般に，$\rho\sigma_a\rho^{-1}=\sigma_{\rho(a)}$ が成り立つ．これは読者の演習問題としておく）．また，

$$\sigma(x_1e_1+x_2e_2+x_3e_3)=x_3e_1+x_2e_2+x_1e_3$$

であるから，

$$\sigma(a_1)=a_5,\ \sigma(-a_2)=a_8,\ \sigma(a_3)=a_7,\ \sigma(-a_4)=a_6$$

$$\therefore\quad \sigma\tau_1\sigma^{-1}=\tau_5,\ \sigma\tau_2\sigma^{-1}=\tau_8,\ \sigma\tau_3\sigma^{-1}=\tau_7,\ \sigma\tau_4\sigma^{-1}=\tau_6$$

$$\therefore\quad \sigma S_1\sigma^{-1}=S_2$$

（証明終）

7. $G_1 \cong G_2 \cong \mathfrak{A}_5$ の場合

いま，G_1, G_2 は $SO(3)$ の二つの有限部分群であって，$G_1 \cong G_2 \cong \mathfrak{A}_5$ を満たすとする．同型 $\mathfrak{A}_5 \cong G_1$, $\mathfrak{A}_5 \cong G_2$ により5次交代群 $\mathfrak{A}_5$ 中の3元

$$(1\,2)(3\,4),\ (1\,3)(2\,4),\ (1\,4)(2\,3)$$

に対応する G_1, G_2 の3元をそれぞれ

$$\sigma_1,\ \sigma_2,\ \sigma_3\ ;\ \sigma_1',\ \sigma_2',\ \sigma_3'$$

とする．すると，

$$\{1, \sigma_1, \sigma_2, \sigma_3\},\quad \{1, \sigma_1', \sigma_2', \sigma_3'\}$$

はどちらも $SO(3)$ 中の位数4の正二面体群であるから共役である．よって，G_1 を適当な共役群でおきかえて，はじめから

$$\sigma_1=\sigma_1',\quad \sigma_2=\sigma_2',\quad \sigma_3=\sigma_3'$$

としてよい．さらに，G_1, G_2 を適当な共役群でおきかえれば，はじめから

$\sigma_1 = x$ 軸のまわりの $180°$ 回転 $(=\sigma_{e_1})$
$\sigma_2 = y$ 軸のまわりの $180°$ 回転 $(=\sigma_{e_2})$
$\sigma_3 = z$ 軸のまわりの $180°$ 回転 $(=\sigma_{e_3})$

と仮定してよい．

さて，$\mathfrak{A}_5 \cong G_1$, $\mathfrak{A}_5 \cong G_2$ により，$\mathfrak{A}_5$ の元

$$(1\,3)(2\,5),\ (1\,5)(2\,4),\ (1\,3)(4\,5),\ (2\,4)(3\,5)$$

に対応する G_1, G_2 の4元をそれぞれ

$$\tau_1,\ \tau_2,\ \tau_3,\ \tau_4\ ;\ \tau_1',\ \tau_2',\ \tau_3',\ \tau_4'$$

とする．すると

$$\begin{cases} (1\,3)(2\,5)\cdot(1\,2)(3\,4)=(1\,5\,2\,3\,4) \\ (1\,3)(2\,5)\cdot(1\,3)(2\,4)=(5\,2\,4) \\ (1\,3)(2\,5)\cdot(1\,4)(2\,3)=(1\,4\,3\,5\,2) \end{cases}$$

により，$(\tau_1\sigma_1)^5=1$, $(\tau_1\sigma_2)^3=1$, $(\tau_1\sigma_3)^5=1$

$$\therefore\quad \tau_1 \in I_{5,3,5}\qquad (I_{5,3,5}\ \text{の意味は第6節参照})$$

同様にして，$\tau_1, \cdots, \tau_4$, $\tau_1', \cdots, \tau_4'$ はすべて $\in I_{5,3,5}$ となる．そして，$\{\tau_1, \tau_2, \tau_3, \tau_4\}$ および $\{\tau_1', \tau_2', \tau_3', \tau_4'\}$ は，$\mathfrak{A}_5-\{1\}$ の元の位数が 2, 3, 5 のいずれかになること(既述)により，$I_{5,3,5}$ の4元からなる合格系をなす．よって補題6により，$\{\tau_1, \tau_2, \tau_3, \tau_4\} = \{\tau_1', \tau_2', \tau_3', \tau_4'\}$

であるか，あるいは，$\{\tau_1, \tau_2, \tau_3, \tau_4\} \neq \{\tau_1', \tau_2', \tau_3', \tau_4'\}$ だが，

$$\sigma\{\sigma_1, \sigma_2, \sigma_3, \tau_1, \tau_2, \tau_3, \tau_4\}\sigma^{-1} = \{\sigma_1, \sigma_2, \sigma_3, \tau_1', \tau_2', \tau_3', \tau_4'\}$$

を満たす $\sigma \in O(3)$ が存在するかのいずれかである．さて，

補題 7　(1 2)(3 4)，(1 3)(2 4)，(1 4)(2 3)，
(1 3)(2 5)，(1 5)(2 4)，(1 3)(4 5)，(2 4)(3 5)

の 7 個の元は 5 次交代群 $\mathfrak{A}_5$ を生成する（すなわち，$\mathfrak{A}_5$の各元はこれら 7 個の元の積に表わせる）．

（証明）これら 7 個の元から生成される $\mathfrak{A}_5$ の部分群を Γ とし，$\Gamma = \mathfrak{A}_5$ を示そう．まず

$$(1\,5)(2\,4)(1\,2)(3\,4) = (1\,4\,3\,2\,5) \in \Gamma$$
$$(1\,5)(2\,4)(1\,3)(2\,4) = (5\,1\,3) \in \Gamma$$

により，

$$(1\,4\,3\,2\,5)(5\,1\,3)(1\,4\,3\,2\,5)^{-1} = (1\,4\,2) \in \Gamma$$

よって，いま，$\mathfrak{A}_5$ の元で文字 5 を固定するもの全体のなす $\mathfrak{A}_5$ の部分群（4 次交代群に同型である）を $\mathfrak{A}_4$ とすれば，$\mathfrak{A}_4$ を生成する $\mathfrak{B}_4$ の元および (1 4 2) すなわち

$$(1\,2)(3\,4),\ (1\,3)(2\,4),\ (1\,4)(2\,3),\ (1\,4\,2)$$

がすべて Γ 中にある．

$$\therefore\quad \mathfrak{A}_4 \subset \Gamma.$$

さて，

$$\mathfrak{A}_5 = \mathfrak{A}_4 \cup \mathfrak{A}_4(1\,5)(2\,4)\mathfrak{A}_4$$

を示そう．そうすれば $\mathfrak{A}_5 \subset \Gamma$ となるから，$\mathfrak{A}_5 = \Gamma$ を得て，証明が完了する．$\rho = (15)(24)$ とおくと，$\rho \notin \mathfrak{A}_4$ だから

$$\mathfrak{A}_4 \cap \mathfrak{A}_4\rho\mathfrak{A}_4 = \phi \quad （空集合）$$

である(*)．また，$\mathfrak{A}_4\rho\mathfrak{A}_4$ 中の元の個数 $|\mathfrak{A}_4\rho\mathfrak{A}_4|$ は

$$\mathfrak{A}_4\rho\mathfrak{A}_4\rho^{-1}$$

中の元の個数に等しいが，これは，既述のように

$$\frac{|\mathfrak{A}_4|\cdot|\rho\mathfrak{A}_4\rho^{-1}|}{|\mathfrak{A}_4 \cap \rho\mathfrak{A}_4\rho^{-1}|} = \frac{12 \times 12}{|\mathfrak{A}_4 \cap \rho\mathfrak{A}_4\rho^{-1}|}$$

で与えられる．[註)] さて，$\mathfrak{A}_4 \cap \rho\mathfrak{A}_4\rho^{-1}$ は，1 および 5 を固定するような 5 文字 1，2，3，4，5 の偶置換の全体からなる部分群である(**)．すなわち，$\mathfrak{A}_4 \cap \rho\mathfrak{A}_4\rho^{-1}$ は 2，3，4 の偶置換の全体と一致する．従って $\mathfrak{A}_4 \cap \rho\mathfrak{A}_4\rho^{-1}$ は 1，(234)，(243) の 3

註）一般に有限群 G の部分群 A, B に対して，$D = A \cap B$ とおけば

$$|AB| = \frac{|A|\cdot|B|}{|D|}$$

が成り立つ．

実際 AB 中の 2 元 $ab\ (a \in A, b \in B)$ と $a'b'\ (a' \in A, b' \in B)$ とに対して

$ab = a'b' \Longleftrightarrow a^{-1}a^1 = bb'^{-1}$ であるが，このとき $a^{-1}a^1 = bb'^{-1} = d$ は D に属する．すなわち，次が成り立つ．

$ab = a'b' \Longleftrightarrow a' = ad,\ b' = d^{-1}b$ なる $d \in D$ がある．

これから容易に上の等式が得られる．

つの元よりなる．

$$\therefore\quad |\mathfrak{A}_4\cap\rho\mathfrak{A}_4\rho^{-1}|=3$$

$$\therefore\quad |\mathfrak{A}_4\rho\mathfrak{A}_4|=\frac{12\times 12}{3}=48$$

よって，$\mathfrak{A}_4\cup\mathfrak{A}_4\rho\mathfrak{A}_4$ は $12+48=60$ 個の元よりなる．一方 $\mathfrak{A}_5$ の位数は 60 だから

$$\mathfrak{A}_5=\mathfrak{A}_4\cup\mathfrak{A}_4\rho\mathfrak{A}_4$$

を得る．

（証明終）

さて，$G_1\cong G_2\cong\mathfrak{A}_5$ の場合に戻ろう．補題7により，$\{\sigma_1,\ \sigma_2,\ \sigma_3,\ \tau_1,\ \tau_2,\ \tau_3,\ \tau_4\}$ は群 G_1 を生成し，また，$\{\sigma_1,\ \sigma_2,\ \sigma_3,\ \tau_1',\ \tau_2',\ \tau_3',\ \tau_4'\}$ は群 G_2 を生成する．よって，$\{\tau_1,\ \tau_2,\ \tau_3,\ \tau_4\}=\{\tau_1',\ \tau_2',\ \tau_3',\ \tau_4'\}$ ならば $G_1=G_2$ であるし，また

$$\sigma\{\sigma_1,\ \sigma_2,\ \sigma_3,\ \tau_1,\ \tau_2,\ \tau_3,\ \tau_4\}\sigma^{-1}$$
$$=\{\sigma_1,\ \sigma_2,\ \sigma_3,\ \tau_1',\ \tau_2',\ \tau_3',\ \tau_4'\}$$

のときは，$\sigma\sigma_i\sigma^{-1}\cdot\sigma\tau_j\sigma^{-1}=\sigma(\sigma_i\tau_j)\sigma^{-1}$ etc. により

$$\sigma G_1\sigma^{-1}=G_2$$

となる．よっていずれにせよ，G_1 と G_2 とは $O(3)$ において共役となる．従って，今回の第1節に注意したように G_1 と G_2 とは $SO(3)$ においても共役となる．

以上で一意性の定理の証明も完了したのである．

(*)　もし $\mathfrak{A}_4\cap\mathfrak{A}_4\rho\mathfrak{A}_4\neq\phi$ なら $\mathfrak{A}_4\cap\mathfrak{A}_4\rho\mathfrak{A}_4\ni\tau$ なる τ をとり

$$\tau=u\rho v\qquad(u\in\mathfrak{A}_4,\ v\in\mathfrak{A}_4)$$

と表わすと，

$$\rho=u^{-1}\tau v^{-1}\in\mathfrak{A}_4$$

となって矛盾が生ずる．

(**)

$$\rho\mathfrak{A}_4\rho^{-1}\ni\varphi\iff$$
$$\rho^{-1}\varphi\rho\in\mathfrak{A}_4\iff$$
$$(\rho^{-1}\varphi\rho)(5)=(5)\iff$$
$$\varphi(\rho(5))=\rho(5)\iff$$
$$\varphi(1)=1\qquad(\because\quad\rho(5)=1).$$

第13章　有限合同変換群の分類

1. $O(3)$ の有限部分群の決定

前回までで，3次元ユークリッド空間 $\boldsymbol{R}^3$ の有限運動群，すなわち $SO(3)$ の有限部分群が，共役性を除いて完全に分類された．この結果を利用して，3次実直交行列の全体のなす群 $O(3)$ の有限部分群を，共役性を除いて分類することができるのである．以下これを述べよう．このときには，鏡映群も，ようやく登場する運びとなるのである．

2. $O(3)$ の有限部分群

3次元ユークリッド空間 $E=\boldsymbol{R}^3$ の合同変換群 $I(E)$ の有限部分群 G を共役を除いてすべて求めるという問題を考える．前に述べた（第7章）ように，G が有限群であるから，G は共通不動点をもつ．しかも G を適当に共役群でおきかえれば，原点 0 が G の共通不動点であるとしてよい．そしてそのとき，常用座標系を用いて，G の元を3次行列で表わせば，G の元はすべて3次直交行列になる．よって，G は3次実直交行列のなす群 $O(3)$ の部分群と見做せる．

いま，G_1, G_2 が $I(E)$ の有限部分群とし，さらに $I(E)$ の元で原点 0 を変えないもののなす部分群を $I_0(E)$ と書く：

$$I_0(E)=\{\sigma\in I(E)\,;\quad \sigma(0)=0\}$$

そして，$a\in I(E)$, $b\in I(E)$ をとって，

$$aG_1a^{-1}\subset I_0(E),\qquad bG_2b^{-1}\subset I_0(E)$$

ならしめる．（前にも述べたように，a, b のとり方は次のようにすればよい．いま点 p, q をそれぞれ G_1, G_2 の共通不動点として，$a(p)=0$, $b(q)=0$ なる合同変換 a, b（例えば平行移動）をとればよい．）さて

補題 1　$I(E)$ の有限部分群 G_1, G_2 が $I(E)$ において共役ならば，次のような部分群

$\bar{G}_1, \bar{G}_2$ が存在する：

(i)　$\bar{G}_1, \bar{G}_2$ は $I_0(E)$ の有限部分群である．

(ii)　$I(E)$ において G_i と $\bar{G}_i$ とは共役である　　$(i=1, 2)$．

(iii)　$\bar{G}_1$ と $\bar{G}_2$ は $I_0(E)$ において共役である．

（証明）$p \in E$ を G_1 の共通不動点とする．また，$\tau \in I(E)$ をとって，$\tau G_1 \tau^{-1}=G_2$ ならしめる．そして，$q=\tau(p)$ とおくと，q は G_2 の共通不動点である．何故なら，各 $\sigma \in G_2=\tau G_1 \tau^{-1}$ に対して，

$$\tau^{-1}\sigma\tau \in G_1$$

$$\therefore \quad \tau^{-1}\sigma\tau(p)=p$$

$$\therefore \quad \sigma\tau(p)=\tau(p)$$

$$\therefore \quad \sigma(q)=q$$

となるからである．いま平行移動 $f, g \in I(E)$ をとり

$$f(p)=0, \qquad g(q)=0$$

ならしめ，

$$fG_1f^{-1}=\bar{G}_1, \qquad gG_2g^{-1}=\bar{G}_2$$

とおけば，$\bar{G}_1 \subset I_0(E)$, $G_2 \subset I_0(E)$．しかも

$$\bar{G}_2=gG_2g^{-1}=g\tau G_1\tau^{-1}g^{-1}=g\tau f^{-1}\bar{G}_1 f\tau^{-1}g^{-1}$$

である．そこで

$$g\tau f^{-1}=h$$

とおけば

$$h(0)=g\tau f^{-1}(0)=g\tau(p)=g(q)=0$$

となる．よって，$h \in I_0(E)$ となり，かつ $h\bar{G}_1h^{-1}=\bar{G}_2$ であるから，(i), (ii), (iii) が成立つ．

（証明終）

この補題により，有限合同変換群を共役を除いて分類するという問題は，$I_0(E)$ の有限部分群を，$I_0(E)$ における共役を除いて分類するという問題に帰着する．そして，常用座標系を用いて $I_0(E)$ の元を3次行列で表わせば，$I_0(E)$ は $O(3)$ と見做せるから，初めの問題は結局 **$O(3)$ の有限部分群を，$O(3)$ における共役を除いて分類する**という問題に直る．

3. $O(3)$ の有限部分群の3つの型

$O(3)$ の有限部分群 G を次の3種類に先ず大別しよう．

［第I型］　$SO(3) \supset G$ であるもの．

［第II型］　原点 0 に関する点対称変換を J で表わす：

$$J : x \longmapsto -x$$

すると，J の行列表示は

$$\begin{pmatrix} -1 & 0 & 0 \\ 0 & -1 & 0 \\ 0 & 0 & -1 \end{pmatrix}$$

である．さて，G が J を含むとき第II型と呼ぶ．

[第III型] 第I型でも第II型でもないもの．すなわち $SO(3) \not\supset G$，かつ $J \notin G$ であるような G．

するとまず，第I型の群は決して $O(3)$ において第II型または第III型の群と共役とはならない．何故ならば，$SO(3) \supset G$ ならば，$O(3)$ の任意の元 σ に対して，

$$\sigma G \sigma^{-1} \subset \sigma SO(3) \sigma^{-1} = SO(3)$$

となるからである．また，第II型の群は $O(3)$ において決して第I型または第III型の群と共役になることはない．何故ならば $J \in G$ ならば，$O(3)$ の任意の元 σ に対して，$\sigma J = J \sigma$，すなわち $\sigma J \sigma^{-1} = J$ により

$$\sigma G \sigma^{-1} \ni \sigma J \sigma^{-1} = J$$

となる．しかも，$J \notin SO(3)$ だから，$J \in G$ ならば $G \not\subset SO(3)$ である．従って $\sigma G \sigma^{-1} \not\subset SO(3)$ となるからである．

かくして，第I，II，III 型の各々の有限群 G に対して，共役を除いて分類を実行すればよい．このうち，前回までに第I型の分類は完了しているから，第II型と第III型の有限群 G をそれぞれ分類すればよい．さて，いま，$O(3)$ の有限部分群 G が $G \not\subset SO(3)$ であるとしよう．このとき

$$G_0 = G \cap SO(3)$$

とおけば，G_0 は $SO(3)$ の有限部分群である．そして例によって，$G - G_0$ の任意の元を σ とすると

$$\begin{cases} G = G_0 \cup \sigma G_0, & \sigma G_0 = G_0 \sigma \\ G_0 \cap \sigma G_0 = \phi & \text{（空集合）} \end{cases}$$

が成り立つから，

$$[G : G_0] = 2$$

である．さて

補題 2 G_1, G_2 を $O(3)$ の第II型有限部分群とし，$G_{1,0} = G_1 \cap SO(3)$, $G_{2,0} = G_2 \cap SO(3)$ とおく．　すると，G_1 と G_2 が $O(3)$ において共役なるための必要十分条件は，$G_{1,0} \cong G_{2,0}$ である．

（証明）　G_1 と G_2 とが $O(3)$ において共役とすれば，$\sigma G_1\sigma^{-1}=G_2$ を満たす $\sigma\in O(3)$ がある．すると

$$
\begin{aligned}
G_{2,0}&=G_2\cap SO(3)=\sigma G_1\sigma^{-1}\cap SO(3)\\
&=\sigma G_1\sigma^{-1}\cap\sigma SO(3)\sigma^{-1}\\
&=\sigma(G_1\cap SO(3))\sigma^{-1}=\sigma G_{1,0}\sigma^{-1}
\end{aligned}
$$

$$\therefore\quad G_{1,0}\cong G_{2,0}$$

逆に $G_{1,0}\cong G_{2,0}$ とすれば，第11章の定理４（一意性の定理）により，ある $\tau\in SO(3)$ が存在して，

$$\tau G_{1,0}\tau^{-1}=G_{2,0}$$

となる．すると，

$$
\begin{cases}
G_1=G_{1,0}\cup JG_{1,0}\\
G_2=G_{2,0}\cup JG_{2,0}\\
\tau J\tau^{-1}=J
\end{cases}
$$

により，

$$
\begin{aligned}
\tau G_1\tau^{-1}&=\tau G_{1,0}\tau^{-1}\cup\tau J\tau^{-1}\cdot\tau G_{1,0}\tau^{-1}\\
&=G_{2,0}\cup JG_{2,0}\\
&=G_2
\end{aligned}
$$

を得る．よって G_1 と G_2 は $O(3)$ において共役である．　　　　（証明終）

補題３　$SO(3)$ の任意の有限部分群 G_0 に対して，$O(3)$ の第II型有限部分群 G であって，$G\cap SO(3)=G_0$ を満たすものが一意的に存在する．

（証明）　$G=G_0\cup JG_0$ とおけば，G が $O(3)$ の有限部分群であって，$G\cap SO(3)=G_0$ を満たすことは容易にわかる．$G=G_0\cup JG_0$ 以外には上の性質を満たす G がないことは既に述べた．　　　　（証明終）

以上の補題により，第II型有限部分群の分類問題は，既にわかっている第I型の場合に帰着した．従って次の定理が得られる．

定理１　$O(3)$ の第II型有限部分群は次のどれか一つ，かつ唯一つに共役である．

(i)　$G_{\mathrm{II}}(\boldsymbol{Z}_n)=\boldsymbol{Z}_n\cup J\boldsymbol{Z}_n$

　　（$\boldsymbol{Z}_n$ は $SO(3)$ 中の位数 n の巡回部分群）

(ii)　$G_{\mathrm{II}}(D_{2n})=D_{2n}\cup JD_{2n}$

　　（D_{2n} は $SO(3)$ 中の位数 $2n$ の正二面体群）

(iii)　$G_{\mathrm{II}}(\mathfrak{A}_4)=\mathfrak{A}_4\cup J\mathfrak{A}_4$

　　（$\mathfrak{A}_4$ は $SO(3)$ 中の正四面体群）

(iv) $G_{II}(\mathfrak{S}_4)=\mathfrak{S}_4\cup J\mathfrak{S}_4$

($\mathfrak{S}_4$ は $SO(3)$ 中の正六面体群)

(v) $G_{II}(\mathfrak{A}_5)=\mathfrak{A}_5\cup J\mathfrak{A}_5$

($\mathfrak{A}_5$ は $SO(3)$ 中の正十二面体群)

注意　一般に群 G とその二つの**不変部分群** A, B の間に,

$$G=AB,\qquad A\cap B=\{1\}$$

が成り立つとき, G は群 A と B との**直積**であるという. そして $G=A\times B$ と書く. このとき, A の各元 a と B の各元 b は交換可能である. 何故なら

$$aba^{-1}b^{-1}=(aba^{-1})b^{-1}\in B$$
$$aba^{-1}b^{-1}=a(ba^{-1}b^{-1})\in A$$
$$\therefore\quad aba^{-1}b^{-1}\in A\cap B=\{1\}$$
$$\therefore\quad aba^{-1}b^{-1}=1\qquad\therefore\quad ab=ba.$$

この用語を用いれば, 原点を共通不動点にもつ第II型有限部分群 G は上の (i)〜(v) に応じて, それぞれ対応する第I型有限部分群（すなわち有限運動群）と, 原点に関する点対称 J の生成する位数 2 の群 $\tilde{\boldsymbol{Z}}_2=\{1, J\}$ との直積になることが容易に確かめられる. すなわち

(i) $G=\boldsymbol{Z}_n\times\tilde{\boldsymbol{Z}}_2,\qquad \tilde{\boldsymbol{Z}}_2=\{1, J\}$

(ii) $G=D_{2n}\times\tilde{\boldsymbol{Z}}_2$

(iii) $G=\mathfrak{A}_4\times\tilde{\boldsymbol{Z}}_2$

(iv) $G=\mathfrak{S}_4\times\tilde{\boldsymbol{Z}}_2$

(v) $G=\mathfrak{A}_5\times\tilde{\boldsymbol{Z}}_2$

となる.

4. 第 III 型有限部分群

補題 4　G_1, G_2 を $O(3)$ 中の第III型有限部分群とし,

$$G_{1,0}=G_1\cap SO(3),\qquad G_{2,0}=G_2\cap SO(3)$$

とおく. もし G_1 と G_2 とが $O(3)$ において共役ならば, $G_{1,0}\cong G_{2,0}$.

(証明)　補題 2 の前半と全く同様である.

さて, 補題 2 の第II型の群 G_1, G_2 ではこの補題の逆も成立したのであるが, 第III型のときは, 逆は必ずしも成立しない. それどころか, $G_{1,0}\cong G_{2,0}$ が成り立っても $G_1\cong G_2$の成立すら破れることがある. 例えば,

$$G_1=\left\{\begin{pmatrix}1&0&0\\0&1&0\\0&0&1\end{pmatrix}=1,\ \begin{pmatrix}0&1&0\\-1&0&0\\0&0&-1\end{pmatrix}=\sigma,\ \begin{pmatrix}-1&0&0\\0&-1&0\\0&0&1\end{pmatrix}=\sigma^2,\ \begin{pmatrix}0&-1&0\\1&0&0\\0&0&-1\end{pmatrix}=\sigma^3\right\}$$

$$G_2=\left\{\begin{pmatrix}1&0&0\\0&1&0\\0&0&1\end{pmatrix}=1,\ \begin{pmatrix}-1&0&0\\0&1&0\\0&0&1\end{pmatrix},\ \begin{pmatrix}1&0&0\\0&-1&0\\0&0&1\end{pmatrix},\ \begin{pmatrix}-1&0&0\\0&-1&0\\0&0&1\end{pmatrix}\right\}$$

とおくと，

$$G_1\cap SO(3)=\{1,\ \sigma^2\}=G_2\cap SO(3)$$

であるが，$G_1\cong G_2$ とはならない．何故ならば G_1 の元 σ は位数4であるが，G_2 の元はどれも位数が1か2であるからである．

此の難点を切り抜けるために，まず次の補題から始めよう．

補題 5　$O(3)$ の第III型有限部分群 G に対して，$G_0=G\cap SO(3)$ とおき，$O(3)$ の部分集合

$$\tilde{G}=G_0\cup J(G-G_0)$$

を作れば，$\tilde{G}$ は実は $SO(3)$ の有限部分群で，しかも $\tilde{G}\cong G$ である．そして，$\tilde{G}$ は G_0 を部分群に含み，かつ $[\tilde{G}:G_0]=2$ を満たす．（この $\tilde{G}$ を，**第 III 型有限部分群 G の定める第 I 型有限部分群**という．）

（証明）群 $O(3)$ から群 $SO(3)$ 中への写像 f を次のように定義する．

$f(x)=\det(x)\cdot x.$　（$\det(x)$ は x の行列式である）

$f:O(3)\to SO(3)$ が2つの群の間の準同型写像であることをまず注意しよう．実際，$x\in O(3)$, $y\in O(3)$ ならば

$$\begin{aligned}f(x)f(y)&=\det(x)x\cdot\det(y)y=\det(xy)\cdot xy\\&=f(xy)\end{aligned}$$

となる．しかも $\det(x)=\varepsilon=\pm1$ とおけば

$$\det f(x)=\det(\varepsilon x)=\varepsilon^3\det(x)=\varepsilon^4=1$$

であるから，$f(x)\in SO(3)$．よって f は確かに $O(3)$ から $SO(3)$ の中への準同型写像である．

従って $O(3)$ の有限部分群 G の f による像 $f(G)$ は $SO(3)$ の有限部分群である．

次に準同型写像 f の核を求めよう．それは $f(x)=1$ となるような $x\in O(3)$ の集合であるが，

$$f(x)=\det(x)\cdot x=1$$

であるから，$\det(x)=\varepsilon$ とおくと，

$$f(x)=1 \iff x=\varepsilon^{-1}\cdot 1=\varepsilon\cdot 1$$
$$\iff x=1 \quad \text{or} \quad x=J$$

となる．従って，f の核は $O(3)$ の部分群 $\{1, J\}$ である．$K=\{1, J\}$ とおく．

いま G を $O(3)$ の任意の部分群とすれば，G の像 $f(G)$ は $SO(3)$ の部分群である．そして準同型写像 $f: G\to f(G)$ は G を $f(G)$ 上に写し．その核は $K\cap G$ である．従って，$J\notin G$ ならば，$K\cap G=\{1\}$ となるから，

$$G\cong f(G)$$

となる．

次に像 $f(G)$ を調べよう．$x\in SO(3)$ のときは $f(x)=x$ であるから，$G\subset SO(3)$ ならば $f(G)=G$ となる．しかし，$x\in O(3)-SO(3)$ に対しては $\det(x)=-1$ だから $f(x)=-x$, すなわち $f(x)=Jx$ となる．従って，$O(3)$ の部分群 G が $G\not\subset SO(3)$ であれば，$G_0=G\cap SO(3)$ として，G の像 $f(G)$ は次のようになる：

$$f(G)=f(G_0\cup(G-G_0))$$
$$=f(G_0)\cup f(G-G_0)=G_0\cup J(G-G_0).$$

さていま G を $O(3)$ の第III型部分群とすれば，$J\notin G$ であるから，上に示したように $G\cong f(G)$ となる．しかも，$f(G)$ は上に示したように $G_0\cup J(G-G_0)$ に等しい．（ただし $G_0=G\cap SO(3)$）すなわち，$\tilde{G}=G_0\cup J(G-G_0)$ は $f(G)$ と一致する．従って $\tilde{G}$ は $SO(3)$ の有限部分群で，$G\cong\tilde{G}$ を満たす．最後に，$[G: G_0]=2$ で，同型写像 $f: G\to\tilde{G}$ によって G_0 は G_0 に写されるから，$[\tilde{G}: G_0]=2$ も成り立つ．（証明終）

補題 6 G_1, G_2 を $O(3)$ の第III型有限部分群とし，G_1 と G_2 との定める第I型有限部分群をそれぞれ $\tilde{G}_1$ および $\tilde{G}_2$ とする．このとき，もし G_1 と G_2 とが $O(3)$ において共役ならば，$\tilde{G}_1\cong\tilde{G}_2$ である．

（証明） G_1 と G_2 とが共役なら $G_1\cong G_2$．これと $G_1\cong\tilde{G}_1$, $G_2\cong\tilde{G}_2$（補題5）より $\tilde{G}_1\cong\tilde{G}_2$ を得る．（証明終）

さて，$O(3)$ の第III型有限部分群 G の定める第I型有限部分群 $\tilde{G}$ は，$[\tilde{G}: G_0]=2$ なる部分群 G_0 をもつ（補題5）から，$\tilde{G}\cong\mathfrak{A}_4$ および $\tilde{G}\cong\mathfrak{A}_5$ は起り得ない．何故なら，交代群 $\mathfrak{A}_n$ は指数2の部分群を持ち得ない（第11章補題2）からである．よって残る場合は

(α)　$\tilde{G}\cong\boldsymbol{Z}_n$　（n：偶数）

(β)　$\tilde{G}\cong D_{2n}$

(γ)　$\tilde{G}\cong\mathfrak{S}_4$

の三つである．このときは何れも $\tilde{G}$ は指数 2 の部分群をもっている．さて

補題 7　$SO(3)$ の有限部分群 $\tilde{G}$ が指数 2 の部分群 G_0 をもつとき，

$$G=G_0\cup J(\tilde{G}-G_0)$$

とおくと，G は $O(3)$ の第Ⅲ型有限部分群である．しかも，G の定める第Ⅰ型有限部分群は $\tilde{G}$ と一致し，従って $G\cong\tilde{G}$ である．

（証明）$\tilde{G}$ から $O(3)$ の中への写像 φ を次のように定義する：$\varphi(x)=\varepsilon(x)x$，ただし

$$\varepsilon(x)=\begin{cases} 1 & (x\in G_0\ \text{のとき}) \\ -1 & (x\in\tilde{G}-G_0\ \text{のとき}) \end{cases}$$

とする．このとき $\tilde{G}$ の元 x,y に対して

$$\varepsilon(xy)=\varepsilon(x)\varepsilon(y)$$

が成り立つことは容易にわかる（$\because$ $[\tilde{G}:G_0]=2$）．よって，

$$\begin{aligned}\varphi(x)\varphi(y)&=\varepsilon(x)x\cdot\varepsilon(y)y=\varepsilon(x)\varepsilon(y)xy\\&=\varepsilon(xy)xy=\varphi(xy)\end{aligned}$$

となるから，$\varphi:\tilde{G}\to O(3)$ は準同型写像である．従って，$\varphi(\tilde{G})$ は $O(3)$ の有限部分群である．さて $x\in G_0$ なら $\varphi(x)=x$ であり，また $x\in\tilde{G}-G_0$ ならば，$\varphi(x)=-x=Jx$ であるから，

$$\begin{aligned}\varphi(\tilde{G})&=\varphi(G_0\cup(\tilde{G}-G_0))=\varphi(G_0)\cup\varphi(\tilde{G}-G_0)\\&=G_0\cup J(\tilde{G}-G_0)\end{aligned}$$

となる．すなわち $\varphi(\tilde{G})=G$ である．$J(\tilde{G}-G_0)\not\subset SO(3)$ だから $G\not\subset SO(3)$ である．

次に $J\notin G$ を示そう．もし $J\in G=G_0\cup J(\tilde{G}-G_0)$ ならば，$G_0\subset SO(3)$ であるから，J は $J(\tilde{G}-G_0)$ に属さねばならない．よって $J=Jx$ を満たす元 $x\in\tilde{G}-G_0$ が存在する．従って，$x=1$ となるから

$1\in\tilde{G}-G_0$ となり矛盾である．従って G は第Ⅲ型である．最後に，$G\cap SO(3)=G_0$ だから，

$$\begin{aligned}&G-G_0=J(\tilde{G}-G_0)\\\therefore\quad&J(G-G_0)=J^2(\tilde{G}-G_0)=\tilde{G}-G_0\quad(\because\ J^2=1)\\\therefore\quad&G_0\cup J(G-G_0)=G_0\cup(\tilde{G}-G_0)=\tilde{G}.\end{aligned}$$

よって，G の定める第Ⅰ型有限部分群は $\tilde{G}$ と一致する．（証明終）

補題 8　$O(3)$ の第Ⅲ型部分群 G_1，G_2 が

$$G_1\cong G_2\cong\mathbb{Z}_n\qquad(n:\text{偶数})$$

又は

$$G_1 \cong G_2 \cong \mathfrak{S}_4$$

ならば，G_1 と G_2 とは $O(3)$ において共役である．

（証明）　$G_i \cap SO(3) = G_{i,0}$ $(i=1, 2)$ とおく．また G_i の定める第I型部分群を $\tilde{G}_i$ $(i=1, 2)$ とおくと，

$$\tilde{G}_1 \cong G_1 \cong G_2 \cong \tilde{G}_2$$

であるから，$\tilde{G}_1 \cong \tilde{G}_2$．よって第11章定理4により，$\sigma \in SO(3)$ が存在して，$\sigma \tilde{G}_1 \sigma^{-1} = \tilde{G}_2$ を満たす．この σ が実は $\sigma G_1 \sigma^{-1} = G_2$ を満たすことがわかれば証明が完了する．

さて，$\tau_i \in G_i - G_{i,0}$ を任意に一つ定めれば $G_i = G_{i,0} \cup \tau_i G_{i,0}$ かつ $\tilde{G}_i = G_{i,0} \cup J\tau_i G_{i,0}$ であったから，$G_{i,0}$ は $\tilde{G}_i$ の指数2の部分群である．$(i=1, 2)$．従って，$\sigma G_{1,0} \sigma^{-1}$ は $\sigma \tilde{G}_1 \sigma^{-1} = \tilde{G}_2$ の指数2の部分群である．よって，$\tilde{G}_2$ 中に指数2の部分群が二つ登場した．すなわち $G_{2,0}$ と $\sigma G_{1,0} \sigma^{-1}$ とである．さて，対称群 $\mathfrak{S}_4$ は指数2の部分群を唯一つ（すなわち交代群 $\mathfrak{A}_4$）しか持たないから，$G_1 \cong G_2 \cong \mathfrak{S}_4$ の場合には，$\tilde{G}_2 \cong \mathfrak{S}_4$ により

$$G_{2,0} = \sigma G_{1,0} \sigma^{-1}$$

を得る．また直ぐ後で補題9として述べるように，巡回群 $\boldsymbol{Z}_n$ も指数2の部分群を唯一つしか持たない．よって $G_1 \cong G_2 \cong \boldsymbol{Z}_n$ の場合にも $G_{2,0} = \sigma G_{1,0} \sigma^{-1}$ が成り立つ．結局，何れの場合にも $\sigma G_{1,0} \sigma^{-1} = G_{2,0}$ が成り立つ．すると，$G_i = G_{i,0} \cup J(\tilde{G}_i - G_{i,0})$ により

$$\begin{aligned}
\sigma G_1 \sigma^{-1} &= \sigma G_{1,0} \sigma^{-1} \cup \sigma(J(\tilde{G}_1 - G_{1,0}))\sigma^{-1} \\
&= G_{2,0} \cup \sigma J \sigma^{-1} \cdot \sigma(\tilde{G}_1 - G_{1,0})\sigma^{-1} \\
&= G_{2,0} \cup J(\sigma \tilde{G}_1 \sigma^{-1} - \sigma G_{1,0} \sigma^{-1}) \quad (\because\ \sigma J \sigma^{-1} = J) \\
&= G_{2,0} \cup J(\tilde{G}_2 - G_{2,0}) \\
&= G_2
\end{aligned}$$

を得る．　　　　（証明終）

さて，残っているのは上の証明中に使った $\boldsymbol{Z}_n$ に関する補題である：

補題 9　位数 n の巡回群 $\boldsymbol{Z}_n$ は，n の任意の約数 k に対して，位数 k の部分群を丁度一つ持つ．

（証明）　$\boldsymbol{Z}_n$ の部分集合

$$\{x \in \boldsymbol{Z}_n;\ x^k = 1\}$$

を A_k と書く．A_k が $\boldsymbol{Z}_n$ の部分群であることは容易に確かめられる．しかも A_k の位数は k である．実際，σ を $\boldsymbol{Z}_n$ の生成元とすれば，σ の位数が n であるから，整数 i に対して

$$\begin{aligned}
\sigma^i \in A_k &\iff \sigma^{ik} = 1 \\
&\iff ik \text{ は } n \text{ の倍数}
\end{aligned}$$

となる．そこで $n = kl$ とおけば，

$$\sigma^i \in A_k \iff i \text{ は } l \text{ の倍数}$$

$$\therefore \quad A_k = \{1, \sigma^l, \sigma^{2l}, \sigma^{3l}, \cdots\cdots, \sigma^{(k-1)l}\}$$

しかも $1, \sigma^l, \sigma^{2l}, \cdots\cdots, \sigma^{(k-1)l}$ は互いに相異なる．実際 $\sigma^{pl}=\sigma^{ql}$ $(0 \leqq p < q \leqq k-1)$ とすれば，

$$\sigma^{(q-p)l}=1$$

$$\therefore \quad (q-p)l \text{ は } n \text{ の倍数}$$

$$\therefore \quad q-p \text{ は } k \text{ の倍数}$$

所が $0 \leqq p < q \leqq k-1$ により

$$0 < q-p < k$$

であるから，$q-p$ は k の倍数にはなり得ない．これは矛盾であるから，A_k が k 個の元よりなることがわかった．よって $\boldsymbol{Z}_n$ は位数 k の部分群 A_k を持つ．

さて次に，B を $\boldsymbol{Z}_n$ の位数 k の部分群とすれば，B の各元 x に対して，$x^k=1$．$\therefore$ $x \in A_k$

$$\therefore \quad B \subset A_k.$$

しかも B と A_k とは同じ位数をもつから，$B=A_k$．よって，証明が完了した．

さて，残りの場合は，$O(3)$ の第Ⅲ型有限部分群 G で，$G \cong D_{2n}$ となる場合である．$G \cap SO(3)=G_0$ とおく．そして G の定める第Ⅰ型部分群を $\tilde{G}$ とすれば，$\tilde{G} \cong D_{2n}$ で，しかも G_0 は $\tilde{G}$ の部分群であって，$[\tilde{G}:G_0]=2$ を満足する．よってこの場合を調べる第一歩として，D_{2n} の部分群 H で

$$[D_{2n} : H]=2$$

を満たすものをすべて求める必要がある．

まず群 D_{2n} の構造について思い出しておこう．D_{2n} は位数が $2n$ で，2つの元 a, b により生成され，しかも a と b の間には次の関係が成り立つのであった：

$$a^2=1, \quad b^n=1, \qquad aba^{-1}=b^{-1}.$$

従って，$aba^{-1}b^{-1}=b^{-2}$ である．いま b^2 が生成する D_{2n} の巡回部分群を Γ とおく．また b が生成する D_{2n} の巡回部分群を Z とする．従って $\Gamma \subset Z$，かつ

$$Z=\{1, b, b^2, \cdots\cdots, b^{n-1}\}$$

$$\Gamma=\{1, b^2, b^4, b^6, \cdots\cdots,\}$$

である．さて

補題 10　(i)　n が奇数なら $\Gamma=Z$

(ii)　n が偶数なら $[Z:\Gamma]=2$

（証明） (i) n が奇数とし，$n=2\nu+1$ とおくと，$b=b^{n-2\nu}=b^n(b^2)^{-\nu}=(b^2)^{-\nu}$. $\therefore b\in\Gamma$　$\therefore b^i\in\Gamma$ $(i=0, 1, \cdots\cdots, n-1)$. $\therefore Z\subset\Gamma$　$\therefore Z=\Gamma$.

(ii) 補題9の証明で述べたように，$n=2\nu$ ならば，$\Gamma=\{1, b^2, b^4, \cdots\cdots, b^{2(\nu-1)}\}$ の位数は ν である．従って

$$[Z:\Gamma]=\frac{2\nu}{\nu}=2$$

となる．（証明終）

補題 11　上の群 Γ は D_{2n} の不変部分群である．そして，D_{2n} の部分群 H で $[D_{2n}:H]=2$ を満たすものは必ず Γ を含む．そして

(i) n が奇数のときは，かかる H は $\Gamma=Z$ に限る．

(ii) n が偶数のときは，かかる H は次の3つの部分群の何れかと一致する．

$$Z,\quad U=\Gamma\cup a\Gamma,\quad V=\Gamma\cup ab\Gamma$$

（証明） $[D_{2n}:H]=2$ だから，例の如く H は D_{2n} の不変部分群である．商群 D_{2n}/H の位数は2であるから，D_{2n} の各元 x に対して，$x^2\in H$ となる．特に $b^2\in H$. $\therefore\Gamma\subset H$ となる．Γ が D_{2n} の不変部分群であることをいうには，D_{2n} の生成元 a と b とについて $a\Gamma a^{-1}=\Gamma$, $b\Gamma b^{-1}=\Gamma$ をいえばよい．（そうすれば D_{2n} の各元 σ に対して $\sigma\Gamma\sigma^{-1}=\Gamma$ となる．）さて $aba^{-1}=b^{-1}$ より，$ab^2a^{-1}=b^{-2}$　$\therefore ab^{2i}a^{-1}=b^{-2i}$ $(i=0, 1, \cdots\cdots)$.　よって $a\Gamma a^{-1}\subset\Gamma$. しかも $a\Gamma a^{-1}$ と Γ とは同数の元よりなるから，$a\Gamma a^{-1}=\Gamma$ となる．　次に $bb^{2i}b^{-1}=b^{2i}$ $(i=0, 1, \cdots\cdots)$ より $b\Gamma b^{-1}=\Gamma$. よって Γ は D_{2n} の不変部分群である．さて

(i) n が奇数の場合．$\Gamma\subset H$ であるが，$\Gamma=Z$ により，Γ の位数は n である．H の位数も n であるから $H=\Gamma=Z$.

(ii) n が偶数の場合．$n=2\nu$ とおく．Z の位数が n で $[Z:\Gamma]=2$ であるから，Γ の位数は ν である．H は，$D_{2n}\supset H\supset\Gamma$ を満たす．いま，$[D_{2n}:\Gamma]=4$ であるから，D_{2n} は4個の Γ-coset に分割される．これらの Γ-coset を具体的に求めよう．

まず

$$D_{2n}=Z\cup aZ$$

と分割され，更に

$$Z=\Gamma\cup b\Gamma$$

と分割されるから，これを上の式に代入して（$aZ=a\Gamma\cup ab\Gamma$ に注意）

$$D_{2n}=\Gamma\cup b\Gamma\cup a\Gamma\cup ab\Gamma$$

が求める Γ-coset への分割である．さて $[H:\Gamma]=2$ だから，H は二つの Γ-coset に分割される．しかもその Γ-coset の一つは Γ だから，結局 H は

$$\Gamma \cup b\Gamma = Z,\quad \Gamma \cup a\Gamma,\quad \Gamma \cup ab\Gamma$$

の何れかと一致する．これら3つのうち $\Gamma \cup b\Gamma = Z$ は明らかに D_{2n} の部分群であるが，他の2つも**実は部分群をなす**．実際 $a^{-1}=a$, $a\Gamma=\Gamma a$ により

$$\begin{aligned}(\Gamma \cup a\Gamma)^{-1} &= \Gamma^{-1} \cup \Gamma^{-1}a^{-1} = \Gamma \cup \Gamma a = \Gamma \cup a\Gamma \\ (\Gamma \cup a\Gamma)(\Gamma \cup a\Gamma) &\subset \Gamma\Gamma \cup \Gamma a\Gamma \cup a\Gamma\Gamma \cup a\Gamma a\Gamma \\ &\subset \Gamma \cup a\Gamma\Gamma \cup a\Gamma \cup a^2\Gamma\Gamma \\ &= \Gamma \cup a\Gamma\end{aligned}$$

また，$(ab)^{-1}=b^{-1}a^{-1}=ab$, $ab\Gamma=\Gamma ab$ により

$$\begin{aligned}(\Gamma \cup ab\Gamma)^{-1} &= \Gamma^{-1} \cup \Gamma^{-1}(ab)^{-1} = \Gamma \cup \Gamma ab = \Gamma \cup ab\Gamma \\ (\Gamma \cup ab\Gamma)(\Gamma \cup ab\Gamma) &\subset \Gamma\Gamma \cup \Gamma ab\Gamma \cup ab\Gamma\Gamma \cup ab\Gamma ab\Gamma \\ &\subset \Gamma \cup ab\Gamma\Gamma \cup ab\Gamma \cup (ab)^2\Gamma\Gamma \\ &= \Gamma \cup ab\Gamma \qquad (\because\ (ab)^2=1)\end{aligned}$$

よって，$\Gamma \cup a\Gamma$ および $\Gamma \cup ab\Gamma$ は D_{2n} の部分群である．　　　　（証明終）

補題 12　上の補題11の記号の下で，n が偶数のとき

$$\Gamma \cup a\Gamma = U, \qquad \Gamma \cup ab\Gamma = V$$

とおくと，$U \cong V \cong D_n$ である．しかも $SO(3)$ の元 σ が存在して，$\sigma D_{2n}\sigma^{-1}=D_{2n}$, $\sigma U\sigma^{-1}=V$ となる．

（証明）U, V の位数は n である．しかも U は a と $b^2=c$ により生成され，$a^2=1$, $c^\nu=1$ ($n=2\nu$ とおく) および $aca^{-1}=ab^2a^{-1}=b^{-2}=c^{-1}$ が成り立つ．よって

$$U \cong D_{2\nu} = D_n$$

である．

次に $ab=d$ とおくと，V は d および $b^2=c$ により生成され，$d^2=abab=aba^{-1}b=b^{-1}b=1$, $c^\nu=1$, および $dcd^{-1}=abb^2b^{-1}a^{-1}=ab^2a^{-1}=b^{-2}=c^{-1}$ が成り立つ．よって，V の位数が n であるから

$$V \cong D_{2\nu} = D_n$$

が成り立つ．これで $U \cong V \cong D_n$ がわかった．

次に，前に述べたように（第9章），$SO(3)$ の部分群として，D_{2n} は次の2つの行列 a, b から生成されるとしてよい．

$$a=\begin{pmatrix}1 & 0 & 0\\ 0 & -1 & 0\\ 0 & 0 & -1\end{pmatrix},\quad b=\begin{pmatrix}\cos\theta & -\sin\theta & 0\\ \sin\theta & \cos\theta & 0\\ 0 & 0 & 1\end{pmatrix}\ \left(\theta=\frac{2\pi}{n}\right)$$

いま，$SO(3)$ の元 σ を次のように定める．

$$\sigma=\begin{pmatrix} \cos\frac{\theta}{2} & \sin\frac{\theta}{2} & 0 \\ -\sin\frac{\theta}{2} & \cos\frac{\theta}{2} & 0 \\ 0 & 0 & 1 \end{pmatrix}$$

すると簡単な行列の計算で

$$(*) \qquad a\sigma a^{-1}=\sigma^{-1}, \qquad \sigma^2=b^{-1}$$

がわかる．従って σ と b とは交換可能である：

$$\sigma b\sigma^{-1}=\sigma\sigma^{-2}\sigma^{-1}=\sigma^{-2}=b.$$

また，$a^{-1}=a$ だから，$(*)$ より $\sigma a=a^{-1}\sigma^{-1}=a\sigma^{-1}$

$$\therefore \quad \sigma a\sigma^{-1}=a\sigma^{-1}\sigma^{-1}=a\sigma^{-2}=ab$$

従って，D_{2n} の生成元 a, b に対して

$$\sigma a\sigma^{-1}\in D_{2n}, \qquad \sigma b\sigma^{-1}\in D_{2n}$$

$$\therefore \quad \sigma D_{2n}\sigma^{-1}\subset D_{2n}$$

両辺の位数を比べて

$$\sigma D_{2n}\sigma^{-1}=D_{2n}$$

を得る．次に，U の生成元 a, b^2 に対して

$$\sigma a\sigma^{-1}\in V, \qquad \sigma b^2\sigma^{-1}\in V$$

$$\therefore \quad \sigma U\sigma^{-1}\subset V$$

両辺の位数を比べて

$$\sigma U\sigma^{-1}=V$$

を得る．よって σ は求める性質をもつ．（証明終）

補題 13 $O(3)$ の第III型有限部分群 G_1, G_2 が

$$G_1\cong G_2\cong D_{2n}$$

を満たしたとする．このとき，

$$G_{1,0}=G_1\cap SO(3), \qquad G_{2,0}=G_2\cap SO(3)$$

とおけば次の諸項が成り立つ．

(i) n が奇数ならば，$G_{1,0}\cong G_{2,0}\cong \boldsymbol{Z}_n$，かつ，$G_1$ と G_2 とは $O(3)$ において共役である．

(ii) n が偶数ならば，$G_{1,0}, G_{2,0}$ は $\boldsymbol{Z}_n$ または D_n に同型である．そして，G_1 と G_2 とが $O(3)$ において共役となるための必要十分条件は

$$G_{1,0}\cong G_{2,0}$$

である．

（証明）(i)　nが奇数ならば，補題11によりD_{2n}は指数2の部分群を唯一つしか含まない．それは位数nの巡回部分群である．よって，$G_{1,0}\cong G_{2,0}\cong \boldsymbol{Z}_n$.

さてG_1, G_2の定める第I型部分群をそれぞれ$\tilde{G}_1, \tilde{G}_2$とすれば，$G_i\cong\tilde{G}_i$ ($i=1, 2$) により$\tilde{G}_1\cong\tilde{G}_2\cong D_{2n}$となる．よって第11章の一意性の定理（定理4）により，$\sigma\tilde{G}_1\sigma^{-1}=\tilde{G}_2$を満たす$\sigma\in SO(3)$が存在する．すると，$[\tilde{G}_1 : G_{1,0}]=2$であるから，$\sigma G_{1,0}\sigma^{-1}=H$とおくと，

$$[\tilde{G}_2 : H]=[\sigma\tilde{G}_1\sigma^{-1} : \sigma G_{1,0}\sigma^{-1}]=[\tilde{G}_1 : G_{1,0}]=2$$

となる．$\tilde{G}_2$ ($\cong D_{2n}$) 中には指数2の部分群が唯一つしかないから，Hは$G_{2,0}$と一致しなければならない．よって，$H=G_{2,0}$.　$\therefore\ \sigma G_{1,0}\sigma^{-1}=G_{2,0}$.

$$\begin{aligned}\therefore\quad \sigma G_1\sigma^{-1}&=\sigma(G_{1,0}\cup J(\tilde{G}_1-G_{1,0}))\sigma^{-1}\\&=\sigma G_{1,0}\sigma^{-1}\cup\sigma J\sigma^{-1}\cdot\sigma(\tilde{G}_1-G_{1,0})\sigma^{-1}\\&=G_{2,0}\cup J(\sigma\tilde{G}_1\sigma^{-1}-\sigma G_{1,0}\sigma^{-1})\\&=G_{2,0}\cup J(\tilde{G}_2-G_{2,0})\\&=G_2\end{aligned}$$

かくして，G_1とG_2の共役性がわかった．

(ii)　nを偶数とする．$G_{i,0}$はG_i ($\cong D_{2n}$) の指数2の部分群であるから，補題11により$G_{i,0}\cong \boldsymbol{Z}_n$または$G_{i,0}\cong D_n$が成り立つ．

さてG_1とG_2とが$O(3)$において共役であれば，補題2の証明の一部分がそのまま使えて，$G_{1,0}$と$G_{2,0}$が$O(3)$において共役になるから，$G_{1,0}\cong G_{2,0}$を得る．

逆に$G_{1,0}\cong G_{2,0}$としよう．$G_{1,0}\cong G_{2,0}\cong \boldsymbol{Z}_n$ならば，補題11と12とにより，$D_{2n}$中に指数2の巡回部分群が唯一つしかないから，(i)の場合と同様に，G_1とG_2とが$O(3)$において共役となる．

次に$G_{1,0}\cong G_{2,0}\cong D_n$の場合を考えよう．$G_i$の定める第I型部分群$\tilde{G}_i$は，補題11の証明中の行列群$D_{2n}$と$O(3)$において共役であるから，初めから

$$\tilde{G}_1=\tilde{G}_2=D_{2n}$$

としてよい．このとき$G_{1,0}, G_{2,0}$はD_{2n}の指数2の部分群で，しかも$G_{1,0}\cong G_{2,0}\cong D_n$であるから，補題11, 12により，（イ）：$G_{1,0}=G_{2,0}$となるか，または（ロ）：（必要あれば順序を適当にかえて）$G_{1,0}=U, G_{2,0}=V$となる．

（イ）：$G_{1,0}=G_{2,0}$の場合は，

$$G_1=G_{1,0}\cup J(\tilde{G}_1-G_{1,0})=G_{2,0}\cup J(\tilde{G}_2-G_{2,0})=G_2$$

となるから，元へ戻って，G_1とG_2の共役性がわかる．

（ロ）：次に$G_{1,0}=U$, $G_{2,0}=V$の場合を考えよう．

補題12により，$\sigma\in SO(3)$が存在して

$$\sigma D_{2n}\sigma^{-1}=D_{2n},\qquad \sigma U\sigma^{-1}=V$$

を満たす．よって，

$$\begin{aligned}\sigma G_1\sigma^{-1}&=\sigma(G_{1,0}\cup J(\tilde{G}_1-G_{1,0}))\sigma^{-1}\\&=\sigma(U\cup J(D_{2n}-U))\sigma^{-1}\\&=\sigma U\sigma^{-1}\cup\sigma J\sigma^{-1}\cdot\sigma(D_{2n}-U)\sigma^{-1}\\&=V\cup J(\sigma D_{2n}\sigma^{-1}-\sigma U\sigma^{-1})\\&=V\cup J(D_{2n}-V)\\&=G_{2,0}\cup J(\tilde{G}_2-G_{2,0})\\&=G_2.\end{aligned}$$

よって G_1 と G_2 は $O(3)$ において共役である．　　　　　　　　（証明終）

	Gの記号	Gの位数	G　の　構　造	Gの性質（下のJは原点に関する点対称）
第I型	$G_I(\boldsymbol{Z}_n)$	n	巡回群 $\boldsymbol{Z}_n$	一定の回転軸のまわりの，$2\pi/n$ の倍数だけの回転の集合
	$G_I(D_{2n})$	$2n$	正二面体群 D_{2n}	平面上の正 n 辺形から作った正二面体を変えぬ運動の集合
	$G_I(\mathfrak{A}_4)$	12	4次交代群 $\mathfrak{A}_4$	正四面体を変えぬ運動の集合
	$G_I(\mathfrak{S}_4)$	24	4次対称群 $\mathfrak{S}_4$	正六面体（または正八面体）を変えぬ運動の集合
	$G_I(\mathfrak{A}_5)$	60	5次交代群 $\mathfrak{A}_5$	正十二面体（または正二十面体）を変えぬ運動の集合
第II型	$G_{II}(\boldsymbol{Z}_n)$	$2n$	$\boldsymbol{Z}_n\times\boldsymbol{Z}_2$	$G_I(\boldsymbol{Z}_n)$ と $J\cdot G_I(\boldsymbol{Z}_n)$ の和集合
	$G_{II}(D_{2n})$	$4n$	$D_{2n}\times\boldsymbol{Z}_2$	$G_I(D_{2n})$ と $J\cdot G_I(D_{2n})$ の和集合
	$G_{II}(\mathfrak{A}_4)$	24	$\mathfrak{A}_4\times\boldsymbol{Z}_2$	$G_I(\mathfrak{A}_4)$ と $J\cdot G_I(\mathfrak{A}_4)$ の和集合
	$G_{II}(\mathfrak{S}_4)$	48	$\mathfrak{S}_4\times\boldsymbol{Z}_2$	$G_I(\mathfrak{S}_4)$ と $J\cdot G_I(\mathfrak{S}_4)$ の和集合
	$G_{II}(\mathfrak{A}_5)$	120	$\mathfrak{A}_5\times\boldsymbol{Z}_2$	$G_I(\mathfrak{A}_5)$ と $J\cdot G_I(\mathfrak{A}_5)$ の和集合
第III型	$G_{III}(\boldsymbol{Z}_n)$	n	巡回群 $\boldsymbol{Z}_n$（n は偶数）	$G\cap SO(3)=\boldsymbol{Z}_{n/2}$
	$G_{III}(\mathfrak{S}_4)$	24	4次対称群 $\mathfrak{S}_4$	$G\cap SO(3)=\mathfrak{A}_4$
	$G_{III}{}^{Z}(D_{2n})$	$2n$	正二面体群 D_{2n}	$G\cap SO(3)=\boldsymbol{Z}_n$
	$G_{III}{}^{D}(D_{2n})$	$2n$	正二面体群 D_{2n}（n は偶数）	$G\cap SO(3)=D_{n/2}$

5．第 III 型有限部分群の分類表

補題4〜13をまとめて次の定理を得る．

定理 2　$O(3)$ の第III型有限部分群 G は次の型のどれか一つ，かつ唯一つの群に共役である．$G_0=G\cap SO(3)$ とおく．

(i)　$G\cong \boldsymbol{Z}_n$ (n：偶数) (このとき $G_0\cong \boldsymbol{Z}_{\frac{n}{2}}$)

(ii)　$G\cong \mathfrak{S}_4$　(このとき $G_0\cong \mathfrak{A}_4$)

(iii)　$G\cong D_{2n}$,　　$G_0\cong \boldsymbol{Z}_n$

(iv)　$G\cong D_{2n}$,　　$G_0\cong D_n$　　(n：偶数)

しかも，(i)〜(iv) のどの型の部分群も $O(3)$ 中に存在する．

6．$O(3)$ の有限部分群の分類表（総括）

第12章までの結果および今回の定理1と定理2により，群 $O(3)$ の有限部分群 G が，$O(3)$ における共役を除いて完全に決定されたわけである．この分類の結果をまとめて前頁に一覧表として掲げた．

以上で此の一連の話の目標 —— $\boldsymbol{R}^3$ の有限運動群および有限合同変換群の決定——を終了した．前頁の一覧表では，第I型の群は或る図形を変えぬ運動の集合として幾何学的な特徴づけが書いてあるが，第II型，第III型の群についてはそのような特徴づけが書いてない．しかし，これは次に示すように，分類表を利用して得られるのである．以下分類表の使い方をすこし詳しく説明しよう．

7．分類表の応用例

例題 1　$\boldsymbol{R}^3$ 中の正十二面体 P を変えないような合同変換の全体のなす群 G は，上の分類表のどれか．

［解］　P の頂点を第11章のように

$$p_1, p_2, \cdots\cdots, p_{20}$$

とすれば，群 G は点集合 $Q=\{p_1, \cdots\cdots, p_{20}\}$ を変えないような $\boldsymbol{R}^3$ の合同変換の全体である．すなわち

$$G=\{\varphi\in I(\boldsymbol{R}^3)\,;\ \ \varphi(Q)=Q\}.$$

Q は同一平面上にないから，G は有限群である（第11章，補題3）．よって G は $I(\boldsymbol{R}^3)$ の有限部分群であるから，§6 の分類表のどれかである．

それを決めるため，まず P の中心は原点 0 と一致するとしてよい．すると，原点 0 に関して正十二面体 P は点対称であるから，原点 0 に関する点対称

$$J : x \longmapsto -x$$

は P を変えない．よって $J\in G$．従って G は第II型である．しかも $G\cap SO(3)=G_0$ は，P を変えない運動全体のなす群であるから，$G_0\cong \mathfrak{A}_5$．よって，G は $G_{\mathrm{II}}(\mathfrak{A}_5)$ である．

従って，逆に，分類表の $G_{\mathrm{II}}(\mathfrak{A}_5)$ の "G の性質" の欄に "正十二面体を変えぬ合同変換の集合" と書き込んでよい．　同様にして，正六面体が中心に関して点対称であることから，

G_{II} (($\mathfrak{S}_4$) は，正六面体を変えないような合同変換全体のなす群であることがわかる．また，正四面体は点対称性を持たないが，面対称性を持っている．(例えば正四面体の2頂点の垂直二等分面について面対称である．) これより，$G_{\text{III}}(\mathfrak{S}_4)$が，正四面体を変えないような合同変換全体のなす群であることがわかる．

例題 2　$\boldsymbol{R}^3$ 中の平面上に与えられた正 n 辺形を P とする．P を変えないような合同変換の全体 G は有限群であることを示せ．またこの群は上の分類表のどれか．

［解］ P のある平面を xy 平面としてよい．また P の中心は原点 0 としてよい．P の頂点を

$$p_1,\ p_2,\ \cdots\cdots,\ p_n$$

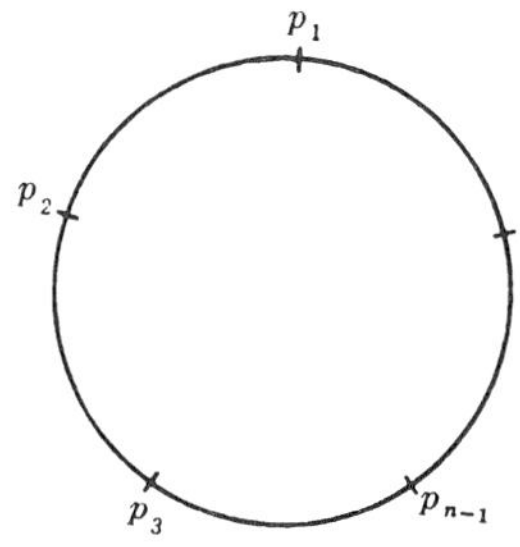

とする．$\sigma\in G$ なら，$\sigma\{p_1, \cdots, p_n\}=\{p_1, \cdots, p_n\}$ であるから，σ は $p_1, \cdots, p_n$ の定める平面，すなわち xy 平面を変えない．さらに $\sigma(0)=0$ であるから，常用座標系で σ は次の形の3次直交行列で表わされる：

$$\begin{pmatrix} \alpha & \beta & 0 \\ \gamma & \delta & 0 \\ 0 & 0 & \varepsilon \end{pmatrix} \qquad (\varepsilon=\pm 1)$$

さて，この3次行列の左上隅にある2行2列の部分

$$\begin{pmatrix} \alpha & \beta \\ \gamma & \delta \end{pmatrix}$$

は，xy 平面を $\boldsymbol{R}^2$ とするとき，$\boldsymbol{R}^2$ の合同変換で P を変えぬもの全体のなす群 H の元の行列表示 ($\boldsymbol{R}^2$ の常用座標系での) に他ならない．所が第11章，補題3により H は有限群である．よって，

$$G=\begin{pmatrix} H & O \\ O & \pm 1 \end{pmatrix}$$

も有限群である．

次にこの有限群 $G(\subset O(3))$ が分類表のどれになるかを調べるために，n が偶数の場合と奇数の場合にわけて考える．

(i)　n が偶数の場合．

この場合には原点に関する点対称 J は P を変えない．よって，$J\in G$．すなわち G は第II型である．さて群 H は，n 個の回転 (頂点 $p_1=(1, 0)$ にとる)

$$R_k=\begin{pmatrix} \cos\theta & -\sin\theta \\ \sin\theta & \cos\theta \end{pmatrix}^k \quad k=0, 1, \cdots, n-1 \quad \left(\theta=\frac{2\pi}{n}\right)$$

および n 個の鏡映

$$SR_k \qquad (k=0,\ 1,\ \cdots\cdots,\ n-1)$$

よりなる．ここで

$$S=\begin{pmatrix} 1 & 0 \\ 0 & -1 \end{pmatrix}$$

である．従って，$G_0=G\cap SO(3)$ は次の $2n$ 個の行列よりなる．

$$\begin{cases} \begin{pmatrix} R_k & O \\ O & 1 \end{pmatrix} & k=0,\ 1,\ \cdots\cdots,\ n-1 \\ \begin{pmatrix} SR_k & O \\ O & -1 \end{pmatrix} & k=0,\ 1,\ \cdots\cdots,\ n-1 \end{cases}$$

従って，いま

$$a=\begin{pmatrix} R_1 & O \\ O & 1 \end{pmatrix}, \qquad b=\begin{pmatrix} S & O \\ O & -1 \end{pmatrix}$$

とおけば，G_0 は

$$G_0=\{1,\ a,\ a^2,\ \cdots\cdots,\ a^{n-1},\ b,\ ba,\ \cdots\cdots,\ ba^{n-1}\}$$

で与えられる．従って G_0 は元 a と b とから生成される．しかも容易な計算で

$$a^n=1, \qquad b^2=1, \qquad bab^{-1}=a^{-1}$$

となるから，$G_0\cong D_{2n}$ となる．従って，G は $G_{\mathrm{II}}(D_{2n})$ である．

(ii)　n が奇数の場合．

原点に関する対称変換 J は P を変えてしまうから，$J\notin G$ である．しかも (i) の場合と同様に，（記号も同じものを使って）G は次の $4n$ 個の元からなる：

$$\begin{cases} \begin{pmatrix} R_k & O \\ O & 1 \end{pmatrix},\ \begin{pmatrix} R_k & O \\ O & -1 \end{pmatrix} & k=0,\ 1,\ \cdots\cdots,\ n-1 \\ \begin{pmatrix} SR_k & O \\ O & 1 \end{pmatrix},\ \begin{pmatrix} SR_k & O \\ O & -1 \end{pmatrix} & k=0,\ 1,\ \cdots\cdots,\ n-1 \end{cases}$$

特に，G 中には行列式が $=-1$ の元が存在する．例えば G の元

$$\begin{pmatrix} S & O \\ O & 1 \end{pmatrix}=\begin{pmatrix} 1 & 0 & 0 \\ 0 & -1 & 0 \\ 0 & 0 & 1 \end{pmatrix}$$

がそうである．従って $G\not\subset SO(3)$．これと前述の $J\notin G$ とから，G は第III型であることがわかる．

上に述べた G の $4n$ 個の元のうちで行列式が $=1$ であるものが $G_0=G\cap SO(3)$ を与えるから，G_0 は (i) と同様に次の $2n$ 個の元よりなる：

$$1,\ a,\ a^2,\ \cdots\cdots,\ a^{n-1},\ b,\ ba,\ \cdots\cdots,\ ba^{n-1}.$$

よって，(i)と同様に $G_0 \cong D_{2n}$ である．ここで §6 の分類表を眺めると，第Ⅲ型の群 G で，$G_0 = G \cap SO(3)$ が正二面体群になるものは $G_{\mathrm{III}}{}^D$ である．G の位数が $4n$ であるから，G は $G_{\mathrm{III}}{}^D(D_{4n})$ である．

例題 3　上の例題 2 に述べた $O(3)$ の有限部分群 G の元で，

$$\begin{pmatrix} \alpha & \beta & 0 \\ \gamma & \delta & 0 \\ 0 & 0 & 1 \end{pmatrix}$$

の形をもつもの全体からなる部分群を G_1 とする．[註)] G_1 は上の分類表のどれか．

［解］　例題 2 の解の途中でわかったように，G_1 の元は次の $2n$ 個である：

$$\begin{pmatrix} R_k & O \\ O & 1 \end{pmatrix}, \quad \begin{pmatrix} SR_k & O \\ O & 1 \end{pmatrix}, \quad k=0, 1, \cdots\cdots, n-1.$$

従って，G_1 は例題 2 の解に登場した xy 平面 $\boldsymbol{R}^2$ の合同変換よりなる有限群 H に同型だから，$G_1 \cong H \cong D_{2n}$，しかも

$$\begin{pmatrix} S & O \\ O & 1 \end{pmatrix} = \begin{pmatrix} 1 & 0 & 0 \\ 0 & -1 & 0 \\ 0 & 0 & 1 \end{pmatrix} \in G_1$$

だから，$G_1 \not\subset SO(3)$．よって G_1 は第Ⅰ型ではない．しかも明らかに $J \notin G_1$．よって G_1 は第Ⅲ型である．

さて，$G_1 \cap SO(3)$ は次の n 個の元よりなる：

$$\begin{pmatrix} R_k & O \\ O & 1 \end{pmatrix} \qquad k=0, 1, \cdots\cdots, n-1.$$

$R_k = R_1{}^k$ だから，これは位数 n の巡回群 $\boldsymbol{Z}_n$ に同型である．よって分類表から，G_1 は $G_{\mathrm{III}}{}^Z(D_{2n})$ である．

註）G_1 は xy 平面上の正 n 辺形 P と，P の中心 O から出る xy 平面に垂直な半直線（z 軸の正の部分）上の各点とを変えないような合同変換全体のなす群である．

例題 4　上の例題 2 に述べた $O(3)$ の位数 $4n$ の有限部分群 G の元で

$$\begin{pmatrix} R_1 & O \\ O & -1 \end{pmatrix}^k \qquad (k \text{ は整数})$$

の形をもつものの全体からなる部分群を G_2 とする．G_2は上の分類表のどれか．

［解］　いま

$$c = \begin{pmatrix} R_1 & O \\ O & -1 \end{pmatrix}$$

とおけば，G_2 は c により生成された巡回群である．c の行列式は $\det(c) = \det(R_1) \cdot (-1) = -1$ であるから，群 G_2 は $\not\subset SO(3)$ である．よって G_2 は第Ⅰ型ではない．

G_2 が第Ⅱ型となる条件，すなわち $J \in G_2$ となる条件を求めよう．それは $c^k = J$ を満たす整数 k の存在する条件に他ならない．さて，

$$c^k=\begin{pmatrix} R_1{}^k & O \\ O & (-1)^k \end{pmatrix}=\begin{pmatrix} R_k & O \\ O & (-1)^k \end{pmatrix}$$

$$\therefore\quad c^k=\begin{pmatrix} \cos k\theta & -\sin k\theta & 0 \\ \sin k\theta & \cos k\theta & 0 \\ 0 & 0 & (-1)^k \end{pmatrix}\quad\left(\theta=\frac{2\pi}{n}\right)$$

であるから，$c^k=J$ となるための条件は

$$\cos k\theta=-1,\quad \sin k\theta=0,\quad (-1)^k=-1$$

である．これは

$$k\theta=\frac{2k\pi}{n} \text{ が } \pi \text{ の奇数倍，かつ } k \text{ は奇数，}$$

すなわち，

$$\frac{2k}{n}=\text{奇数},\qquad k=\text{奇数}$$

と同値である．$2k=(2\nu+1)n$, $k=2\mu+1$ とおくと，

$$2(2\mu+1)=(2\nu+1)n$$

となる．従って，$c^k=J$ なる整数 k が存在するためには，n が

$$n=2\cdot(\text{奇数})$$

の形をもつことが必要である．

逆に，$n=2(2m+1)$ の形ならば，容易な計算で，$c^{2m+1}=J$ となるから，$J\in G_2$ となる．これで

$$G_2 \text{ が第 II 型} \iff n \text{ が } 2\cdot(\text{奇数})\text{の形}$$

がわかった．このとき，$c^n=1$，かつ $c^i\neq 1$ $(i=0, 1, \cdots, n-1)$ が成り立つから，c の位数は n である．従って，$G_2\cong \boldsymbol{Z}_n$ となり，G_2 は $G_{\mathrm{II}}(\boldsymbol{Z}_{\frac{n}{2}})$ である．

これ以外の場合，すなわち，n の形が $2\cdot$(偶数) 或は n が奇数のときは，G_2 は第III型である．巡回群 G_2 の位数を求めよう．上に計算してある c^k の行列の形から，

$$\begin{aligned} c^k=1 &\iff R_1{}^k=1,\ (-1)^k=1 \\ &\iff k \text{ は } n \text{ および } 2 \text{ で割り切れる} \\ &\iff k \text{ は } n \text{ と } 2 \text{ の最小公倍数で割り切れる} \end{aligned}$$

となる．よって c の位数，すなわち群 G_2 の位数は n と 2 の最小公倍数である．よって

$n=2m+1$ のときは，G_2 は $G_{\mathrm{III}}(\boldsymbol{Z}_{2n})$ である．

$n=2\cdot 2m$ のときは，G_2 は $G_{\mathrm{III}}(\boldsymbol{Z}_n)$ である．

以上をまとめると，答は次のようになる．

$$\begin{cases} n=4m \text{ の形のとき，} G_2 \text{ は } G_{\mathrm{III}}(\boldsymbol{Z}_n) \\ n=4m+2 \text{ の形のとき，} G_2 \text{ は } G_{\mathrm{II}}(\boldsymbol{Z}_{\frac{n}{2}}) \\ n=4m+1 \text{ 又は } n=4m+3 \text{ の形のとき，} G_2 \text{ は } G_{\mathrm{III}}(\boldsymbol{Z}_{2n}) \end{cases}$$

索　引

(タ行)

(ナ行)

著者紹介：

岩堀 長慶（いわほり・ながよし）

1948 年　東京大学理学部数学科卒業
1964 年　東京大学理学部教授
2007 年　瑞宝中綬章

東京大学名誉教授　理学博士

著　書：ベクトル解析（裳華房）
LIE 群論，2 次行列の世界（岩波書店）　など

復刻版 初学者のための
合同変換群の話

2020 年 4 月 23 日　　初版 1 刷発行

検印省略

著　者　岩堀長慶
発行者　富田　淳
発行所　株式会社　現代数学社
〒606-8425 京都市左京区鹿ヶ谷西寺ノ前町 1
TEL 075（751）0727　FAX 075（744）0906
https://www.gensu.co.jp/

装　幀　中西真一（株式会社 CANVAS）
印刷・製本　有限会社 ニシダ印刷製本

ISBN978-4-7687-0532-2